周期表

10	11	12	13	14	15	16	17	18	族 / 周期
								2 **He** ヘリウム 4.003	1
			5 **B** ホウ素 10.81	6 **C** 炭素 12.01	7 **N** 窒素 14.01	8 **O** 酸素 16.00	9 **F** フッ素 19.00	10 **Ne** ネオン 20.18	2
			13 **Al** アルミニウム 26.98	14 **Si** ケイ素 28.09	15 **P** リン 30.97	16 **S** 硫黄 32.07	17 **Cl** 塩素 35.45	18 **Ar** アルゴン 39.95	3
28 **Ni** ニッケル 58.69	29 **Cu** 銅 63.55	30 **Zn** 亜鉛 65.38	31 **Ga** ガリウム 69.72	32 **Ge** ゲルマニウム 72.63	33 **As** ヒ素 74.92	34 **Se** セレン 78.97	35 **Br** 臭素 79.90	36 **Kr** クリプトン 83.80	4
46 **Pd** パラジウム 106.4	47 **Ag** 銀 107.9	48 **Cd** カドミウム 112.4	49 **In** インジウム 114.8	50 **Sn** スズ 118.7	51 **Sb** アンチモン 121.8	52 **Te** テルル 127.6	53 **I** ヨウ素 126.9	54 **Xe** キセノン 131.3	5
78 **Pt** 白金 195.1	79 **Au** 金 197.0	80 **Hg** 水銀 200.6	81 **Tl** タリウム 204.4	82 **Pb** 鉛 207.2	83 **Bi**[*] ビスマス 209.0	84 **Po**[*] ポロニウム (210)	85 **At**[*] アスタチン (210)	86 **Rn**[*] ラドン (222)	6
110 **Ds**[*] ダームスタチウム (281)	111 **Rg**[*] レントゲニウム (280)	112 **Cn**[*] コペルニシウム (285)	113 **Nh**[*] ニホニウム (284)	114 **Fl**[*] フレロビウム (289)	115 **Mc**[*] モスコビウム (288)	116 **Lv**[*] リバモリウム (293)	117 **Ts**[*] テネシン (293)	118 **Og**[*] オガネソン (294)	7

63 **Eu** ユウロピウム 152.0	64 **Gd** ガドリニウム 157.3	65 **Tb** テルビウム 158.9	66 **Dy** ジスプロシウム 162.5	67 **Ho** ホルミウム 164.9	68 **Er** エルビウム 167.3	69 **Tm** ツリウム 168.9	70 **Yb** イッテルビウム 173.1	71 **Lu** ルテチウム 175.0
95 **Am**[*] アメリシウム (243)	96 **Cm**[*] キュリウム (247)	97 **Bk**[*] バークリウム (247)	98 **Cf**[*] カリホルニウム (252)	99 **Es**[*] アインスタイニウム (252)	100 **Fm**[*] フェルミウム (257)	101 **Md**[*] メンデレビウム (258)	102 **No**[*] ノーベリウム (259)	103 **Lr**[*] ローレンシウム (262)

SEMICONDUCTOR PHYSICS

第3版
新装版

半導体工学

半導体物性の基礎

高橋清・山田陽一 共著

森北出版株式会社

第3版・新装版序文

　本書は 1975 年に出版した「半導体工学」の第3版・新装版である．第3版を見やすくするために，2色刷りにして新装版を出版することにした．内容的にはほとんど変わりはないが，この分野の進歩は著しく，特に集積回路辺りの数値はできる限り新しい数値に置き換え，また，少し字句の訂正等を行った．

　しかしながら，まだまだ不十分な箇所があると思われるので，読者の皆様から忌憚のないご意見をいただき，より完成度の高いものにしたいと念願する次第である．

　本書を執筆するにあたり，内外の多くの著書を参考にさせていただいたり，データを引用させていただいたが，教科書を目的としたために明示していない点が多々ある．これらの著者の方々に謝意を表するとともに，お許しをいただきたい．

　新装版の出版に際して，森北出版の森北博巳社長をはじめ，出版部の藤原祐介部長に御尽力いただいたことをここに併記して深い感謝の意を表します．

2020 年　盛夏

高橋　清・山田陽一

第 3 版序文

　本書は，1975 年に出版した「半導体工学」の改訂版である．1993 年に最初の改訂を行っており，今回が 2 回目の改訂となる．初版を出版した 1975 年当時はトランジスタ，第 2 版を出版した 1993 年当時は集積回路などが全盛の時代であった．ところが，最近の半導体はさらなる進化を遂げ，とくにオプトエレクトロニクス分野での発展が著しい．たとえば，窒化物系半導体を用いて青色発光ダイオード（LED）が実用化されたことにより，LED で光の 3 原色（赤，緑，青）がそろった．これにより，屋外の大型ディスプレイや各種表示装置のフルカラー化が実現している．また，白色 LED が開発され，携帯電話やスマートフォン，ノートパソコン，液晶テレビのバックライト用光源として幅広く利用されている．白色 LED は，その発光効率の向上に伴い，車載用ヘッドランプへも応用され，最近では，白熱電球や蛍光灯の代わりとなる一般照明用光源への応用も始まっている．いまや「LED」というキーワードは一般社会にも浸透し，市民権を得るに至っている．このような半導体光デバイスを実用可能にしたオプトエレクトロニクスは，日本が世界に誇るべき研究開発分野である．

　本書の主な改訂部分としては，発光デバイスと受光デバイスをまとめた章を新たに設け，オプトエレクトロニクスデバイスに関するこれまでの進展を追記した．また，半導体の光学的性質に関して，その発光機構を加筆した．さらに，本書の最後に，ポスト半導体工学の展望として，21 世紀のエレクトロニクスを追加した．そのほか，ヘテロ接合と金属－半導体接触，トランジスタと集積回路などを一つの章にまとめて，その内容を整理した．また，半導体の材料技術については割愛した．

　本書の執筆にあたり，内外の多くの著書を参考にさせていただいた部分も多いが，教科書を目的としたために明示していない点が多々ある．これらの著者の方々に謝意を表するとともに，お許しをいただきたい．

　改訂版の出版に際して，森北出版の森北博巳社長をはじめ，出版部の石田昇司部長，藤原祐介氏に御尽力いただいたことをここに併記して深い感謝の意を表する次第である．

2013 年　初夏

高橋　清・山田陽一

第2版序文

　本書は 1975 年に出版した「半導体工学」の改訂版である．主な改訂部分としては，21 世紀の半導体デバイスとして注目されている量子効果デバイスの章を追加した．またオプトエレクトロニクスの部分をはじめ，トランジスタなど，その後の発展の著るしい項目をそれぞれ加筆した．その結果，固体の帯理論の一部，輸送現象は割愛した．そのほか一部は説明を簡略化した．

　これから半導体を学ぶ方々に「学問の美しさ」，「半導体の素晴らしさ」，「人間の英知」を学びとっていただければ，著者の望外の幸せである（本書の末尾のエピローグの御一読をお願いしたい）．

　本書の執筆にあたり，内外の多くの著書を参考にさせていただき，また転載させていただいた部分も多いが，教科書を目的としたため明示していない点が多々ある．これらの著者の方々に敬意を表するとともに，お許しをいただきたい．

　改訂版の出版に際して，森北出版の森北肇社長をはじめ企画部の吉松啓視氏の各位に御尽力いただいたことを，ここに併記して深い感謝の意を表します．

　1992 年　師走

大岡山キャンパスにて　高橋　清

追記：本書の内容をより平易に，必要最小限にコンパクトにまとめて（150 ページ程度）
　　　「見てわかる半導体の基礎」（森北出版）
　　　として出版した．短期間に本書の全体的な内容を把握したい読者は，上記の書物を参照されたい．

初版序文

　20世紀の科学技術の目覚ましい発展は，エレクトロニクスに負うところが大きい．このエレクトロニクスは，20世紀の中葉にShockleyらによって発明されたトランジスタで代表される半導体素子の出現によって発展したものである．すなわち今世紀の科学技術は，半導体によって支えられているといってもいいすぎではない．このように半導体の分野も，ここ20〜30年の間に急速な発展をみたが，今日ではほぼ完成された学問のカテゴリーに入りつつある．

　半導体を初めて学ぼうとすると，量子力学の知識がなければ半導体を学ぶことができないと思われがちである．確かにこのことは正論である．しかし，必要最小限の量子論の知識があれば，かなりの半導体の学問を身につけることができる．半導体関係の書物は，優れたものがたくさん出版されているが，多くの書物はその必要最小限の量子論の知識があるという前提に書かれているものが多い．

　本書では，まず必要最小限の量子論の知識を身につけることから，半導体に入っていくように心がけた．この量子論も高等学校の学力があれば十分理解できるように，できるだけやさしく説明することを主目的にし，ほかの専門書を参照しなければ理解できないような記述は心して避けたつもりである．そして，全体として半導体の物理現象を主体に記述した．その意味で本書には副題名として"半導体物性の基礎"と表示した．

　なお，本書では国際単位（SI）系を用いた．SI系についてはなじみの薄い読者の便宜を考えて付録で説明したが，実質的にはMKSA単位系と同じである．

　著者は，東京工業大学において昭和40年ごろより半導体物性関係の講義を担当している．本書はその講義録をもとにしているが，上記の主旨にそってできるだけやさしく書きなおしたものであり，高度な内容は削除し，初学者向けに追加した部分もある．第1章あたりは追加した例である．これから半導体を学ぼうとする方々に対して，本書がその一助ともなれば幸いである．しかし，著者自身の浅学非才のために誤りなど多くあるのではないかと恐れている．読者諸氏の御叱正をお願いしたい．

　本書の執筆にあたり，内外の多くの著書を参考にさせていただいたり，データを引用させていただいたが，教科書を目的としたために明示していない点も多い．これらの著者の方々に謝意を表するとともに，御許しを願いたい．

　終りに筆者の学生時代，半導体について講義していただいた恩師，東京工業大学名誉教授 酒井善雄先生に深謝する．また出版に際して森北出版の森北肇氏に御尽力いただいたことを，ここに併記して深い感謝の意を表する次第である．

1975年　初冬

大岡山，東京工業大学にて　著　　者

目　次

第 1 章　量子論入門

　これから半導体を学ぼうとするには，ある程度，電子を粒子としてではなく，波として取り扱う必要がある．それには量子論的な知識が要求される．しかし，半導体を学ぼうとする人々すべてに量子論の知識があるとは限らない．本章では量子論の知識をもたない人のために，できるだけ平易に必要最小限の量子論的取扱いについて説明する．

1.1　粒子と波動

　量子論の基本的な考え方は，「物質は波である」との出発点にたっている．この出発点は，われわれの日常の経験からすると，どうしても受け入れがたい．このことが「量子論はむずかしい」ということになってしまう．

　しかし現代の科学・技術は，この量子論ですべて説明できるといっても過言ではなく，いまのところ量子論は無敗をほこっている．本章，いや本書から，この量子論の美しさを学びとってほしい．

　そこでまず，量子論の出発点である粒子と波動について述べよう．

1.1.1　光の粒子性と波動性

　いまわれわれは，光が波であることはなんら抵抗なく受け入れている．しかし，光が波であるということが受け入れられるまでには200年以上にわたる永い永い道程があった．ここではその道程をながめてみよう．

　光の波動性を最初に唱えたのは，弾性のフックの法則で有名なイギリスのフック（Hooke, 1665：波動性を唱えた年（以下同様に記述）），ならびにオランダのホイヘンス（Huygens, 1678）らであった．

　これに対して光の粒子性を唱えたのが，かの有名なイギリスのニュートン（Newton, 1672）であった．ニュートンは，光は光素という微粒子の集まりであるという光の粒子説の論文を発表した．このニュートンの論文は，非常なる好評と名声を博したが，この論文の査読者はフックであった．フックはこのニュートンの粒子説に対して激しく反対し，しばらくの間，二人の間で激烈な論争が続き，ニュートンはついにそのわず

らわしさをきらって沈黙してしまった[†1].

　当時はニュートンの名声のゆえに，光の粒子説が有力であった．ところがそれから130年近く経って，弾性のヤング率で有名な，イギリスのヤング（Young, 1805）が光の干渉実験を行い，光が波動であると実証して，光の波動性の幕開けをむかえた．

　一方，ほとんど時を同じくして，フランスのフレネル（Fresnel, 1818：フレネルレンズの発明者）は，ヤングの干渉実験のことも知らずに，ヤングと同じ結論を理論的に導き，ヤングよりもはるかに詳しく，かつ正確な理論を組み上げた．フレネルのこの論文を審査した5人のうち3人（ラプラス，ビオ，ポアソン）は光の粒子論者，1人（アラゴ）は波動論者，もう1人（ゲイ・リュサック）は中立であった．ところが，粒子論者のポアソンが，フレネルの出した理論が正しいことを認め，粒子論者が波動論者にテコ入れした一幕であった．

　このフレネルの理論ならびにヤングの実験から，光の波動性は確固たるものになった．このように光の波動論は，フック，ホイヘンスが苗を植え，ヤングが肥料を与え，それをフレネルが移植して開花，結実させたといわれている[†2].

　ところが，それから約100年後の1900年になって，再び光の粒子説が唱えられた．1900年ドイツのプランク（Planck）は，熱放射の実験的説明を「エネルギー量子」という概念で説明した．すなわち，すべての物体は連続体ではなく，それ以上分けられない小さな原子から成り立っているのと同様に，エネルギーも連続量ではなく，限りなくいくらでも小さく分けられるような，あるエネルギーの素量から成り立っていると考え，彼はこのエネルギーの素量を「エネルギー量子」と名づけた．

　このエネルギー量子の考えを用いると，ν という振動数をもつ光が伝搬することは，エネルギー $h\nu$（h：プランク定数）をもつ粒子が空間内を飛んでいくことであると考えなければならない．この光のエネルギー量子に初めて目をつけたのがドイツのアインシュタイン（Einstein, 1905）で，彼はこの粒子を光量子（フォトン，photon）と名づけた．これは光の粒子説であって，ニュートンの光の粒子説にもどった感じである．しかし，ニュートンが提唱した光素は，古典力学に従う質点のような粒子であったが，プランクやアインシュタインが提唱した光量子は，光の振動数に比例したエネルギーの粒子であり，波動の概念がなければ表せないものであって，同じ粒子説といっても，まったく異なったものである．

　アインシュタインは，この光量子の考え方で，金属に光を当てるとその表面から電

[†1] フックはニュートンの先輩であり，初期の王立協会の中心的人物であった．後にフックの死後，ニュートンが王立協会の会長になったとき，ニュートンの最初にした仕事が，フックの痕跡を抹消することであった．そのためにフックの肖像が残っていないといわれている．

[†2] ヤングは2才で字を読み，4才で聖書を読み，神童といわれた．それに対して，フレネルはヤングとは反対に神童とは程遠く，8才までは本も読めず，病弱の一生を送った．

子が放出される光電効果の現象をみごとに説明した.

　光の粒子性が著しく現れるもう一つの現象は，アメリカのコンプトン（Compton, 1923）によって研究されたコンプトン効果である．コンプトン効果とは，X 線（光）を電子に当てたとき，X 線と電子がそれぞれ反跳（ビリヤードのように）する現象であり，光の粒子説によってきわめて単純に説明できることがコンプトンによって示された．また，コンプトンとほぼ同時に，デバイ（Debye：オランダ生まれで，後にアメリカに帰化した）も同じ理論を発表した．以上をまとめると，次のように表される.

光はある場合には波動として振る舞い，ある場合には粒子として振る舞う． つまり，いわゆる波動性と粒子性の**二重性**（duality）をもっている.

1.1.2　電子の粒子性と波動性

　電子が $-e = -1.6 \times 10^{-19}$ C の電荷，$m = 9.1096 \times 10^{-31}$ kg の質量をもつ粒子であることは，すでにイギリスのファラデー（Faraday, 1833）による電気分解の実験，同じくイギリスのクルックス（Crookes, 1874）ならびにトムソン（J. J. Thomson, 1897）らによる真空放電に関する陰極線の実験から確認されていた.

　しかし，フランスのド・ブロイ（de Broglie, 1924）は，光の二重性に刺激されて，粒子である電子はもとより，物質すべてが波動性（物質波）をもつのではないかという非常に大胆な考えを発表した[†1]．アメリカのダビソン（Davisson, 1927）とジャーマ（Germer, 1927）のまったく幸運な実験から，電子も光と同じように回折現象を示す波動であり，この大胆な考え方の正しいことが実証された．さらに翌年，イギリスのトムソン（G. P. Thomson, 1928）[†2]，ならびにわが国の菊池正士氏は，薄い金属膜および雲母膜で電子線回折像を得て，電子の波動性を確認した．この研究により，ダビソンとトムソンは 1937 年ノーベル賞を受賞した．また，この電子線の回折で現れるパターンは Kikuchi pattern とよばれている.

---

†1　これが彼の学位論文の内容で，わずか 2 ページのものであった．この学位論文の審査委員会はこの論文をどうするか明確な結論を出せないでいた．そこでド・ブロイは，そのコピーをアインシュタインに送り意見を求めた．そのときアインシュタインは「どうしようもない不可解な物理の謎に射した最初の微かな光だ」と表現し，彼の論文を高く評価した．1927 年，この仮説に対してノーベル賞が与えられた.

†2　G. P. Thomson は J. J. Thomson の一人息子である．父親の J. J. Thomson は電子の粒子性を説明しノーベル賞（1906）を受賞し，息子の G. P. Thomson は電子の波動性を説明してノーベル賞を受賞した.

> 電子も光と同じように，粒子性と波動性の二重性をもつ．
>
> 電子 〈 粒子性——負の電荷をもった電荷の最小単位の粒子
>
>   〉波動性——電子線回折

　ところが，いままでのわれわれの知識では，一つのものが粒子であったり波であったりすることは考えられない．この二重性をどのように解釈したらよいかは 1930 年前後になってどうやら明らかになったが，それまではドイツのボルン（Born, 1927）が言っていたように，「当時の物理学者は，月水金の 3 日間は光が波動であると考え，火木土の 3 日間は光が粒子であると考えた」のであった．

1.2　波束および群速度

1.2.1　波束（波群）

　光および電子などの物質が，粒子と波動の両方の性質をもつ二重性を直観的に説明するために，波束あるいは波群というものを考えてみる．図 1.1 (a) は波長がわずかに異なった二つの波を，図 (b) は三つの波をそれぞれ合成した干渉図である．図 (a) と図 (b) を比較すると，合成した結果現れた振幅の最大値は，図 (b) のほうが図 (a) よりも大きくなるが，振幅の最大値が現れる割合は図 (b) のほうが小さい．このように

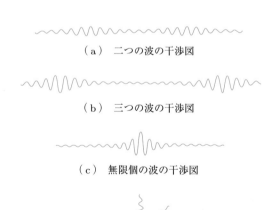

（ a ）　二つの波の干渉図

（ b ）　三つの波の干渉図

（ c ）　無限個の波の干渉図

（ d ）　3 次元の無限個の波の干渉図

図 1.1　波束の説明図

考えていくと，無限個の波を合成すると，図 (c) に示すように，振幅が最大になる点は 1 箇所だけになる．図 (d) は 3 次元で考えた場合で，このように振幅が最大になる点は，あたかも波の束のようなもので，これを波束あるいは波群（wave-packet）という．そして，この波束だけに注目したとき，これがあたかも粒子的に振る舞うようにみえる．すなわち，直観的には波束が粒子であると考えることができる（この説明は，物理的にはやや厳密性を失う）．

1.2.2　位相速度と群速度

　ここでは，動いている波を合成してできた波束がどのような運動をするか調べてみよう．

　いま，図 1.2 の実線ならびに破線で示した二つの波を考える．実線の波の波長を λ，破線の波長を λ'（$\lambda' > \lambda$）とし，実線の波は速度 v で図の左から右に移動し，破線の波は同じ方向に速度 v'（$v' > v$）で移動していると仮定する．時刻 $t = 0$ で両方の波頭の A，A$'$ が一致し，その後 A，A$'$ はずれてきて，B と B$'$ が一致するようになる．そのときの時刻を $t = T$ とする．この様子を図 1.2 の右下に示す．図より，時間 T の間に波束の移動した距離は x であるので，波束の速度を v_g とすると，

$$v_g = \frac{x}{T} \tag{1.1}$$

となり，この v_g を群速度（group velocity）という．これに対して，各波の速度 v, v' を位相速度（phase velocity）という．

　次に，v_g と v, v' の関係を求めてみる．図 1.2 より，

$$x = vT - \lambda = v'T - \lambda' \tag{1.2}$$

であり，上式から，

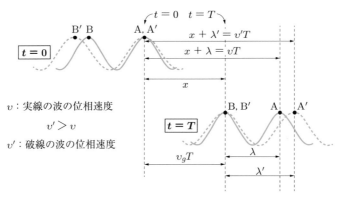

図 1.2　群速度の説明図

$$T = \frac{\lambda' - \lambda}{v' - v} = \frac{\Delta\lambda}{\Delta v} \tag{1.3}$$

となる．式 (1.2)，(1.3) を用いて式 (1.1) を書き換えると，

$$v_g = \frac{x}{T} = \frac{vT - \lambda}{T}$$

$$= v - \frac{\lambda}{T} = v - \lambda\frac{\Delta v}{\Delta\lambda} \tag{1.4}$$

が得られる．ここで，Δv，$\Delta\lambda$ が小さい値であれば，$\Delta v/\Delta\lambda \fallingdotseq dv/d\lambda$ と表されるので，式 (1.4) は次式のようになる．

$$v_g = v - \lambda\frac{dv}{d\lambda} \tag{1.5}$$

この式から明らかなように，二つの波の位相速度が等しく，$v = v'$ であると $dv = 0$ となり，群速度は位相速度に等しくなる．

いま，実線の波の振動数を ν とすると，

$$v = \lambda\nu \tag{1.6}$$

となる．両辺を λ で微分して，

$$\frac{dv}{d\lambda} = \nu + \lambda\frac{d\nu}{d\lambda} \tag{1.7}$$

式 (1.6) と式 (1.7) を式 (1.5) に代入すると，

$$v_g = \lambda\nu - \lambda\left(\nu + \lambda\frac{d\nu}{d\lambda}\right) = -\lambda^2\frac{d\nu}{d\lambda} = -\lambda^2\frac{d\nu}{dk}\frac{dk}{d\lambda}$$

$$= \frac{2\pi\,d\nu}{dk} = \frac{d\omega}{dk} \tag{1.8}$$

となる．ここで，

$$k \equiv \frac{2\pi}{\lambda}, \qquad \omega \equiv 2\pi\nu \tag{1.9}$$

である．

一方，式 (1.9) を用いて式 (1.6) を書き換えると，

$$v = \frac{\nu}{1/\lambda} = \frac{\omega}{k} \tag{1.10}$$

となり，以下のようにまとめられる．

$$位相速度 \quad v = \frac{\omega}{k} \tag{1.11}$$

$$群速度 \quad v_g = \frac{d\omega}{dk} \tag{1.12}$$

1.3　ド・ブロイの関係式

1.1 節で，ド・ブロイは電子も波動性をもつであろうと考えたことを説明したが，彼は，運動量 P の粒子は

$$\lambda = \frac{h}{P} \tag{1.13}$$

で与えられる波長 λ の波であるという仮説を発表した．この節では，式 (1.13) の関係が式 (1.12) の群速度から求められることを示そう．

いま，質量 m の粒子が速度 v_g（群速度）で運動していると，粒子の全エネルギー E は，位置エネルギーを V とすると，

$$E = \frac{1}{2}mv_g^2 + V$$

となる．また，粒子を振動数 ν，波長 λ の波動であるとすると，全エネルギー E は

$$E = h\nu$$

となる．エネルギーは粒子でも波動でも等しくなければならないから，両式を等しいとおく．

$$h\nu = \frac{1}{2}mv_g^2 + V \tag{1.14}$$

また，式 (1.12) から，

$$v_g = \frac{d\omega}{dk} = 2\pi \frac{d\nu}{dk} \tag{1.15}$$

である．式 (1.14) の両辺を v_g について微分すると

$$h\,d\nu = mv_g\,dv_g$$

となり，上式を用いて式 (1.15) を変形すると

$$v_g = \frac{2\pi}{h}mv_g\frac{dv_g}{dk}$$
$$dk = \frac{2\pi}{h}m\,dv_g \tag{1.16}$$

となる．両辺を積分すると

$$k = \frac{2\pi}{h}mv_g$$

となり，式 (1.9) を用いて

$$\frac{2\pi}{\lambda} = \frac{2\pi}{h}mv_g$$
$$\therefore \quad \lambda = \frac{h}{P}$$

が得られる. ただし, $P \equiv mv_g$ は運動量を表す.

すなわち, 粒子の速度は群速度であると考えると, ド・ブロイの仮説の式が求められる.

なお, 式 (1.16) の積分で, 数学的には積分定数がつく. この積分定数は相対性理論においては取り除かれるが, それを待つまでもなく, この未定性は実際問題では何の困難も引き起こさない. 実際に非相対性理論的な問題で, 電子波の振動数などが, それ自身物理的な解答中に現れることはなく, 物理的に意味のあるのはいつもその差だけである.

このド・ブロイ波の正体は一体何であろうか. 実は現在でもその正体ははっきりしていないし, 多くの教科書でも, その正体は説明されていない. それは, 「はっきりしないことには触れないでおこう」ということである. この議論は解決されないまま, 量子力学に持ち越され, 現在にいたっている.

この問題に確信をもって答えることができる物理学者は, 現在いないと思われる. あえてこじつけると, ド・ブロイ波長は量子物理学と古典物理学の分かれ目ということができるかもしれない. ド・ブロイ波長よりも小さいときは量子物理学で, 大きい場合は古典物理学で取り扱える. ただし, これはあくまでも目安であり, 物理的に確立されている解釈ではない.

例題   以下のド・ブロイ波長を求めよ.

(a)   5 eV の電子

(b) $4 \,\mathrm{km \cdot h^{-1}}$ で歩いている体重 50 kg の人

解答   計算には, 付録 2 (裏見返し) に示されている物理定数を用いる.

(a)   電子のエネルギーは

$$E = (1.60 \times 10^{-19}\,\mathrm{C}) \times 5\,\mathrm{V} = 8.00 \times 10^{-19}\,\mathrm{J}$$

である. 電子の運動エネルギーを E とすると,

$$E = \frac{1}{2}mv^2$$

であり, $P = mv$ を用いて式変形を行うと,

$$P = \sqrt{2mE}$$

となる. この式に m, E の値を代入して計算すると,

$$P = 1.21 \times 10^{-24}\,\mathrm{kg \cdot m \cdot s^{-1}}$$

となる. ド・ブロイの関係式 (1.13) を用い, 各値を代入して整理する.

$$\lambda = \frac{6.63 \times 10^{-34}\,\mathrm{J \cdot s}}{1.21 \times 10^{-24}\,\mathrm{kg \cdot m \cdot s^{-1}}}$$

ここで, [J] は仕事の単位を表す. (仕事) = (力) × (距離), (力) = (質量) × (加速度) な

ので，結局，(仕事) = (質量) × (加速度) × (距離) が成り立つ．つまり，

$$[\mathrm{J}] = [\mathrm{kg} \times \mathrm{m} \cdot \mathrm{s}^{-2} \times \mathrm{m}]$$

である．これを用いて式を書き直すと，

$$\lambda = 5.48 \times 10^{-10}\,\mathrm{m}$$

となる．

(b) $P = mv$ に数値を代入する．ただし，速度 v は，

$$v = \frac{4000\,\mathrm{m}}{(60 \times 60)\,\mathrm{s}} = 1.1\,\mathrm{m} \cdot \mathrm{s}^{-1}$$

である．これにより，

$$P = 50\,\mathrm{kg} \times 1.1\,\mathrm{m} \cdot \mathrm{s}^{-1} = 55\,\mathrm{kg} \cdot \mathrm{m} \cdot \mathrm{s}^{-1}$$

となり，式 (1.13) に代入すると，

$$\lambda = \frac{h}{P} = 1.2 \times 10^{-35}\,\mathrm{m}$$

が得られる．

　上記の数値からわかるように，人間がふつうに歩いた場合，そのド・ブロイ波長は 10^{-35} m のオーダーであり，きわめて小さい．このような小さい値を取り扱うことはふつうはないので，人間の場合には古典物理学で処理できる．

1.4　シュレーディンガーの波動方程式

　いままでの説明で，電子は粒子であると同時に波動であることが理解されたと思う．ところで，電子を粒子として取り扱った場合の電子の運動状態は，ニュートンの第2法則，すなわち「力は質量と加速度との積である」という法則で支配される．これを式で表すと，次のようになる．

$$F = m\frac{d^2x}{dt^2} \tag{1.17}$$

それでは電子を波動として取り扱った場合，それを支配する式は何かということになる．この式がこれから説明するシュレーディンガーの波動方程式で，1926 年に，オーストリア生まれのシュレーディンガー（Schrödinger, 1926）[†]によって導かれた．そこで今後，電子を波動として取り扱う場合には，シュレーディンガーの波動方程式を解く必要がある．この様子をまとめると次のようになる．

[†] シュレーディンガーの所属するグループ長のデバイが，彼にド・ブロイの物質波をグループの者に説明するように伝えた．デバイは彼の説明を聞いて，「まったく説明になっていない．波動がどのように伝わるか波動方程式がなければまったく意味がない」と批判した．彼はこの批判に発奮して，今は彼の名前を冠した波動方程式を導出した．

> 物質 ＜ 粒子──ニュートンの第2法則
>   波動──シュレーディンガーの波動方程式

そこで本節では、シュレーディンガーの波動方程式を求めてみよう。

1.4.1　シュレーディンガーの波動方程式の導出[†]

図 1.3 (a) に示すように、一直線に張られたゴム糸の1端を固定し、他端を上下にゆさぶると波の形が伝わる。まず、この波動を式で表してみよう。

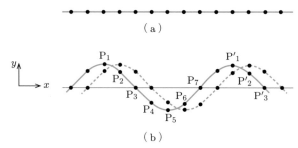

（a）

（b）

図 1.3　波動の説明図

考えやすいように、一直線に張られたゴム糸に多くの等しい質量の質点を等間隔に連結しておく。おのおのの質点だけに着目すると、それらは上下に単振動を行っている。図 (b) の実線で描いた曲線の場合についていえば、P_1 では最大の変位をしているが、P_2 は P_1 より少し遅れて最大の変位に達し、P_3 はさらに遅れて、いまちょうどつりあいの位置から出発しようとしている。

各質点のつりあいの位置からのずれを y とすると、単振動であるから y と t との関係は

$$y = a\cos(\omega t + \alpha) \tag{1.18}$$

と表される。ここで、a は振幅、$\omega = 2\pi\nu$ は 2π 秒間の振動数である。a や ω は各質点について等しいが、位相定数 α は質点によって次々にずれているため、式 (1.18) の cosine 中の $(\omega t + \alpha)$ で与えられる角、すなわち位相は各質点で次々にずれている。このような運動が波動である。

図 (b) の実線で示した波はある瞬間の変位を示し、破線の波はそれから少し時間が経った後の変位を示したものであるが、全体の波形の曲線がそのまま少し右にずれたものになっている。もちろん、各質点が右の方向に流れているわけではなく、一定の位

---

† シュレーディンガーが導いたのはこの方法ではない。ここでは理解しやすいような方法で導くことにする。

置で上下に振動していて，波の形だけが伝わっていく．P_1 から P_2，P_3，…，とたどっていくと位相は次々にずれていくが，P_1' に達すると位相が 2π だけずれて，式 (1.18) からみても，図 1.3 からみても，P_1' は P_1 とまったく等しい変位を行っており，P_1 が山ならば P_1' も山であり，前者が谷ならば後者も谷になる．P_1 から P_1' までの距離をこの波の波長といい，λ で表す．P_2-P_2' 間，P_3-P_3' 間もそれぞれ 1 波長である．

　質点の位置をゴム糸に沿って x とすると，α は x とともに一定の割合で減少していき，x が λ だけ増加すると α は 2π だけ小さくなるので，

$$\alpha = -2\pi \frac{x}{\lambda} + \varepsilon \qquad (\varepsilon : 定数) \tag{1.19}$$

となっていなければならない．これを式 (1.18) に代入すると，

$$y = a \cos\left\{2\pi\left(vt - \frac{x}{\lambda}\right) + \varepsilon\right\}$$

となり，この式を式 (1.13) のド・ブロイの関係式ならびに $E = h\nu$ の関係式を用いて変形すると（cosine は偶関数であることを用いて），

$$y = a \cos\left\{\frac{1}{\hbar}(Px - Et)\right\} \tag{1.20}$$

となる．ここで $\hbar \equiv h/2\pi$ で[†]，かつ $\varepsilon = 0$ とした．この式が，質点の変位 y を時刻 t と位置 x との関数として表した波動の式である．ここで，$\varepsilon = 0$ とおいても一般性は失われない．

　式 (1.20) を取り扱いやすくするために，オイラー（Euler）の公式

$$\exp(j\theta) = \cos\theta + j\sin\theta \qquad (j = \sqrt{-1})$$

を用いて変形すると，

$$\Psi = \exp\left\{j\frac{1}{\hbar}(Px - Et)\right\} \tag{1.21}$$

となり，この式の実数部が式 (1.20) になる．ここで，$a = 1$ としても一般性は失われないので，式 (1.21) では $a = 1$ とした．

　式 (1.21) を t について 1 回偏微分すると，

$$\frac{\partial \Psi}{\partial t} = -\frac{j}{\hbar}E\Psi \tag{1.22}$$

となり，また，x について 2 回偏微分すると，

$$\frac{\partial^2 \Psi}{\partial x^2} = -\frac{P^2}{\hbar^2}\Psi \tag{1.23}$$

となる．一方，

$$E = \frac{P^2}{2m} + V \qquad (V : ポテンシャルエネルギー)$$

---

† $\hbar$ をディラック（Dirac）の h，あるいは h バーと読む．

を式 (1.22) に代入し，両辺に $j\hbar$ をかけると

$$j\hbar\frac{\partial\Psi}{\partial t} = E\Psi = \frac{P^2}{2m}\Psi + V\Psi$$

となり，式 (1.23) を用いて上式を変形すると

$$j\hbar\frac{\partial\Psi}{\partial t} = -\frac{\hbar^2}{2m}\frac{\partial^2\Psi}{\partial x^2} + V\Psi \tag{1.24}$$

となる．この式が，時刻を含むシュレーディンガーの波動方程式（time dependent Schrödinger wave equation）である．

3 次元の場合には，式 (1.24) は次式のようになる．

$$j\hbar\frac{\partial\mathbf{\Psi}}{\partial t} = -\frac{\hbar^2}{2m}\nabla^2\mathbf{\Psi} + V\mathbf{\Psi} \tag{1.25}$$

ただし，∇^2 はラプラシアンとよばれ，

$$\nabla^2 = \frac{\partial^2}{\partial x^2} + \frac{\partial^2}{\partial y^2} + \frac{\partial^2}{\partial z^2} \tag{1.26}$$

で与えられる演算子である．

ここで，式 (1.24) のシュレーディンガーの波動方程式と古典力学との関係について説明する．古典力学において，ハミルトン（Hamilton）の関数 H は，

$$H = \frac{P^2}{2m} + V = E \tag{1.27}$$

で与えられる．ここで

$$\begin{cases} E & \rightarrow & j\hbar\dfrac{\partial}{\partial t} \\ P & \rightarrow & j\hbar\dfrac{\partial}{\partial x} \end{cases} \tag{1.28}$$

の微分演算子で置き換え，式 (1.27) に作用関数 Ψ を入れると

$$j\hbar\frac{\partial\Psi}{\partial t} = -\frac{\hbar^2}{2m}\frac{\partial^2\Psi}{\partial x^2} + V\Psi$$

となり，式 (1.24) と一致する．

さて，電子を波動として取り扱う場合，式 (1.24) のシュレーディンガーの方程式を解けば電子の状態が求められる．ところで，これから取り扱う状態は，ポテンシャルエネルギー V が時刻によって変わらない定常状態におかれた電子の状態である場合が多い．すなわち，V は時刻の関数を含まず，位置 x だけの関数 $V = V(x)$ である場合が多い．この場合には，式 (1.24) の解 Ψ は

$$\Psi(x,t) = \varphi(x)\eta(t) \tag{1.29}$$

で与えられることが数学的に証明されている．このとき，式 (1.24) はもう少し単純化

される.

式 (1.29) を式 (1.24) に代入して，両辺を $\Psi(x,t) = \varphi(x)\eta(t)$ で割ると

$$\frac{j\hbar}{\eta(t)}\frac{d\eta(t)}{dt} = \frac{1}{\varphi(x)}\left\{-\frac{\hbar^2}{2m}\frac{d^2\varphi(x)}{dx^2} + V(x)\varphi(x)\right\} \tag{1.30}$$

となり，左辺は時刻 t だけの関数，右辺は場所 x だけの関数である．ところが，t だけの関数と x だけの関数が等しくなるためには，両辺とも t にも x にも無関係な定数 W でなければならない．そこで，式 (1.30) の左辺ならびに右辺の式を W とおくと，

$$j\hbar\frac{d\eta(t)}{dt} = W\eta(t) \tag{1.31}$$

$$-\frac{\hbar^2}{2m}\frac{d^2\varphi(x)}{dx^2} + \{V(x) - W\}\varphi(x) = 0 \tag{1.32}$$

の二つの式が得られる.

次に，定数 W はいったい何を表しているかを考えてみよう．W を

$$W \quad \rightarrow \quad j\hbar\frac{d}{dt} \tag{1.33}$$

の演算子で置き換えてみると，式 (1.31) がただちに得られる．ところが，式 (1.33) と式 (1.28) はまったく同じことを表しているので，$W \equiv E$ で，定数 W は全エネルギーに等しいことがわかる.

したがって，W を E に置き換えると，式 (1.32) は次式のようになる.

$$\boxed{-\frac{\hbar^2}{2m}\frac{d^2\varphi(x)}{dx^2} + \{V(x) - E\}\varphi(x) = 0} \tag{1.34}$$

この式を時刻を含まないシュレーディンガーの波動方程式（time independent Schrödinger wave equation）とよび，今後よく用いる.

また，式 (1.31) は $W = E$ とおいて積分すると

$$\eta(t) = C\exp\left(-j\frac{E}{\hbar}t\right) \quad （C：積分定数）$$

となり，式 (1.29) から

$$\Psi(x,t) = \varphi(x)C\exp\left(-j\frac{E}{\hbar}t\right) \tag{1.35}$$

となる．式 (1.35) からわかるように，$\varphi(x)$ は $\Psi(x,t)$ の振幅を決めるので，式 (1.34) は振幅方程式とよばれることもある.

式 (1.34) の E および $\varphi(x)$ は，それぞれ

$E：$　エネルギー固有値（eigenvalue）

$\varphi(x)：$　固有関数（eigenfunction）

と一般によばれている.

　以上でシュレーディンガーの波動方程式の数学的な取扱いは理解できたとしても，その物理的意味はまったく理解できない．それは，式 (1.24) の波動関数 Ψ，あるいは式 (1.34) の固有関数 φ はいったいどのような物理的な意味をもっているかが説明されていないためである．そこで次に，この波動関数 Ψ の物理的意味について説明しよう．

1.4.2　波動関数の物理的意味

　波動関数 Ψ または φ は何を表しているか考えてみる．式 (1.21) から，$|\Psi|$ が大きいことは，図 1.3 の波の振幅が大きいことを表している．それでは，振幅が大きいことは何を表しているのだろうか．1.2 節で説明した波束が粒子に対応していることを思い出してみよう．波束は図 1.1 で明らかなように，波の振幅が最大になっている部分である．すなわち，粒子的に考えてみると，振幅が大きいところに粒子がありそうに思われる．逆に，$\Psi = 0$ は波の振幅がないので，多分そこには粒子がないであろうと考えられる．このように考えていくと，「Ψ は粒子が存在しそうであるか否かを表す確率密度的なものであろう」ことが推測される．しかし，波動関数 Ψ は一般には複素関数であり，確率密度の値は負でない実数でなければならないから，Ψ をただちに確率密度とすることはできない．

　いま，波動関数 Ψ とその共役複素関数 Ψ^* の積 $\Psi^* \cdot \Psi$ をつくると，この値は確かに負でない実数である．そこで，波動関数 Ψ の物理的意味に関して次のように考えることができる（ただし，一般的に 3 次元で示す）．

波動関数 Ψ で記述される粒子が，時刻 t に空間内の点 $r(x, y, z)$ の近傍の微小領域 $dx\,dy\,dz$ 内にある確率は

$$\Psi^* \cdot \Psi \, dx\,dy\,dz \tag{1.36}$$

に比例する．すなわち，粒子が時刻 t に点 r にある確率密度 P_r は

$$P_r = \Psi^* \cdot \Psi = |\Psi|^2 \tag{1.37}$$

で与えられる．

　粒子を全空間内のどこかで見出す確率は 1 であるので，式 (1.37) を全空間にわたって積分した結果は 1 に等しくなければならない．これを式で表すと

$$\int_V \Psi^* \cdot \Psi \, dx\,dy\,dz = 1 \tag{1.38}$$

となる．この条件を満足する波動関数を，1 に規格化（normalize）された波動関数という．

エネルギー固有関数 φ も 1 に規格化して,

$$\int_V \varphi^* \cdot \varphi \, dx \, dy \, dz = 1 \tag{1.39}$$

という条件を満足しておくのが便利である.

シュレーディンガーは,この波動方程式[†]の研究に対して,1933 年イギリスのディラック(Dirac)と,ノーベル物理学賞を共同受賞した.

1.5 束縛粒子

本節ではシュレーディンガーの波動方程式を用いて,図 1.4 に示すような長さ L の 1 次元の箱に閉じ込められた自由粒子の状態を求めてみる.ただし,箱の壁は完全に硬くて,粒子は少しも壁に入り込めないと仮定する.このような箱を一般に,量子井戸(quantum well)とよんでいる.

箱の中の粒子に対してはポテンシャルエネルギーは一定であるから,これをゼロとしても一般性を失わない.

式 (1.34) で $V = 0$ とすると,

$$-\frac{\hbar^2}{2m}\frac{d^2\varphi(x)}{dx^2} = E\varphi(x) \qquad (0 \leqq x \leqq L) \tag{1.40}$$

となる.この解は積分定数を A, B として,次のように表される.

$$\varphi(x) = A\exp(jkx) + B\exp(-jkx) \tag{1.41}$$

式 (1.41) を式 (1.40) に代入すると,

$$k^2 = \left(\frac{2m}{\hbar^2}\right)E \tag{1.42}$$

$V = 0$

$0 \xrightarrow{} x \qquad L$

図 1.4　1 次元の箱形ポテンシャル

[†] ファインマン(p.234 参照)の言葉を借りると,「どこからあの方程式を求めたかって?　とんでもない.既知のものからは導けるわけがないよ.あの方程式は,シュレーディンガーの心の中から生まれてきたのさ.」

となる.

式 (1.41) の第 1 項は x 軸の正方向に進む波を表し，第 2 項は負方向へ進む波を表す. すなわち，x 軸の正方向に進む波があると，これが壁で反射されて $-x$ 方向に進む波ができて，これらがたがいに干渉し合って定在波をつくる.

積分定数 A, B は境界条件から求められる. 仮定により，箱の壁が完全に硬くて粒子が少しも壁に入り込めないので，壁の面では $\varphi = 0$ でなければならない. したがって，境界条件は，

$$
\begin{aligned}
&x = 0 \text{ の点で} \quad \varphi(0) = 0 \\
&x = L \text{ の点で} \quad \varphi(L) = 0
\end{aligned}
\tag{1.43}
$$

となる.

$\varphi(0) = 0$ の条件から $A = -B$ が求められ，式 (1.41) は

$$
\begin{aligned}
\varphi(x) &= A\{\exp(jkx) - \exp(-jkx)\} \\
&= C \sin kx
\end{aligned}
\tag{1.44}
$$

となる. ここで，新しい定数 $C \equiv 2jA$ を用いている.

また，$\varphi(L) = 0$ を式 (1.44) に代入すると

$$
C \sin kL = 0
\tag{1.45}
$$

となるが，これから $C = 0$ とすることはできない. それは，$C = 0$ とすると $\varphi(x) = 0$ となり，箱の中に粒子がまったく存在しないことになる. したがって，$\sin kL = 0$ でなければならない. これを満足する k の値は

$$
k = \frac{n\pi}{L} \qquad (n = 1,\ 2,\ 3,\ \cdots)
\tag{1.46}
$$

でなければならない.

式 (1.46) を式 (1.42)，(1.44) に代入すると

$$
E = \frac{\hbar^2}{2m} k^2 = \frac{\pi^2 \hbar^2}{2mL^2} n^2
\tag{1.47}
$$

$$
\varphi(x) = C \sin\left(\frac{n\pi}{L} x\right)
\tag{1.48}
$$

となり，式 (1.39) の規格化条件を用いて積分定数 C が求められる.

$$
\begin{aligned}
1 &= \int_0^L |\varphi(x)|^2 dx = \int_0^L C^2 \sin^2\left(\frac{n\pi}{L} x\right) dx \\
&= \frac{L}{2} C^2 \\
&\therefore \quad C = \left(\frac{2}{L}\right)^{1/2}
\end{aligned}
$$

したがって，式 (1.48) は

$$\varphi(x) = \left(\frac{2}{L}\right)^{1/2} \sin\left(\frac{n\pi}{L}x\right) \tag{1.49}$$

となり，波動方程式が解け，固有値 E ならびに固有関数 $\varphi(x)$ が求められた．また，粒子の存在確率密度 P_r は

$$P_r = |\varphi(x)|^2 = \left(\frac{2}{L}\right) \sin^2\left(\frac{n\pi}{L}x\right) \tag{1.50}$$

となる．

式 (1.47) より，粒子のとりうるエネルギーは

$$E_1 = \frac{\pi^2\hbar^2}{2mL^2} \cdot 1^2$$

$$E_2 = \frac{\pi^2\hbar^2}{2mL^2} \cdot 2^2$$

$$E_3 = \frac{\pi^2\hbar^2}{2mL^2} \cdot 3^2$$

$$\vdots$$

$$E_n = \frac{\pi^2\hbar^2}{2mL^2} \cdot n^2$$

の離散的な値になり，連続の値はとり得ない．図 1.5 (a) はこの離散的エネルギーの様子を示したもので，これをエネルギー準位図 (energy level diagram) という．また，図 (b) は E と n との関係をプロットしたもので，放物線上にのっている．図 1.6 は式 (1.50) で与えられるエネルギー準位図に対する粒子の存在確率密度を示す．

図 1.5 と図 1.6 から，箱の中に粒子を 1 個入れると，その粒子のエネルギーは E_1 の

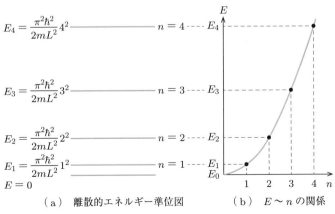

（a）　離散的エネルギー準位図　　　　　（b）　$E \sim n$ の関係

図 1.5　離散的エネルギー準位の説明図

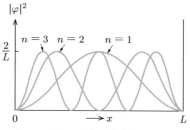

図 1.6　粒子の存在確率密度の説明図

値をとり，かつ図 1.6 から，おおよそ箱の中央に位置することがわかる．さらに 1 個入れると，パウリの排他律（第 2 章参照）により E_1 のエネルギー準位には入れないので，次のエネルギー準位 E_2 に入り，図 1.6 から，場所的には $L/4$ または $3L/4$ あたりに位置する．このようにして，たとえば 10 個の粒子を入れると，エネルギー最大の粒子は

$$E_{10} = \frac{\pi^2 \hbar^2}{2mL^2} \cdot 10^2$$

のエネルギーをもつことになり，この最大のエネルギー値をフェルミエネルギー[†]（Fermi energy）という．

　以上は 1 次元の箱に粒子が閉じ込められた場合であるが，3 次元の場合（1 辺の長さ L の立方体）の固有関数ならびに固有値は，それぞれ式 (1.49)，(1.47) から明らかなように，次式のようになる．

$$\varphi(x,y,z) = \left(\frac{2}{L}\right)^{3/2} \cdot \sin\left(\frac{n_x \pi}{L}x\right) \cdot \sin\left(\frac{n_y \pi}{L}y\right) \cdot \sin\left(\frac{n_z \pi}{L}z\right) \tag{1.51}$$

$$E_{n_x, n_y, n_z} = \frac{\hbar^2}{2m}\left(\frac{\pi}{L}\right)^2 \left(n_x^2 + n_y^2 + n_z^2\right) \tag{1.52}$$

ここで，n_x，n_y，n_z はそれぞれ自然数である．

1.6　フェルミエネルギー

　前節で説明した，3 次元の箱の中に粒子を入れていったときのエネルギーの様子を調べてみる．

　表 1.1 は，n_x，n_y，n_z とエネルギー固有値ならびに入りうる粒子数を示したものである．まず 1 個の粒子を入れると，その粒子は最小のエネルギー値 E_1 の準位に入る．次にもう 1 個の粒子を入れると，E_1 の準位はもうすでに 1 個粒子が入っているので，パウリの排他律に従ってこの準位には入れず，次のエネルギー値 E_2 の準位に入る．こ

[†]　イタリアとアメリカの両国籍をもつフェルミ（Fermi）の名を冠している．

表 1.1　3 次元の箱の中の粒子のエネルギー

n_x	n_y	n_z	固有値	粒子数
1	1	1	$E_1 = \dfrac{\hbar^2}{2m}\left(\dfrac{\pi}{L}\right)^2 3$	1
2	1	1		
1	2	1	$E_2 = \dfrac{\hbar^2}{2m}\left(\dfrac{\pi}{L}\right)^2 6$	3
1	1	2		
2	2	1		
2	1	2	$E_3 = \dfrac{\hbar^2}{2m}\left(\dfrac{\pi}{L}\right)^2 9$	3
1	2	2		
3	1	1		
1	3	1	$E_4 = \dfrac{\hbar^2}{2m}\left(\dfrac{\pi}{L}\right)^2 11$	3
1	1	3		
2	2	2	$E_5 = \dfrac{\hbar^2}{2m}\left(\dfrac{\pi}{L}\right)^2 12$	1
1	2	3		
2	1	3		
3	2	1	$E_6 = \dfrac{\hbar^2}{2m}\left(\dfrac{\pi}{L}\right)^2 14$	6
1	3	2		
2	3	1		
3	1	2		

のエネルギー準位には $n_x = 2$, $n_y = 1$, $n_z = 1$ と，$n_x = 1$, $n_y = 2$, $n_z = 1$ と，さらに $n_x = 1$, $n_y = 1$, $n_z = 2$ で決まる合計三つの固有関数が存在し，各固有関数にそれぞれ 1 個の粒子が対応できるので，この準位には合計 3 個の粒子が入れることになる．この準位のように，**エネルギー固有値が同じで，固有関数が異なる場合を**縮退**してい** **る**（degenerate）という．この場合には 3 重に縮退していることになる．したがって，4 個までの粒子は E_2 の準位までに入れるが，さらに 1 個，すなわち合計 5 個の粒子を入れると，5 個目の粒子は E_3 のエネルギー準位に入る．この準位も 3 重に縮退しているので 3 個の粒子が入れる．

　以上の説明で明らかなように，たとえば 10 個の粒子を箱の中に入れると，粒子のエネルギー最大値，すなわちフェルミエネルギーは，表 1.1 から

$$E_4 = \frac{\hbar^2}{2m}\left(\frac{\pi}{L}\right)^2 11$$

である．また，15 個入れたときのフェルミエネルギーは，

$$E_6 = \frac{\hbar^2}{2m}\left(\frac{\pi}{L}\right)^2 14$$

となる．

　このように考えていくと，粒子数 N 個のときのフェルミエネルギーを求めることができる．ところが，一般の固体では $1\,\mathrm{cm}^3$ あたり 10^{23} 個程度の自由電子が含まれているので，このような多くの粒子数を入れたときのフェルミエネルギーは，表 1.1 のよ

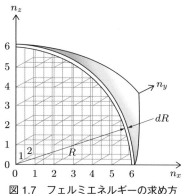

図 1.7　フェルミエネルギーの求め方

うな方法では求められない．そこでこの場合には，次のような方法でフェルミエネルギーを求める．

　表 1.1 に示した n_x, n_y, n_z の値を，図 1.7 に示すように直交軸にとって考える．$n_x = 1$, $n_y = 1$, $n_z = 1$ の点をとっていくと，その点を頂点にした体積 1 の立方体が形成される．この体積 1 という値が粒子数に対応し，そのときの粒子のエネルギーは，表 1.1 または式 (1.52) から明らかなように，この立方体の対角線，すなわち原点と点 $(1, 1, 1)$ を結んだ直線の長さの 2 乗に $(\hbar^2/2m)(\pi/L)^2$ の値をかけると求められる．この方法を表 1.1 の各 n_x, n_y, n_z について行っていくと，図 1.7 に示したように，単位体積の立方体のブロックが積み重なったものができる．そして，ブロックの全体積が粒子数になり，原点から一番遠い点と原点までの距離の 2 乗に $(\hbar^2/2m)(\pi/L)^2$ をかけると，そのときのフェルミエネルギーが求められる．ブロックの数が非常に大きくなると，ブロックの積み重ねは球に近似できる．

　いま，粒子として電子を取り扱うと，電子はスピンがたがいに逆向きのものがあり，スピンを考慮すると，式 (1.52) で与えられるエネルギー固有値にそれぞれ 2 個入れるので，図 1.7 の単位体積のブロックにはそれぞれ 2 個電子が入れる．

　式 (1.52) を変形すると

$$n_x^2 + n_y^2 + n_z^2 = \frac{2m}{\hbar^2}\left(\frac{L}{\pi}\right)^2 E \tag{1.53}$$

となり，これは半径

$$\left\{\frac{2m}{\hbar^2}\left(\frac{L}{\pi}\right)^2 E\right\}^{1/2}$$

の球を表している[†]．この球の体積は

[†]　式 (1.53) から等エネルギー面は球になるので，このような場合を**球対称エネルギー面**とよぶことがある．

$$\frac{1}{8} \times \frac{4}{3}\pi \left\{ \frac{2m}{\hbar^2} \left(\frac{L}{\pi}\right)^2 E \right\}^{3/2} \tag{1.54}$$

で与えられる。ここで $1/8$ は，n_x, n_y, n_z は正の値しかとり得ないので，球全体の $1/8$ となるためである。

式 (1.54) の球の体積は，E 以下のエネルギーをもつ粒子の数である。したがって，このエネルギー状態中に収容できる電子の数は

$$2 \times \frac{1}{8} \times \frac{4}{3}\pi \left\{ \frac{2m}{\hbar^2} \left(\frac{L}{\pi}\right)^2 E \right\}^{3/2} \tag{1.55}$$

で与えられる。係数 2 は一つの固有関数のエネルギー状態にスピンの向きがたがいに逆の 2 個の電子が入れるためである。

いま，エネルギー E 以下に入れる電子数を N とすると，式 (1.55) から

$$N = 2 \times \frac{1}{8} \times \frac{4}{3}\pi \left\{ \frac{2m}{\hbar^2} \left(\frac{L}{\pi}\right)^2 E \right\}^{3/2}$$

となり，これを E について解くと，

$$E = \frac{\hbar^2}{2m} \left\{ 3\pi^2 \left(\frac{N}{L^3}\right) \right\}^{2/3} = \frac{\hbar^2}{2m} (3\pi^2 n)^{2/3} \tag{1.56}$$

となる。ここで，$n \equiv N/L^3$ は単位体積当たりの電子数，すなわち電子密度である。

式 (1.56) の E が，電子の占めうる最大のエネルギー値である。絶対零度ではこのエネルギー値以下のエネルギー準位はすべて電子で満たされていて，それ以上のエネルギー準位は空席である。この式 (1.56) で与えられるエネルギーは絶対零度におけるフェルミエネルギーとして知られ，$E_F(0)$ で表される。すなわち

$$E_F(0) = \frac{\hbar^2}{2m} (3\pi^2 n)^{2/3} \tag{1.57}$$

である[†]。したがって，**フェルミエネルギーは，絶対零度における電子のとりうる最大のエネルギーである**ということができる。

これをたとえていうと，コップに水を入れたときの水面の高さがフェルミエネルギー

[†] 計算は省略するが，$T\,[\mathrm{K}]$ におけるフェルミエネルギー $E_F(T)$ は

$$E_F(T) \fallingdotseq E_F(0)\left\{ 1 - \frac{\pi^2}{12} \left(\frac{kT}{E_F(0)}\right)^2 \right\}$$

で与えられる。ここで，k はボルツマン定数である。T が増加すると $E_F(T)$ はわずかに減少するが，$T = 300\,\mathrm{K}$ の室温程度では $kT \fallingdotseq 0.026\,\mathrm{eV}$ である。後ほど述べるように，多くの金属では $E_F(0) \sim$ 数 eV であるので

$$\frac{\pi^2}{12} \left(\frac{kT}{E_F(0)}\right)^2 \fallingdotseq 10^{-5} \ll 1$$

であり，ほとんど温度 T の影響は受けないので，$E_F(T) \fallingdotseq E_F(0)$ としてさしつかえない。

に対応し，水面の高さは水の量が多くなると高くなるように，フェルミエネルギーも電子密度が大きくなると，式 (1.57) に従って大きくなる.

式 (1.57) で与えられるフェルミエネルギーを温度に換算して得られる

$$T_F \equiv \frac{E_F(0)}{k} \tag{1.58}$$

をフェルミ温度という．ここで，k はボルツマン定数である.

また，フェルミエネルギーにおける電子の速度 v_F は

$$\frac{1}{2}mv_F^2 = E_F(0)$$

より，

$$v_F = \left(\frac{2E_F(0)}{m}\right)^{1/2} \tag{1.59}$$

で与えられる．これをフェルミ速度という.

例として，銅の自由電子のフェルミエネルギーを計算してみる．銅の密度は $8.94 \times 10^3 \, \mathrm{kg \cdot m^{-3}}$，モル質量 $6.354 \times 10^{-2} \, \mathrm{kg \cdot mol^{-1}}$ であるから，1 モルの銅の体積 V は

$$V = \frac{6.354 \times 10^{-2}}{8.94 \times 10^3} = 7.11 \times 10^{-6} \, \mathrm{m}^3$$

である．銅は 1 価金属であるから最外殻電子数は 1 個である．したがって，1 モルの銅中に含まれる価電子数，すなわち自由電子数 N は 1 モル中に含まれる原子の数，いいかえると，アボガドロ数 6.02×10^{23} に等しい.

$$\therefore \quad n = \frac{N}{V} = \frac{6.02 \times 10^{23}}{7.11 \times 10^{-6}} = 8.47 \times 10^{28} \, \mathrm{m}^{-3}$$

$$= 8.47 \times 10^{22} \, \mathrm{cm}^{-3}$$

この値を式 (1.57) に代入すると，銅の自由電子のフェルミエネルギーは

$$E_F(0) = \frac{\hbar^2}{2m}(3\pi^2 n)^{2/3} = 7.03 \, \mathrm{eV}$$

となる．ほかの 1 価金属の自由電子のフェルミエネルギーも 7 eV 前後である.

1.7　状態密度関数

前節では，電子密度 n の電子のとりうる最大のエネルギー，すなわちフェルミエネルギーについて説明した．ところが，これからは「あるエネルギー準位にどれだけの電子が入れるか」という値を用いる場合が多い．たとえば，コップの底から 5 cm の高さのところの単位高さ当たりにどれだけの水を入れることができるかという値に対応する．このように，単位体積当たりの単位エネルギー領域に対する電子の量子状態数

を状態密度といい，一般には $g(E)$ で表す．そこで，この $g(E)$ の値を求めてみよう．

　求める状態密度を $g(E)$ とすると，$g(E)dE$ はエネルギー E と $E + dE$ の間のエネルギーをもつ状態の単位体積当たりの数である．したがって，いま考えている全エネルギーで積分すると，体系中の単位体積当たりの電子数になる．すなわち，

$$\int g(E)dE = n \tag{1.60}$$

となる．式 (1.56) を n について解き，式 (1.60) に代入する．

$$\int g(E)dE = \frac{1}{3\pi^2}\left(\frac{2mE}{\hbar^2}\right)^{3/2}$$

この両辺を E について微分すると，状態密度が得られる．

$$\boxed{g(E) = \frac{1}{2\pi^2}\left(\frac{2m}{\hbar^2}\right)^{3/2} E^{1/2}} \tag{1.61}$$

　式 (1.61) の $g(E)$ と E との関係を図示すると，図 1.8 のように放物線になり，この関係はこれからよく使われる．

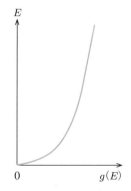

図 1.8　状態密度とエネルギーの関係曲線

1.8　トンネル効果

　トンネル効果は電子を波動として取り扱って初めて出てくる効果で，粒子として取り扱った場合にはこの効果は現れない．すなわち，この効果は電子が波動であることの立証になる．また，これから説明する半導体デバイスにもこの効果を利用したものがあるので，この節ではトンネル効果について説明する．

　図 1.9 に示すようなエネルギー障壁（高さ V_1，厚さ x_1）があるとき，電子はどのように振る舞うか考えてみる．

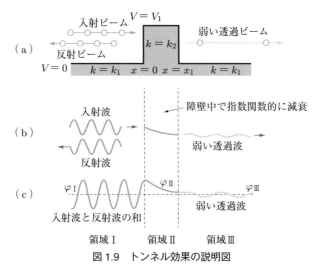

図 1.9　トンネル効果の説明図

　エネルギー障壁の高さ V_1 は十分に高くて，電子のエネルギーよりも大きいとする．電子を粒子とすると，電子はこの障壁を越えることができず，境界ですべて反射されてしまう．ところが電子を波動と考えると，この障壁中に浸み込んでいくことが可能になる．この効果をトンネル効果（tunnel effect）という．

　図より，各領域のポテンシャルエネルギー V は次のようになる．

$$V(x) = \begin{cases} 0 & x < 0 & \text{領域 I} \\ V_1 & 0 \leqq x \leqq x_1 & \text{領域 II} \\ 0 & x_1 < x & \text{領域 III} \end{cases} \tag{1.62}$$

　領域 I および III におけるシュレーディンガーの波動方程式は，式 (1.34) で $V = 0$ とおき，

$$\frac{d^2\varphi}{dx^2} + \alpha^2\varphi = 0 \tag{1.63}$$

となる．領域 II では，$V = V_1$ とおいて，

$$\frac{d^2\varphi}{dx^2} - \beta^2\varphi = 0 \tag{1.64}$$

となる．ここで，

$$\alpha^2 = \frac{2m}{\hbar^2}E \tag{1.65}$$

$$\beta^2 = \frac{2m}{\hbar^2}(V_1 - E) \tag{1.66}$$

である．式 (1.63) の一般解は，式 (1.41) と同様に，次のように表される．

$$\varphi = A\exp(j\alpha x) + B\exp(-j\alpha x) \tag{1.67}$$

　領域 I について考えると，第 1 項が入射波，第 2 項が反射波である．いま，入射波の振幅を基準にとって $A=1$ とする．

$$\varphi_{\mathrm{I}} = \exp(j\alpha x) + B\exp(-j\alpha x) \tag{1.68}$$

　領域 II の式 (1.64) の一般解は，次のようになる．

$$\varphi_{\mathrm{II}} = C\exp(\beta x) + D\exp(-\beta x) \tag{1.69}$$

　ここで，領域 I と II の境界条件について考える．ポテンシャルエネルギーは $x=0$ で不連続であるが，有限の大きさである．したがって，$x=0$ の点において固有関数 φ はなめらかに連続でなければならない．なめらかに連続とは，数学的には φ ならびに微係数 $d\varphi/dx$ が連続になることである．すなわち，$x=0$ で

$$\varphi_{\mathrm{I}}(0) = \varphi_{\mathrm{II}}(0)$$
$$\left.\frac{d\varphi_{\mathrm{I}}}{dx}\right|_{x=0} = \left.\frac{d\varphi_{\mathrm{II}}}{dx}\right|_{x=0} \tag{1.70}$$

でなければならない．これより，次の境界条件が得られる．

$$1 + B = C + D \tag{1.71}$$

$$j\alpha(1 - B) = \beta(C - D) \tag{1.72}$$

　領域 III の式 (1.63) の一般解は式 (1.67) と同じ形になる．ところが，電子が領域 I の $x=-\infty$ の方向から x 軸の正の方向に向かって入射する場合を考えているので，領域 III では $+\infty$ の方向から x 軸の負の方向に入射してくる波は存在しないはずである．すなわち，領域 III では，

$$\varphi_{\mathrm{III}} = K\exp(j\alpha x) \tag{1.73}$$

でなければならない．

　ここで，領域 II と III の境界 $x=x_1$ の点における境界条件について考える．この点でも固有関数はなめらかに連続でなければならないので，

$$\varphi_{\mathrm{II}}(x_1) = \varphi_{\mathrm{III}}(x_1)$$
$$\left.\frac{d\varphi_{\mathrm{II}}}{dx}\right|_{x=x_1} = \left.\frac{d\varphi_{\mathrm{III}}}{dx}\right|_{x=x_1} \tag{1.74}$$

すなわち，境界条件は次のようになる．

$$C\exp(\beta x_1) + D\exp(-\beta x_1) = K\exp(j\alpha x_1) \tag{1.75}$$

$$\beta\{C\exp(\beta x_1) - D\exp(-\beta x_1)\} = j\alpha K\exp(j\alpha x_1) \tag{1.76}$$

式 (1.71)，(1.72)，(1.75) および式 (1.76) から積分定数 B，C，D ならびに K が求められる．ここでは主に透過波を問題にするので，透過波の振幅 K を求めると，

$$K = \frac{2\alpha\beta\exp(-j\alpha x_1)}{2\alpha\beta\cosh\beta x_1 - j(\alpha^2 - \beta^2)\sinh\beta x_1} \tag{1.77}$$

となる.

ここで，トンネル確率 P を，単位時間に単位面積を通過する入射波と透過波の電子数の比と定義すると，入射波の振幅を 1 と仮定したので，

$$P = |K|^2 = \frac{4\alpha^2\beta^2}{4\alpha^2\beta^2 \cosh^2\beta x_1 + (\alpha^2 - \beta^2)^2 \sinh^2\beta x_1}$$

$$= \frac{4\alpha^2\beta^2}{4\alpha^2\beta^2 + (\alpha^2 + \beta^2)^2 \sinh^2\beta x_1} \tag{1.78}$$

であるが，式 (1.66) より

$$\beta x_1 = \sqrt{\frac{2m}{\hbar^2}(V_1 - E)} \cdot x_1$$

が小さくなると，すなわち障壁の高さ V_1 が小さくなるか，あるいは障壁の厚さ x_1 が薄くなると，トンネル確率 P は 1 に近づいていく.

βx_1 がある程度大きくなると

$$\sinh\beta x_1 = \frac{\exp(\beta x_1) - \exp(-\beta x_1)}{2} \fallingdotseq \frac{\exp(\beta x_1)}{2}$$

で近似できるので，トンネル確率は

$$P \fallingdotseq \frac{16\alpha^2\beta^2}{16\alpha^2\beta^2 + (\alpha^2 + \beta^2)\exp(2\beta x_1)} \tag{1.79}$$

となる.さらに，指数関数の項に比べて $16\alpha^2\beta^2$ が無視できると仮定すると，

$$P \fallingdotseq \left(\frac{4\alpha\beta}{\alpha^2 + \beta^2}\right)^2 \exp(-2\beta x_1) \tag{1.80}$$

となる.式 (1.65)，(1.66) を用いて式 (1.80) を書き換えると，

$$P \fallingdotseq 16\frac{E(V_1 - E)}{V_1^2} \exp\left\{-\frac{2}{\hbar}\sqrt{2m(V_1 - E)} \cdot x_1\right\} \tag{1.81}$$

となる.この式から，障壁の厚さ x_1 が厚くなると，トンネル確率は指数関数的に減少することがわかる.

なお，障壁の形が図 1.9 のような長方形でなく，任意の形をとるときには，トンネル確率は次式で与えられる.

$$P \fallingdotseq A \cdot \exp\left\{-\frac{2}{\hbar}\sqrt{2m}\int_0^{x_1}\sqrt{|V(x) - E|} \cdot dx\right\} \tag{1.82}$$

トンネル効果を理解するために，次のような例を考えてみよう.図 1.10 のように，ボールが速度 v で高さ h，幅 W のフェンスにぶつかるものとする.

このとき，古典力学では運動エネルギー $(1/2)mv^2$ がポテンシャルエネルギー（mgh：g は重力加速度）より小さいと，ボールはフェンスを乗り越えて右に進むことはでき

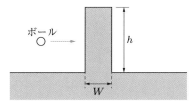

図 1.10　ボールがフェンスを乗り越えることができるか？

ない．量子力学を使ってこの問題を解くとどうなるだろうか．

　簡単化のため，最初のボールの運動エネルギー E がポテンシャルエネルギー V_1 の半分であったとすると，式 (1.81) は，$E = V_1/2$ とおいて，

$$P = 4 \cdot \exp\left(-\frac{2m\sqrt{gh}}{\hbar} \cdot W\right) \tag{1.83}$$

となる．

　具体的に数値を代入して計算してみる．フェンスの高さを $1\,\mathrm{cm}$，幅を $1\,\mathrm{mm}$，ボールの質量は $0.1\,\mathrm{kg}$ と $9.1 \times 10^{-31}\,\mathrm{kg}$ （電子の質量）としてトンネル確率を求める．

　表 1.2 を見てもわかるとおり，ボールの場合は質量が重いために量子力学的にフェンスを越える事象はほとんど起こらない．1 秒に 1000 回の観測をしても，100 億年で約 10^{-20} 回の観測しかできない．すなわち，ボールを 1 秒に 1000 回転がして，フェンスを越えてボールがやってくるのを宇宙が生まれる頃から待っていても，そんなことが起こるのを観測することはいまだかつて，未来にわたっても不可能である．

　このことは，日常生活には量子力学的効果が現れず，古典力学で話をしてもよいことを物語っている．しかし，電子の場合は，量子力学的効果を十分に考慮しなくてはいけない．

表 1.2　トンネル確率

	トンネル確率
ボール（$m = 0.1\,\mathrm{kg}$）	$4\exp(-6.0 \times 10^{30}) \fallingdotseq 10^{-2.6 \times 10^{30}}$
電子	0.018

演習問題

[1] 波数と振動数がわずかに異なる二つの波

$$y_1 = a\sin(\omega t - kx)$$

$$y_2 = a\sin\{(\omega + d\omega)t - (k + dk)x\}$$

を考える．このとき，次の問いに答えよ．

(a)　二つの波を合成してできる波 $y = y_1 + y_2$ の群速度と位相速度を求めよ.

(b)　問 (a) において，群速度と位相速度が等しいときには，波の速度は周波数に無関係であることを示せ.

[2] 0 K における自由電子ガスの単位体積当たりの運動エネルギー U_0 は

$$U_0 = \frac{3}{5} n E_F(0)$$

であることを示せ. ただし，n は単位体積当たりの電子数，$E_F(0)$ は 0 K におけるフェルミエネルギーである.

[3] 1 個の電子が，長さ 10^{-2} m の 1 次元の箱に閉じ込められている. このとき，電子のもちうる最低の量子化された速度を求めよ.

[4] 5×10^7 個の電子が，長さ 10^{-2} m の 1 次元の箱に閉じ込められている. これらの電子が一つの準位当たり 2 個ずつエネルギー準位を低いほうから順に占めていったとき，分布の上端における電子の速度と運動エネルギーを求めよ.

[5] 銅線中には多数の自由電子が存在している. これらの自由電子は電界が印加されていない状態では無秩序なブラウン運動をしている. 室温における銅線中の自由電子の速度（ブラウン運動をしている電子の速度）を求めよ.

第2章　固体の帯理論

　前章では量子力学の必要最小限の事柄について説明し，波動方程式の導出ならびにその応用例について説明した．本章では，固体物理において20世紀最大の理論とまでいわれている固体の帯理論を，第1章で導いた波動方程式を用いて説明する．なお，次章以後で説明する半導体の性質は，この帯理論をもとにして成り立っている．

2.1　帯理論の定性的な説明

　固体中の電子の状態を考えるには，固体を形成している原子の電子状態にさかのぼって考える必要がある．そこでまず，原子の状態を考えてみよう．

　もっとも簡単な原子は水素原子である．水素原子は1個の陽子と1個の電子から成っている．デンマークのボーア（Bohr）の水素原子模型によると，電子は陽子（原子核）のまわりを主量子数（principal quantum number）nで決まる円軌道に沿って運動していて，それに対応するエネルギーの値は

$$E_n = -\frac{me^4}{8\varepsilon_s^2 h^2}\frac{1}{n^2} = -13.6\frac{1}{n^2} \ [\text{eV}] \tag{2.1}$$

で与えられる．ここで，nは主量子数で，自然数である．またこの場合，ε_sは真空の誘電率で$\varepsilon_s = 1$である．

　式 (2.1) から，電子はとびとびの不連続なエネルギー値しかとり得ない．図 2.1 は

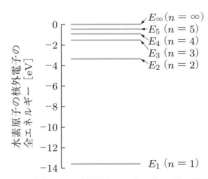

図 2.1　水素原子の核外電子の全エネルギー準位図

この不連続のエネルギー値を示したものである.

　主量子数で決まる軌道を殻とよぶことがあり，$n=1$ の軌道を K 殻，$n=2, 3, 4, \cdots$ に対応する軌道をそれぞれ，L，M，O，…殻とよぶ.

　ところが，電子が原子核のまわりをクーロン力で運動する軌道は，実際には円軌道ではなくて，原子核を焦点にするだ円軌道である.　したがって，だ円軌道を運動する電子のエネルギーを表すには，核からの距離のほかに，軌道角運動量の大きさを表す量子数が必要になってくる.　これを方位量子数（azimuthal quantum number）といって l で表す.　l は一つの主量子数 n に対して，$l=0, 1, 2, \cdots, (n-1)$ の n 個の量子数をとることができる.

　さらに，電子は $-e$ の電荷をもっているから，これが運動すると磁気能率をもつことになるので，この磁気能率を表す第3の量子数，すなわち，磁気量子数（magnetic quantum number）m が必要になってくる.　m は一つの方位量子数 l に対して $m=-l, -(l-1), \cdots, -1, 0, 1, 2, \cdots, l$ の $(2l+1)$ 個の量子数をとることができる.

　そのほかに，電子はだ円軌道を運動しながら電子自身も自転しているが，自転方向には二つの状態がある.　この電子の自転の状態を表すものとして，スピン量子数（spin quantum number）s がある.　s は一つの磁気量子数に対して $s=+1/2$ と $-1/2$ の二つの量子数しかとることができない.

　このように，電子の状態は，主量子数 n のほかに，l，m および s の合計四つの量子数で決まり，一つの量子状態には1個の電子しか入れない.　したがって，主量子数 n が決まればそこに何個の電子が入れるかが決まる.　これが1章で述べたパウリの排他律である.

　ここで，主量子数 $n=1$ の K 殻には何個の電子が入れるかを考えてみよう.　$n=1$ では $l=0$ となり，m もまた 0 になる.　しかし，スピン量子数 s は $\pm1/2$ の二つの量子状態をとれるから，K 殻には2個の電子が入れる.　このようにして $n=2, 3, 4, \cdots$ に対応する L，M，O，…殻の量子状態数は，8，18，32，…となって，第 n 番目の軌道には，$2n^2$ 個の電子が入れる.

　図 2.1 に示したエネルギー準位図も，詳しくは主量子数 n の値だけで決まるのではなくて，方位量子数 l の値によっても変わる.　いいかえると，n は同じでも l が異なると，わずかばかり異なったエネルギー準位をつくる.　そこで，これらの細分化されたエネルギー準位をはっきりと表すために，ふつう $1s$，$2s$，$2p$ などと表す.　数字は n の値を示し，アルファベットは l の値を表していて，$s=0$，$p=1$，$d=2$，…である.

　すなわち，1個の原子について考えると，その中には原子番号と同数の核外電子があるが，これらの電子は量子数 n，l，m，s によって決まるエネルギー準位の低準位のほうから，パウリの排他律に従って同一量子状態にはただ1個の割合で各準位を占めて

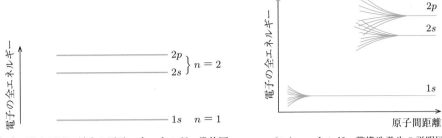

（a）　孤立原子に対する電子の全エネルギー準位図　　（b）　エネルギー帯構造発生の説明図

図2.2　エネルギー帯構造発生の説明図

いる．つまり，エネルギー準位は図2.2(a)に示すように何本かの平行線で示される．

　次に，たとえば8個の孤立した原子をだんだん近づけていった場合を考えてみる．このとき，一つの電子に及ぼされる作用は，それが属している原子核だけでなく，隣接するそれぞれの原子との相互作用によって変化し，各エネルギー準位は，図(b)に示すように，8個の異なった準位に分裂する．内側にあるエネルギー準位は，外側のものよりも隣接原子の影響を受けにくいので分裂しにくく，分裂の度合いは小さい．

　この考え方を固体に応用してみよう．固体は1 cm³当たり10^{22}～10^{23}個の非常に多数の原子の集団である．そのため，個々のエネルギー準位は10^{22}～10^{23}個に分裂して莫大な数になり，分裂した1個1個のエネルギー準位は非常に密集して，実際には連続な帯になると考えてもさしつかえない．したがって，このような場合には，分裂したエネルギー準位をすべて含むような一つの領域を考えることができる．これがすなわち，エネルギー帯（energy band）である．このエネルギー帯の上端と下端とは，それぞれ分裂した準位のうちの最大エネルギーと最小エネルギーの準位に対応していて，この電子の入りうるエネルギー帯を許容帯（allowed band）という．また，許容帯と許容帯の間には，電子の入り得ないエネルギー帯が形成されるが，このエネルギー帯を禁制帯（forbidden band）という．このようなエネルギー帯の考え方がエネルギー帯理論（band theory）である．

2.2　導体・半導体・絶縁体のエネルギー帯構造

　パウリの排他律はエネルギー帯にも適用できるから，エネルギーの低い帯は電子で完全に満たされていて，電子の数と量子状態数とは等しい．これに対して，エネルギーの非常に高い帯は電子がまったく存在しない．たとえば，炭素では$3s$以上の分離でできる許容帯には電子はまったく存在しない．このような許容帯を空帯という．その中

間に存在するエネルギー帯（エネルギーのもっとも高い電子が入っているエネルギー帯）には次の2種類の状態しかない.

①電子で完全に満たされる許容帯（充満帯という）があって，そのすぐ上の許容帯が空帯である状態.

②許容帯の半分近くが電子で満たされている状態. これを半満帯という.

これらの様子を示したのが図2.3で，①のエネルギー帯構造が図 (a)，図 (b) であり，②のエネルギー帯構造が図 (c) である.

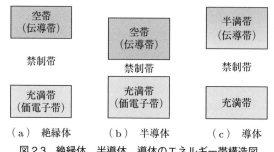

図 2.3　絶縁体，半導体，導体のエネルギー帯構造図

このように，最大のエネルギーをもつ電子の入っている許容帯の近くのエネルギー帯の構造によって固体の電気的性質が決まり，これからの議論では，これらのエネルギー帯にだけ着目すれば十分である. したがって，図2.3に示しているエネルギー帯の上，下にも許容帯があるが，一般には，図2.3のようにもっとも高いエネルギーの電子が入っている帯と，その上の帯だけを示し，そのほかの帯は省略する. そしてとくに，エネルギーの一番大きな電子が入っている充満帯を価電子帯（valence band），半満帯または価電子帯のすぐ上の許容帯，すなわち，空帯を伝導帯（conduction band）という. また，価電子帯と伝導帯の間の禁制帯幅をエネルギーギャップ（energy gap）とよぶことがある.

図 2.3 (a) で禁制帯幅がたとえば 6 eV 以上もあると，室温の熱エネルギー（$kT \sim$ 0.026 eV）程度では価電子帯から伝導帯に電子が熱励起されることはほとんどなく，伝導帯中には電子がほとんど存在しない. このようなエネルギー帯構造をもつ固体に電界をかけても，価電子帯中の電子は動くことができない. なぜなら，この電子が電界で加速されて速度 v で動くと $(1/2)mv^2$ の運動エネルギーが増加しなければならないが，価電子帯中の量子状態はすべて電子で満たされているから，パウリの排他律によって価電子帯中の電子が $(1/2)mv^2$ の運動エネルギーを得て上の準位に上がることはできないし，価電子帯の一番上にある電子も，禁制帯があるためにエネルギー増加は起こり得ない. したがって，電流が流れない. このような帯構造をもつ固体を一般

に絶縁体（insulator）という.

図 2.3 (c) では，半満帯中の電子は電界からエネルギーを得て加速されるから電流が
よく流れる．すなわち，導体（conductor）となる.

次に，図 (b) のように絶縁体でも禁制帯が非常に狭い場合には，室温程度の熱エネル
ギーでも価電子帯中の電子が伝導帯中に励起されて，電流がある程度流れる．このと
き，価電子帯から伝導帯へ電子が熱励起した後には，価電子帯には電子のないところ
ができる．電界が加えられると，この電子のないところへ価電子帯中の隣接電子が移
動することによって，結局電子のない部分も自由に価電子帯中を移動したことになる.
これはちょうど電気的に正電荷が等価的に動いたと考えてもよいので，正孔（positive
hole）[†]とよばれる．したがって，この場合には伝導帯中の電子と価電子帯中の正孔の
両方が電気伝導に寄与する．このような固体が半導体（semiconductor）である．す
なわち，絶縁体と半導体とではエネルギー帯構造は完全に同じで，ただ禁制帯幅が大
きいか小さいかが異なるだけである．一般に，禁制帯幅が数 eV 以上のときを絶縁体，
それ以下のものを半導体という.

2.3　波動方程式による帯理論の導出

2.1 節でエネルギー帯理論を定性的に説明したが，この節では，シュレーディンガー
の波動方程式からエネルギー帯理論を導いてみよう.

固体中の電子に対して式 (1.34) のシュレーディンガーの波動方程式を解くには，ポ
テンシャルエネルギー V の値が与えられていなければならない．そこでまず，固体中
のポテンシャルエネルギー V について考えてみよう.

固体は原子が規則正しく並んでいるが，この様子を 1 次元的に表すと，図 2.4 (a) の
ようになる．いま，一つの原子について考えてみると，原子核から距離 r の点のポテ
ンシャルエネルギーは $-e/r$ で与えられ，図 (b) に示すように，r に関して双曲線にな
る．図 (a) の各原子核についてのポテンシャルエネルギーを図 (c) の破線で示す．固
体中のポテンシャルエネルギーは，これらの破線で示したポテンシャルの合成で与え
られる．この様子を図 (c) の青線で示している．固体の表面近傍の部分を除けば，こ
の合成ポテンシャルは原子間距離，すなわち固体の格子定数 L を周期とした周期関数
になっている.

ところが，このポテンシャルを式で与えて，シュレーディンガーの波動方程式を解
くと非常に複雑になる．そこで，ポテンシャルエネルギーを近似して解くことが試み
られている．この近似には，主に次の三つの方法がある.

---

† 詳しくは 2.3.4 項参照.

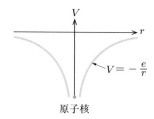

（a）　1次元結晶の原子配列　　　（b）　孤立原子の原子核のポテンシャルエネルギー

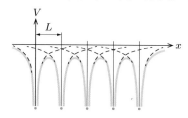

（c）　1次元結晶のポテンシャルエネルギー

図2.4　1次元結晶のポテンシャルエネルギー説明図

①ペニー－クローニヒモデル

②自由電子近似モデル

③束縛電子近似モデル（LCAO法）

このうちのペニー－クローニヒモデルで，帯理論の8割程度の内容は説明できる．そこで，本文ではペニー－クローニヒモデルを説明する．

2.3.1　ペニー－クローニヒモデルによるエネルギー帯理論の導出

まず，図2.4 (c) の青線で示したポテンシャルエネルギーを，図2.5に示すような長方形ポテンシャルの山で近似する．このような近似法をペニー－クローニヒ（Penney–Kronig）モデルという[†]．

図2.5の長方形型周期ポテンシャルエネルギーに対するシュレーディンガーの波動方程式は次のようになる．

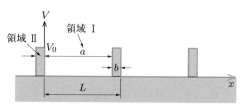

図2.5　長方形型周期ポテンシャルエネルギー

---

† 1931年にペニーとクローニヒによって提案された．

式 (1.34) のシュレーディンガーの波動方程式

$$-\frac{\hbar^2}{2m}\frac{d^2\varphi(x)}{dx^2} + \{V(x) - E\}\varphi(x) = 0$$

において，領域 I $(0 \leqq x \leqq a)$ では $V(x) = 0$ とおくと，

$$\frac{d^2\varphi(x)}{dx^2} + \alpha^2\varphi(x) = 0 \tag{2.2}$$

となり，領域 II $(-b \leqq x \leqq 0)$ では $V(x) = V_0$ とおくと，

$$\frac{d^2\varphi(x)}{dx^2} - \beta^2\varphi(x) = 0 \tag{2.3}$$

となる．ただし，α，β は次式で与えられる．

$$\alpha^2 = \frac{2mE}{\hbar^2}$$
$$\beta^2 = \frac{2m}{\hbar^2}(V_0 - E) \tag{2.4}$$

ここで，ブロッホ (Bloch) の定理を用いる．ブロッホの定理とは，式 (1.34) のシュレーディンガーの波動方程式において，ポテンシャルエネルギー $V(x)$ が L の周期関数 $V(x) = V(x + L)$ のとき，固有関数 $\varphi(x)$ は

$$\varphi(x) = U(x)\exp(jkx) \tag{2.5}$$

の形で与えられて，$U(x)$ も L の周期関数

$$U(x) = U(x + L) \tag{2.6}$$

であるというものである（これは数学的にいえることである)[†]．

[†] この定理は次のように説明される．$V(x) = V(x + L)$ の性質があるから，波動関数の x における値と $x + L$ における値は同等（位相は必ずしも同じである必要はない）でなければならない．そこで，

$$\varphi(x + L) = \lambda\varphi(x)$$

とすれば，もちろん $|\lambda| = 1$ で，かつ

$$\varphi(x + GL) = \lambda^G\varphi(x)$$

の関係があるはずである．いま，考えている 1 次元結晶が，後ほど 2.3.2 項で述べるように G 個の原子からなっていて，GL ごとにすべての物理的性質が繰り返されるという循環条件を用いると，

$$\lambda^G = 1$$

でなければならないことがわかる．以上のような条件を満足する λ は

$$\lambda = \exp\left(j\frac{2\pi n}{G}\right) \qquad (n = 0, \pm 1, \pm 2, \cdots)$$

と表されることは明らかであるから，波動関数を

$$\varphi(x) = U(x)\exp(jkx)$$
$$k = \frac{2\pi n}{GL}$$

と書き表すと，

$$U(x) = U(x + L)$$

の性質が $U(x)$ にならなければならないことになる．

いま考えている図 2.5 のポテンシャルエネルギーは $V(x) = V(x+L)$ であるので，ブロッホの定理から，式 (2.2) と式 (2.3) の解は式 (2.5) の形でなければならない.

式 (2.5) を式 (2.2) と式 (2.3) に代入すると，

$$領域 I ： \quad \frac{d^2 U(x)}{dx^2} + 2jk\frac{dU(x)}{dx} + (\alpha^2 - k^2)U(x) = 0 \qquad (2.2)'$$

$$領域 II ： \quad \frac{d^2 U(x)}{dx^2} + 2jk\frac{dU(x)}{dx} - (\beta^2 + k^2)U(x) = 0 \qquad (2.3)'$$

となり，式 (2.2)$'$ の解 $U_1(x)$ は

$$領域 I ： \quad U_1(x) = A \cdot \exp\{j(\alpha - k)x\} + B \cdot \exp\{-j(\alpha + k)x\} \qquad (2.2)''$$

式 (2.3)$'$ の解 $U_2(x)$ は

$$領域 II ： \quad U_2(x) = C \cdot \exp\{(\beta - jk)x\} + D \cdot \exp\{-(\beta + jk)x\} \qquad (2.3)''$$

となる. ここで，A, B, C, D は積分定数で，境界条件から求められる.

1.8 節で説明したように，$x = 0$ の点で $U_1(x)$ と $U_2(x)$ とはなめらかに連続でなければならない. すなわち，次式が成り立つ.

$$U_1(0) = U_2(0) \qquad (2.7)$$

$$\left.\frac{dU_1(x)}{dx}\right|_{x=0} = \left.\frac{dU_2(x)}{dx}\right|_{x=0} \qquad (2.8)$$

また，$U(x)$ は式 (2.6) で示されているように $L = a + b$ の周期関数でなければならないから，

$$U_1(a) = U_2(-b) \qquad (2.9)$$

$$\left.\frac{dU_1(x)}{dx}\right|_{x=a} = \left.\frac{dU_2(x)}{dx}\right|_{x=-b} \qquad (2.10)$$

である. 式 (2.7)〜(2.10) の境界条件を式 (2.2)$''$, (2.3)$''$ に代入して，

$$A + B = C + D \qquad (2.7)'$$

$$j(\alpha - k)A - j(\alpha + k)B = (\beta - jk)C - (\beta + jk)D \qquad (2.8)'$$

$$\exp\{j(\alpha - k)a\}A + \exp\{-j(\alpha + k)a\}B$$
$$= \exp\{-(\beta - jk)b\}C + \exp\{(\beta + jk)b\}D \qquad (2.9)'$$

$$j(\alpha - k)\exp\{j(\alpha - k)a\}A - j(\alpha + k)\exp\{-j(\alpha + k)a\}B$$
$$= (\beta - jk)\exp\{-(\beta - jk)b\}C - (\beta + jk)\exp\{(\beta + jk)b\}D \qquad (2.10)'$$

が得られる.

式 (2.7)$'$〜(2.10)$'$ の連立方程式の解は，$A = B = C = D = 0$ である. ところが，$A = B = C = D = 0$ であると，式 (2.2)$''$, (2.3)$''$ が $U_1(x) = 0$, $U_2(x) = 0$ となり，

固有関数は $\varphi(x) = 0$ となってしまう．$\varphi(x) = 0$ ということは，存在確率がゼロであり，そこには電子が存在しないことになる．

それならば，A, B, C, D がゼロでない解はあるであろうか．式 (2.7)′〜(2.10)′ の A, B, C, D がそれぞれゼロでない解をもつのは，式 (2.7)′〜(2.10)′ の右辺を左辺に移項し，右辺をゼロとしたときの A, B, C, D の係数の行列式がゼロのときに限られる．この条件を求めると，次のようになる．

$$\frac{\beta^2 - \alpha^2}{2\alpha\beta} \sinh \beta b \cdot \sin \alpha a + \cosh \beta b \cdot \cos \alpha a = \cos kL \tag{2.11}$$

式 (2.11) が成立すると，A, B, C, D がゼロでない解をもつので $\varphi(x) \neq 0$ となり，電子が存在できることになる．すなわち，式 (2.11) が成り立つところでは電子は存在できるが，式 (2.11) が成り立たないところでは電子は存在することができない．

そこで次に，式 (2.11) が，どのような場合に成立するかを考えてみよう．

式 (2.11) の中の α^2 ならびに β^2 は，式 (2.4) で与えられているようにエネルギー E の関数であるから，式 (2.11) の左辺は図 2.5 のポテンシャルエネルギーの形，すなわち，a, b, V_0 が与えられている場合には，エネルギー E だけの関数である．そこで，

$$F(E) \equiv \frac{\beta^2 - \alpha^2}{2\alpha\beta} \sinh \beta b \cdot \sin \alpha a + \cosh \beta b \cdot \cos \alpha a \tag{2.12}$$

とおくと，式 (2.11) は次のように表される．

$$F(E) = \cos kL \tag{2.13}$$

いま，図 2.5 のポテンシャルエネルギーの形を与える V_0, a, b の値を，それぞれ

$$V_0 = \frac{72\hbar^2}{a^2 m}$$

$$\frac{b}{a} = \frac{1}{24}$$

と仮定する．このとき，式 (2.12) の $F(E)$ と E との関係は，図 2.6 (a) のようになる．

一方，式 (2.11) の右辺は $|\cos kL| \leqq 1$ であるから，式 (2.11) が成立するのは $|F(E)| \leqq 1$ の範囲だけで，そのときのエネルギー値は，図 (a) の青色の部分だけである．

また逆に，青色の部分以外の E の値では式 (2.11) が成り立たず，$\varphi(x) = 0$ となり，電子は存在できない．すなわち，禁制帯になる．

このように周期的ポテンシャルエネルギーを考えると，図 (c) に示すように電子のとりうるエネルギー値はある幅をもつようになり，また，とり得ないエネルギー値の幅も存在するようになる．これが 2.1 節で説明したエネルギー帯理論である．

ところで，図 2.6 (a) では $b/a = 1/24$ と仮定したが，この値が変わると許容帯なら

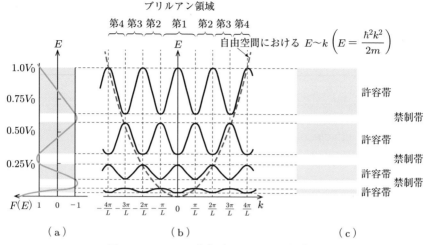

図2.6　$E \sim F(E)$ ならびに $E \sim k$ の関係曲線

びに禁制帯の幅は当然変わる．図 2.7 に，b/a の値によって許容帯の幅がいかに変わるかを示す．

図 2.5 より，b/a が大きいことはポテンシャルエネルギーが $V(x) \fallingdotseq V_0$ と一定に近くなることで，1.5 節で説明したように，このときエネルギー値は不連続になる．また，b/a が小さくなると $V(x) \fallingdotseq 0$ で自由電子のようになり，すべてのエネルギー値をとることができる．この様子が図 2.7 で示されている．図 2.7 は図 2.2 (b) ともよく対応している．

なお，図 2.6 (b) は，式 (2.11) の各 $F(E)$ の値に対応する k の値を求めて，E と k との関係を示した図であり，この図を k 空間あるいは運動量空間とよぶことがある†．ここで，

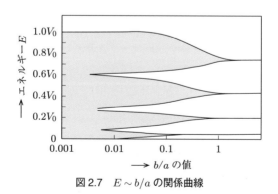

図2.7　$E \sim b/a$ の関係曲線

---

† 式 (1.9)，(1.13) ならびに $\hbar = h/2\pi$ の関係から $\hbar k = P$ となり，k が運動量に比例するためである．

$$k = \frac{n\pi}{L} \qquad (n = \pm 1, \pm 2, \pm 3, \cdots) \tag{2.14}$$

の値をそれぞれブリルアン領域 (Brillouin zone) の境界であると定義する．すなわち，

$$\frac{\pi}{L} < k < \frac{\pi}{L} \qquad \text{第 1 ブリルアン領域}$$

$$\left. \begin{array}{l} -\dfrac{2\pi}{L} < k < -\dfrac{\pi}{L} \\[2mm] \dfrac{\pi}{L} < k < \dfrac{2\pi}{L} \end{array} \right\} \qquad \text{第 2 ブリルアン領域}$$

$$\left. \begin{array}{l} -\dfrac{3\pi}{L} < k < -\dfrac{2\pi}{L} \\[2mm] \dfrac{2\pi}{L} < k < \dfrac{3\pi}{L} \end{array} \right\} \qquad \text{第 3 ブリルアン領域}$$

$$\vdots \qquad\qquad \vdots$$

である．これらの領域を図 2.6 (b) に示した．

また，図 2.6 (b) から明らかなように，エネルギーは k の周期関数になっている．すなわち，

$$E(k) = E\left(k + \frac{2n\pi}{L}\right) \qquad (n = \pm 1, \pm 2, \pm 3, \cdots) \tag{2.15}$$

であり，k は一義的には決まらない．したがって，

$$-\frac{\pi}{L} \leqq k \leqq \frac{\pi}{L}$$

の領域に限って考える場合が多い．そしてこの領域を，還元性波数ベクトル領域とよ

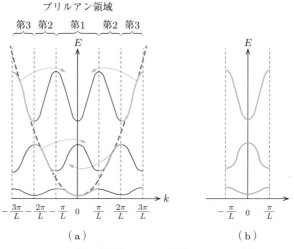

図 2.8　還元性波数ベクトル領域と E との関係

ぶことがある．図 2.8 (b) に還元性波数ベクトル領域に対するエネルギーの関係を示した．これは，図 (a) のように太い曲線を矢印のように移動させたもので，第 1 ブリルアン帯からはみ出した部分を第 1 ブリルアン帯中にもどすこと，すなわち，還元 (reduction) することであって，これを還元領域方式という．

2.3.2　許容帯中の固有関数（k）の数

　以上の議論は，図 2.5 に示したように，周期的ポテンシャルエネルギーが無限に続くと仮定した場合である．ところで，固体が有限の大きさのときはどうなるかを考えてみよう．

　図 2.9 に示すように，結晶の大きさが GL であると仮定する．ここで，G は非常に大きな自然数である．いいかえると，G 個の原子が並んでいて固体を形成していると仮定する．実際には $(G+1)$ 個になるが，G の値は非常に大きいので 1 は無視してもさしつかえない．そこで，この GL ごとにすべての物理的性質が繰り返される（これを循環条件という）と考える．すなわち，固有関数（波動関数）は

$$\varphi(x) = \varphi(x + GL) \tag{2.16}$$

であると仮定する．もちろん，この場合にもブロッホの定理が成り立つので，式 (2.16) を式 (2.5) に代入して

$$U(x) \exp(jkx) = U(x + GL) \exp\{jk(x + GL)\} \tag{2.17}$$

となる．ここで，式 (2.6) から

$$U(x) = U(x + GL)$$

であるので，式 (2.17) は

$$\exp(jkx) = \exp\{jk(x + GL)\}$$

であり，したがって，

$$\exp(jkGL) = 1 \tag{2.18}$$

となる．

　式 (2.18) を満足する k の値は

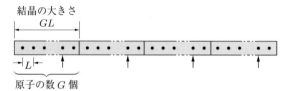

結晶の大きさ
GL

L

原子の数 G 個

図 2.9　循環条件の説明図．↑印の点はまったく同じ物理的性質を示すので，これらの点では波動関数は同じになる．

$$k = \frac{2\pi n}{GL} \qquad (n = 0,\ \pm 1,\ \pm 2,\ \cdots) \tag{2.19}$$

となり，k はとびとびの値しかとり得ない．図 2.6 (b) からもわかるように，k が不連続ならば，それに対応するエネルギー E の値も不連続になる．これはちょうど図 2.2 で説明した内容と対応していて，有限の大きさの固体を考えた場合には，許容帯中のエネルギーは連続ではなくとびとびの値となることに対応する．

第 1 ブリルアン領域（$-\pi/L \leqq k \leqq \pi/L$）中の式 (2.19) で与えられる k の値は（ただし，境界も含む），

$$k = \frac{2\pi}{GL} \times \left\{ 0,\ \pm 1,\ \pm 2, \cdots, +\frac{G}{2} \right\} \tag{2.20}$$

の G 個の値をとる．ここで，$-G/2$ はブリルアン領域の境界であるので，独立な値としては数えない．一つの k の値に対して一つの固有値が決まるが，式 (2.13) または図 2.6 (b) から $E(k) = E(-k)$ であることを考慮すると，許容帯中のエネルギーは G 個のとびとびの値になる．この場合，下端および上端を除き 2 重に縮退していることになる．この様子を図 2.10 に示す．

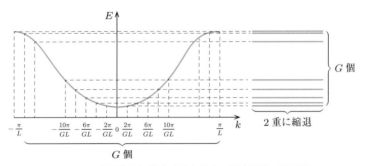

図 2.10　有限結晶に対する許容帯中の不連続性の説明図

許容帯中に入ることができる電子数について考えてみる．電子のスピンを考慮すると，1 個の k に対して 2 個の電子が入るので，総計 $2G$ 個（偶数個）の電子が入れる．この結果から，次のような重要な結論が得られる．

> 一つの許容帯に入れる電子の数は偶数であるから，偶数価原子からなる固体は許容帯が完全に電子で占められるので，（図 2.3 (a) のエネルギー帯構造になり）絶縁体（図 (b) の半導体も含む）になる．奇数価原子からなる固体は，許容帯の半分しか電子で満たされず，（図 2.3 (c) に示すように）半満帯となり，この固体は導体になる．

表2.1　周期律表

I	II	III	IV	V	VI	VII
Li	Be	B	C	N	O	F
Na	Mg	Al	Si	P	S	Cl
Cu	Zn	Ga	Ge	As	Se	Br
Ag	Cd	In	Sn	Sb	Te	I

表2.1に周期律表の一部を示す．まず，1価のCu, Agは奇数価原子なので半満帯になり，導体である．同様に，3価のAl, Ga, In, 5価のP, As, Sbなどは確かに導体で，上記の結論と一致する．次に，偶数価原子からなる固体をみてみよう．6価のS, Se, Teは絶縁体，あるいは半導体である．また，4価のC, Si, Geなども半導体であり，上記の結論と一致する．2価のZn, Cdはどうであろうか．上記の結論からすると，これらは絶縁体または半導体でなければならない．しかし実際には，これらの固体はよく知られているように導体であり，上記の結論とは相反する．このことは，上記の結論からでは説明できない事柄として有名な問題であった．これらの2価の固体をさらに詳しく調べてみると，電気を運ぶものが電子ではなくてプラスの電荷であることも明らかになった．

ところが現在では，この問題もみごとに解決されている．それはエネルギー帯の重なり合いで説明できる．いままでは1次元の議論であるが，3次元構造を考えると，ある場合には図2.11 (a)に示すように充満帯と空帯とが重なり合う場合が現れる．そうすると，図(b)のように許容帯の大部分が電子で満たされて，上のほうのわずかな部分に電子の入っていない領域ができる．このような帯構造の電気伝導機構では，図2.3 (b)で説明したように，正の電荷をもった正孔で電流が流れる．

以上のエネルギー帯による伝導機構の説明は，20世紀の固体物理学の最大の成果の一つである．

なお，3価のGa（導体）と5価のAs（導体）を結合させてGaAsにすると，平均の価電子数は$(3+5)/2=4$となる．すなわち偶数になるので，絶縁体（半導体）に

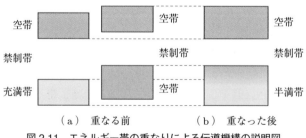

（a）重なる前　　　　　　　（b）重なった後
図2.11　エネルギー帯の重なりによる伝導機構の説明図

なる．このことは上記の結論が正しいことを示している．

2.3.3 実効質量

　いままでの説明に対して，「電子を波動と考えると，電子の質量はどうなるか？」という疑問が生じるであろう．

　この疑問に答えるために，図 2.6 (b) の k 空間での電子の運動について考えてみる．

　群速度（粒子の速度）v_g は，エネルギー E を運動量 P で微分すれば求められる．すなわち，

$$v_g = \frac{dE}{dP} = \frac{dE}{d(\hbar k)} = \frac{1}{\hbar}\frac{dE}{dk}$$

$$\therefore \quad v_g = \frac{1}{\hbar}\frac{dE}{dk} \tag{2.21}$$

となる．ただし，p.38 の脚注で説明したように，$P = \hbar k$ であるから $dk/dP = 1/\hbar$ の関係を用いている．

　式 (2.21) から，電子の速度は $E \sim k$ の関係曲線の微係数，すなわち接線の勾配に $1/\hbar$ をかければ求められる．いま，図 2.6 (b) の第 1 ブリルアン領域のエネルギーの一番小さい許容帯について群速度を求めてみる．図 2.12 (a) に，この $E \sim k$ の関係曲線を拡大して示す．図 (b) はこの関係曲線の微係数に $1/\hbar$ をかけた値であり，$v_g \sim k$ の関係曲線になる．

　次に，電子の加速度について考えてみよう．いま，状態 k にある電子に，微小時間 dt だけ外部電界 F が作用したとする．そのときの電子の加速度 α は dv_g/dt であるから，

$$\alpha = \frac{dv_g}{dt} = \frac{d}{dt}\left(\frac{1}{\hbar}\frac{dE}{dk}\right) \quad （式 (2.21) を用いて）$$

$$= \frac{1}{\hbar}\left(\frac{dk}{dt}\frac{d^2E}{dk^2}\right) \tag{2.22}$$

となる．また，運動量の時間微分は力になるから，

$$\frac{dP}{dt} = \frac{d(\hbar k)}{dt}$$

$$= \hbar\frac{dk}{dt} = -eF$$

であり，上式から

$$\frac{dk}{dt} = -\frac{eF}{\hbar} \tag{2.23}$$

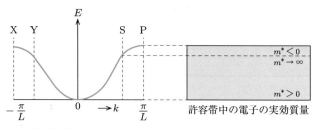

（a）運動量空間（$E \sim k$）

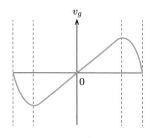

（b）速度（$v_g \sim k$）

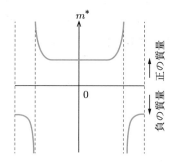

（c）実効質量（$m^* \sim k$）

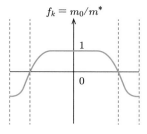

（d）$f_k \sim k$

図 2.12　運動量空間における電子の速度，ならびに実効質量

が得られる．式 (2.23) を α の式 (2.22) に代入すると，次のようになる．

$$\alpha = -\frac{eF}{\hbar^2}\frac{d^2E}{dk^2} = -\frac{\dfrac{eF}{\hbar^2}}{\dfrac{d^2E}{dk^2}} \tag{2.24}$$

一方，古典論のニュートンの第 2 法則から求められる $\alpha = -eF/m$ と式 (2.24) とを比べると，

$$m^* \equiv \frac{\hbar^2}{\dfrac{d^2E}{dk^2}} \tag{2.25}$$

とおくことで，両式は一致する．この式 (2.25) で与えられる m^* を実効質量 (effective mass) という．

それでは，この実効質量とは一体何であろうか．その物理的意味を次に説明しよう．電子が固体の中を動く場合は，格子などに衝突したりするため，真空中を動く場合とは異なる．この真空中との運動の違いはあたかも質量が異なるためであると考えることができる．たとえば，真空中に比べて動きにくいときには質量が大きいと考える．このように考えたときの質量が実効質量である．すなわち，周期ポテンシャル中を運動する電子は，質量が m^* の自由電子のように取り扱うことができる．

式 (2.25) から，m^* は $E \sim k$ 曲線の 2 階微分（すなわち $v_g \sim k$ 曲線の接線の勾配）の逆数に $\hbar^2$ をかければ求められる．図 2.12 (c) は，図 (b) の $v_g \sim k$ の関係曲線の接線の勾配の値から求めた $m^* \sim k$ の関係を示している．

図 (c) から明らかなように，ブリルアン領域の境界の近辺，すなわち，許容帯の上端付近の電子の質量は負になっている．これを負の質量 (negative mass) という．

それでは，負の質量とは一体どういうものであるかを次に考えてみる．たとえば，石を手に持って離すと，石は重力の加速度 $\boldsymbol{g}$ のために

$$\boldsymbol{f} = m\boldsymbol{g}$$

の力によって落下する．もしも m が負であると $\boldsymbol{f}$ と $\boldsymbol{g}$ とは反対方向になるから，その物体は重力の加速度とは反対の方向，すなわち，上に動くことになる．このような物は実際にあるであろうか．答えは「yes」である．身近な例として，ビールの泡がそれである．コップに注がれたビールからは泡が出るが，この泡は重力の加速度の方向とは反対に上がってくる．これは泡の質量が負であることを示している．すなわち，負の質量の電子とはビールの泡のようなものである[†]．

---

† ビールの泡と，水中の木片とを比較してみよ．

　なお，ある状態 k の電子が，どの程度"自由電子"に近いかの目安を与える係数として，

$$f_k = \frac{m_0}{m^*} = \frac{m_0}{\hbar^2} \frac{d^2 E}{dk^2} \tag{2.26}$$

が用いられることがある．この f_k の様子を図 2.12 (d) に示す．$f_k = 1$ は，自由電子と同じように振る舞うことを表している．ここで，m_0 は自由電子の質量である．

　この f_k を用いて，許容帯中に入っている電子の状態と電気伝導の関係を説明しよう．図 2.13 (a) に示すように，おのおのの k の準位，すなわち，許容帯中のエネルギー準位がすべて電子で満たされている場合には，この固体に電界 F を加えても，電子が遷移できる空席がないから電子は動くことはできず，電流は流れない．これを k 空間で説明すると，別の表現もできる．すなわち，図 (a) で電界 F が k の正方向に加えられると，A の電子は B の位置に，B は C の位置に，…，Z の電子は Y の位置に，Y は X の位置に，X の位置にあった電子はブリルアン領域の境界におけるブラッグ反射によって A の位置にくる．ところが，このように個々の電子は移動しても，電子の一つ

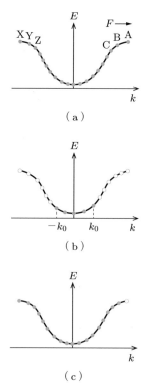

（a）

（b）

（c）

図 2.13　許容帯中の電子の占有の様子

ひとつは区別できないので，全体としては前と同じ状態である．したがって，電流は流れない．

一方，図 2.13 (b) のように許容帯の底の方に一部電子が入っているとき，あるいは図 (c) のように許容帯のほとんどが電子で占められていて，上の一部分に電子の入っていない場合には，電界を加えると電流が流れる．図 (b) の場合には，図 2.12 (c) からわかるように，これらの電子の実効質量はほぼ自由電子の質量に等しく，したがって自由電子のごとく振る舞う．

これらの様子は，またデッカー（Dekker）により，次のように説明されている．図 2.13 (b) のように，ある波数ベクトル k_0（$-k_0$）に対応するエネルギー状態まで N 個の電子が入っているとする．この N 個のうち何個が「自由電子」と等価であるかを求めてみる（1 次元）．この数を N_{eff} とする．

ブリルアン領域の長さは $2\pi/L$ で，その中の k の数は G 個であるので，単位長さ当たり $G/(2\pi/L) = GL/2\pi$ 個の k が含まれている．したがって，電子のスピンを考慮し，かつ式 (2.26) を用いて，

$$N_{eff} = 2 \int_{-k_0}^{k_0} \left(\frac{GL}{2\pi} \right) \cdot f_k \, dk$$

$$= \frac{2GLm_0}{\pi \hbar^2} \int_0^{k_0} \frac{d^2 E}{dk^2} dk$$

$$= \frac{2GLm_0}{\pi \hbar^2} \left(\frac{dE}{dk} \right)_{k=k_0}$$

となる．図 2.12 (b) から

　　　　許容帯の上端：　$N_{eff} = 0$
　　　　許容帯の下端：　$N_{eff} = 0$
　　　　変曲点（図 2.12 (a) の点 S，Y）：　$N_{eff} = $ 最大

となり，図 2.13 (a) の場合には，$N_{eff} = 0$ より電流が流れないことが理解されよう．また，図 2.12 (a) の変曲点（S，Y）まで電子が入っているときに，電流がもっとも流れやすいことになる．

2.3.4 正 孔

2.2 節で正孔について説明したが，この正孔を k 空間で考えてみよう．

図 2.14 (a) に示すように，点 A に電子が入っておらず，そのほかの準位はすべて電子で満たされていると仮定する．この状態で k の正方向に電界 F を加えると，図 2.13 (a) で説明したのと同じように，B の位置の電子は C に，C は D に，Z は Y に，Y は X

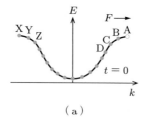

（a）

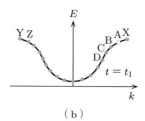

（b）

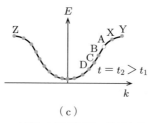

（c）

図 2.14　k 空間における電子の抜けた孔の説明図

に，X は A に移動する．この様子が図 (b) である．さらに時間が経つと，B は最初の
D の位置に，Z は X に，Y は A に，X は B の位置に移動し，図 (c) のようになる．そ
の結果，電子の抜けた孔 A も B，C へと移動し，電子と同じ方向に動く．

　そこで，このような場合の電流はどうなるかを考えてみよう．許容帯の大部分を占
めている電子，すなわち電子の孔 A を除いた電子によって流れる電流を J' とすると，

$$J' = \sum_{k \neq k'} (-e)v_k \tag{2.27}$$

である．もしも点 A に電子を入れて，その入れた電子だけによって流れる電流を J''
とすると，

$$J'' = (-e)v_{k'} \tag{2.28}$$

となる．ここで，電子の抜けた孔に対応する k の値を k' としている．

　J' と J'' との和を考えると，$J' + J''$ は点 A 以外のすべての電子による電流と点 A
だけの電子による電流の和であり，この値は許容帯中の準位がすべて電子で満たされ
た図 2.13 (a) に相当し，電流は流れないはずである．したがって，

$$J' + J'' = 0$$

$$\therefore \quad J' = -J'' = (+e)v_{k'} \tag{2.29}$$

となって，点 A に電子の抜けた孔があった場合，式 (2.29) より以下のことがわかる．

この孔以外の全電子による電流 J' は，点 A の孔にあたかも $+e$ の正電荷をもった粒子があると考え，この正電荷の粒子だけの電流を考えるのと同等である．

この正の電荷の粒子を正孔（positive hole）という（第 10 章の演習問題 [8] を参照）．

例題 1 次元の k 空間（運動量空間）において，伝導帯の極小値近傍のエネルギー値 E_c は

$$E_c = \frac{\hbar^2 k^2}{3m_0} + \frac{\hbar^2(k - k_1)^2}{m_0}$$

また，価電子帯の極大値近傍のエネルギー値 E_v は

$$E_v = \frac{\hbar^2 k_1^2}{6m_0} - \frac{3\hbar^2 k^2}{m_0}$$

で与えられる．ここで，格子間隔を L とすると，$k_1 = \pi/L$ である．このとき，次の値を求めよ．ただし，m_0 は自由電子の質量，$L = 3.14\,\text{Å}$ とする．

(a) 禁制帯幅

(b) 伝導帯の底における電子の実効質量

(c) 価電子帯の上端における電子の実効質量

(d) 伝導帯の底の電子が価電子帯の上端に遷移したときの運動量の変化分

解答

$$\frac{dE_c}{dk} = \frac{2\hbar^2}{3m_0}k + \frac{2\hbar^2(k - k_1)}{m_0}$$

ここで，$dE_c/dk = 0$ より，$k = (3/4)k_1$．したがって，E_c の最小値 E_{cm} は，E_c の式に $k = (3/4)k_1$ を代入して，

$$E_{cm} = \frac{\hbar^2 k_1^2}{4m_0}$$

となる．

価電子帯についても同様に，

$$\frac{dE_v}{dk} = -\frac{6\hbar^2}{m_0}k$$

となり，$dE_v/dk = 0$ より，$k = 0$．したがって，価電子帯の最大値 E_{vM} は

$$E_{vM} = \frac{\hbar^2 k_1^2}{6m_0}$$

となる．

(a)   禁制帯幅は $E_g = E_{cm} - E_{vM}$ であるので,

$$E_g = \frac{\hbar^2 k_1^2}{4m_0} - \frac{\hbar^2 k_1^2}{6m_0} = \frac{\hbar^2 k_1^2}{12m_0}$$

となり, $\hbar = h/2\pi$ を用いて書き換えると, $k_1 = \pi/L$ なので,

$$E_g = \frac{h^2}{48m_0 L^2}$$

となる. 上式に h, m_0, L の数値を代入すると,

$$E_g = 0.64\,\mathrm{eV}$$

と求められる.

(b)   式 (2.25) を用いて実効質量を求める.

$$\frac{d^2 E_c}{dk^2} = \frac{8\hbar^2}{3m_0}$$

より,

$$\frac{\hbar^2}{\dfrac{d^2 E_c}{dk^2}} = \frac{3}{8}m_0 = 3.42 \times 10^{-31}\,\mathrm{kg}$$

(c)   同様にして,

$$\frac{\hbar^2}{\dfrac{d^2 E_v}{dk^2}} = -\frac{1}{6}m_0 = -1.52 \times 10^{-31}\,\mathrm{kg}$$

(d)   上で求めたように, E_{cm}, E_{vM} を与える k の値はそれぞれ $k = (3/4)k_1$, $k = 0$ であり, その差は $(3/4)k_1$ である.

p.38 の脚注にあるように, 運動量は $P = \hbar k$ であるので,

$$P = \hbar \cdot \frac{3}{4}k_1$$

となる. $\hbar = h/2\pi$, $k_1 = \pi/L$ を代入すると,

$$P = \frac{3h}{8L} = 7.91 \times 10^{-25}\,\mathrm{J \cdot s \cdot m^{-1}} \quad (\text{または } \mathrm{kg \cdot m \cdot s^{-1}})$$

が得られる.

演習問題

[1]   1 次元結晶で格子間隔が $2.5\,\text{Å}$ とする. $10^2\,\mathrm{V \cdot m^{-1}}$, $10^7\,\mathrm{V \cdot m^{-1}}$ の電界を加えたとき, エネルギー帯の最低エネルギーの点から最高エネルギーの点に電子が遷移するのに必要な時間を求めよ.

第 **3** 章　統計力学の基礎

　第2章では，固体中の電子のとりうるエネルギーは帯構造になり，かつその許容帯中にはどれだけの電子が入れるかが明らかになった．また，電気伝導に寄与するのは伝導帯中の電子であり，その数によって電気伝導の大小が決まることも説明した．第4章以後で取り扱う半導体では，伝導帯中の電子の数を求めなければならない．そのためには，許容帯中に入れる電子数のうち，どのくらいの割合が電子で満たされているかという分布の割合を知る必要がある．この分布の割合を求めるのが，本章で説明する統計力学である．

3.1　エネルギー分布則の種類

　熱平衡状態において，ある特定のエネルギーをもつ粒子数と量子数（状態数）との割合を与えるものがエネルギー分布則であるが，エネルギー分布則は
　①マクスウェル-ボルツマン（Maxwell-Boltzmann，略して M-B）分布則
　②ボーズ-アインシュタイン（Bose-Einstein，略して B-E）分布則
　③フェルミ-ディラック（Fermi-Dirac，略して F-D）分布則
の三つに大別できる．これらの分布則には，次のような仮定がおかれている．
　①M-B 分布則：一つの量子状態に何個の粒子が入ってもよく，しかもそれぞれの粒子はたがいに区別できる
　②B-E 分布則：一つの量子状態に何個の粒子が入ってもよいが，それぞれの粒子はたがいに区別できない
　③F-D 分布則：一つの量子状態には1個の粒子しか入ることが許されず，しかも粒子がたがいに区別できない
　一例として，三つの量子状態に2個の粒子を収容する場合の方法をこれら三つの仮定に従って求めると，図3.1のようになる．
　①M-B 分布則を古典統計，②B-E 分布則と③F-D 分布則を量子統計という．
　固体中の電子を考えた場合，電子は区別できず，かつパウリの排他律に従って，一つの量子状態には1個しか入れないので，これら三つのうちの③F-D 分布則に従うことになる．そこで次に，F-D の分布則について説明する．

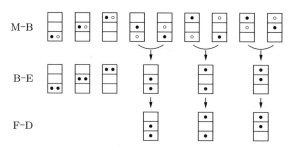

図 3.1　三つの量子状態に 2 個の粒子を分配する方法

3.2　フェルミ－ディラックの分布関数

F-D の分布則に従う粒子の分布関数を求めるには,

・粒子数 $N =$ 一定

・粒子の全エネルギー $=$ 一定　（ふつうはこれが熱エネルギー kT に対応する）

の条件のもとに, たとえば表 1.1 に示したようなエネルギー準位に粒子を入れていったときに, 各エネルギー準位 E の電子で占められる割合, すなわち占有率を求めることになる.

　次に, それを具体例で説明しよう. 11 人（$N = 11$）の団体が, 高層ホテルに宿泊する場合を考える. ホテルの部屋代は 1 階が 1 万円, 2 階が 2 万円, …というように 1 階ずつ上るにしたがって値段が 1 万円ずつ高くなる（この部屋代に相当するのが, エネルギー準位のエネルギー E である）.

　いま, 全体の部屋代の予算（これが全エネルギーに対応する）が 71 万円であったとする. また, 各階には一つしか部屋がなく, 1 人しか泊れないとする（これがパウリの排他律に対応する）.

　この仮定のもとに部屋を割り振るには, 図 3.2 に示すように 7 通りの方法がある. この場合, 各階の占有率 f は図 3.3 に示すようになる.

　図 3.3 からわかるように, 階数（E）によって占有率 f は変わってくる. この $f \sim E$ の関係を F-D の分布関数という.

　この分布関数 $f \sim E$ は全予算（kT）によって変わってくる. 全予算が増大（kT が増大）するともっと上の階にまで宿泊することができる.

　このような関係を統計的に計算した結果が式 (3.1) であり, これをフェルミ－ディラックの分布関数という.

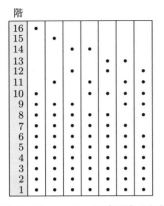

図 3.2　$N = 11$, $E = 71$（万円）のとき
　　　　の F-D 分布則による分配方法

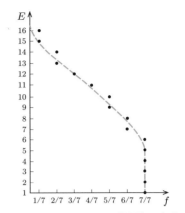

図 3.3　$N = 11$, $E = 71$（万円）のときの
　　　　$f \sim E$ の関係

$$f(E,T) = \frac{1}{1 + \exp\left(\dfrac{E - E_F}{kT}\right)} \tag{3.1}$$

　式 (3.1) のフェルミ-ディラックの分布関数を少し詳しく調べてみる．$T = 0\,\mathrm{K}$ のときには

　　　$E < E_F$ のとき：　$f(E) = 1$

　　　$E > E_F$ のとき：　$f(E) = 0$

であり，すなわち図 3.4 に示すように，$f(E,T)$ の値は $E = E_F$ を境として階段状になる．

　このことは，$T = 0\,\mathrm{K}$ においては，エネルギー E_F のところまでは粒子が満杯で，E_F

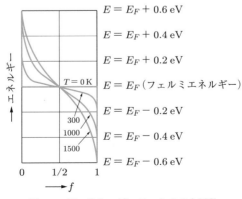

図 3.4　フェルミ-ディラックの分布関数

よりも大きなエネルギーのところには粒子がないことを表している．すなわち，E_F は，1.6 節で説明したフェルミエネルギーである．

$T > 0\,\mathrm{K}$ では，$f(E, T)$ は 0 K の場合について計算された分布状態を示す階段状の角がくずれて，図 3.4 のようになる．温度が高くなるにしたがって，図に示すように，そのくずれ方が大きくなる．この場合，$E = E_F$ とすると，式 (3.1) から

$$f(E_F, T) = \frac{1}{2} \tag{3.2}$$

となり，次のように定義することもできる．

> フェルミエネルギーとは，その準位における占有率が 1/2 になるエネルギー値である．

$f(E, T)$ の値は，E_F の前後 $3kT$ の幅で大きな変化をしている．たとえば，

$$f(E_F + 3kT, T) < 0.05$$

$$f(E_F - 3kT, T) > 0.95$$

となって，E_F よりも $3kT$ 大きなエネルギー準位では粒子の占有率は 5% 以下に，また，E_F よりも $3kT$ 小さなエネルギー準位の占有率は 95% 以上になる．

なお，$E - E_F \gg kT$ の場合，式 (3.1) は次式のように近似できる．

$$f(E, T) \fallingdotseq \exp\left(-\frac{E - E_F}{kT}\right) \tag{3.3}$$

この式 (3.3) は①のマクスウェル－ボルツマンの分布関数と同じになる．

このフェルミエネルギーの分布関数の様子は，水を入れたビーカーを振動させたときの水面の様子をよく表している．図 3.5 (a) のように，ビーカーを置いた台を静止させているときは水面は水平で（この水面がフェルミエネルギーに対応する），E_F 以下の準位にはすべて水が入っており，$f = 1$ である．また，E_F 以上の準位には水はまったくなく，$f = 0$ となる．これは $T = 0\,\mathrm{K}$ に相当する．

図 (b) のように台を少し振動させると，水面が波打ち，E_F よりも少し低いところにも水が入っていないところがわずかにでき，$f < 1$ となる．また，E_F よりも少し上では，水がわずかに存在し，$f > 0$ となる．しかし，E_F の点は半分占有されているので $f = 1/2$ である．さらに強く振動させると，水面のゆれがより大きくなる．振動が大きいということは，温度が高いことに相当する．

このように，図 3.5 の水面の分布の様子がちょうどフェルミ－ディラックの分布関数で表される．それは，水滴は電子と同じように区別できず，かつある状態に入り得る水滴の量は決まっているので，水滴はフェルミ－ディラックの分布則に従うためである．

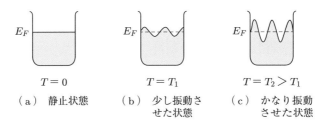

図 3.5　F-D 分布関数とビーカーの中の水との関係

例題　300 K で電子の占める割合が 10^{-2} 以下になるときのエネルギーを求めよ．ただし，$E_F = 8\,\mathrm{eV}$ とする．

解答　式 (3.3) を用いる．

$$\exp\!\left(-\frac{E - E_F}{kT}\right) < 10^{-2}$$

$$-\frac{E - E_F}{kT} < \ln 10^{-2}$$

$\ln N\ (= \log_e N) = 2.3026 \log_{10} N$ を用いて，

$$-\frac{E - E_F}{kT} < 2.3026 \log_{10} 10^{-2}$$

となる．$T = 300\,\mathrm{K}$，$E_F = 8\,\mathrm{eV}$ を代入して，

$$E = 8.12\ \mathrm{eV}$$

が得られる（$T = 300\,\mathrm{K}$ のとき，$kT \fallingdotseq 0.025\ \mathrm{eV}\ (= 1/40\ \mathrm{eV})$ を覚えておくと便利）．

演習問題

[1] フェルミ－ディラックの分布関数は，次のような性質をもつことを証明せよ．

(a)　$T = 0\,\mathrm{K}$ では

$$E < E_F\ \text{のとき：}\quad f(E) = 1$$
$$E > E_F\ \text{のとき：}\quad f(E) = 0$$

(b)　任意の温度 T で

$$f(E_F, T) = \frac{1}{2}$$

(c)　任意の温度 T で，$f(E, T)$ は点（$E = E_F,\ f = 1/2$）に関して対称である．

(d)　$f(E, T)$ は E_F の前後 $3kT$ の幅で大きく変化し，E_F よりも $3kT$ だけ小さなエネルギー準位には，95% 以上の粒子が含まれる．

第 **4** 章　半導体と電導機構

　第 1 章から第 3 章にわたって，半導体の物性を理解するうえで必要な量子論の基礎的な事柄について説明した．そこでいよいよ，本書の本論ともいうべき半導体の物性について説明する．

　ところで，半導体の物性について説明する前に，半導体の学問がいかなる経緯によって発展してきたかを少し眺めてみることも意義のあることと思われるので，まずその歴史的背景から入ろう．

4.1　半導体の歴史的経緯

　表 4.1 は半導体の発展の様子をまとめたものである．文献に残っている半導体現象の観測は，1833 年にファラデー（Faraday）が AgS の抵抗が温度上昇に伴って減少することを観測したのが最初である．1874 年になってシュスタ（Schuster）はさびた銅とさびない銅を接触させたところ（これがいまでいう金属−半導体接触である），やはり電圧−電流特性が非直線性になることを観測した．それ以外にも，多くの物質で非直線性が現れることが当時多くの人々によって観測され始めた．当時はもちろん固体物理が発展していなかったので，このような非直線性の機構は不明で，1906 年頃まで，これらの現象は電流の熱作用に起因するのであろうとも考えられたり，また，試料中で電気分解が行われるためではなかろうかと考えられていた．

　1920 年になって，アメリカのグロンダール（Grondahl）は 1874 年シュスタの見出した非直線性を積極的に取り入れ，亜酸化銅整流器を意識的につくった．その整流比は 3：1 程度であった．1923 年には，ドイツのプレッサ（Presser）がセレン整流器を発表した．

　その当時の物理学界は量子力学が体系づけられ始めたころで，1926 年にはシュレーディンガーの波動方程式が発表され，1928 年にはブロッホの軌道関数によって帯理論の輝かしい理論が展開され，固体の電導機構が明らかにされ始めた．1932 年にウィルソン（Wilson）は，このまったく新しい量子力学の知識をもとにして，これまでの金属−半導体接触の整流特性をみごとに説明した．このウィルソンの理論は量子力学的トンネル効果によるモデルであった．また彼は，初めて正孔の概念も提唱した．

　ところが，ウィルソンモデルが発表されてから 6 年目の 1938 年にダビドフ（Davydov）

表4.1 半導体の歴史

年	氏 名	事 項
1833	ファラデー	AgS の負の抵抗温度係数を観測
1874	シュスタ	酸化銅−銅接触で非オーミック性を観測
1920	グロンダール	亜酸化銅整流器を試作
1923	プレッサ	セレン整流器を発表
1932	ウィルソン	トンネル効果による金属−半導体接触整流理論
1938	ダビドフ	ウィルソンモデルの誤りを指摘
1940	ショットキー	ショットキーモデルの提案
1942	ベーテ	エミッション効果による整流理論
1947	バーディン	表面準位の考えを導入
1948	バーディン ブラッティン	点接触トランジスタの発見
1949	ショックレー	p-n 接合理論
1950	ショックレー	接合型トランジスタの試作
1952	ダンマ	集積回路（IC）の概念を発表
1954	タウンズ	メーザの提案
1954	ピアソン	Si p-n 接合太陽電池の提案
1956	バーディン ブラッティン ショックレー	トランジスタの発明によりノーベル賞受賞
1957	江崎	トンネル（エサキ）ダイオード
1957	ローブナー	発光ダイオード（LED）の提案
1957	西澤	レーザ特許
1958	キルビー	集積回路の試作
1962	レディカー	GaAs レーザダイオード
1963	クレーマ	ヘテロ接合によるレーザの低閾値化の提案
1964	西澤	光ファイバの提案
1964	タウンズ	メーザの発明によりノーベル賞受賞
1966	カオ	光ファイバの理論
1968	林 アルフェロフ パニッシュ	室温連続発振ダブルヘテロ（DH）レーザダイオード実現
1969	ボイル スミス	CCD
1970	江崎	超格子
1973	江崎	トンネルダイオードに対してノーベル賞受賞
1977	NTT	光ファイバの量産化に成功
1970年代		光通信の研究・開発活発化
1980	富士通	HEMT
1989	西澤	光通信の先駆的研究に対して文化勲章受章
1989	赤﨑	GaN p-n 接合青色発光ダイオード発表
2000	クレーマ アルフェロフ	ヘテロ接合の提案と実証に対してノーベル賞受賞
2000	キルビー	集積回路（IC）の試作に対してノーベル賞受賞
2009	ボイル スミス	CCD の発明に対してノーベル賞受賞
2009	カオ	光ファイバの研究に対してノーベル賞受賞
2014	赤﨑・天野・中村	青色発光ダイオードの開発に対してノーベル物理学賞受賞

は，ウィルソンの整流理論は実際の整流方向とは逆になっていることを指摘し，ウィルソンモデルは誤りであることを示した．この誤りの理論が6年間も指摘されずに認められていたことは，現在では考えられないことである．6年間も誤りに気づかれなかった理由としては，次の二つの理由が考えられる．まず，当時としてはまったく新しい量子力学的トンネル効果というすばらしい学問を背景として展開された理論であり，整流方向を除けばきわめてよく実験事実を説明できるため，多くの人々がこの理論を過信しすぎたことが考えられる．また当時は，p型，n型の定義がはっきりしていなかったことも一因であろう．

　ダビドフの指摘により，整流理論はまったくの白紙の状態にもどってしまった．その後，キャリアの拡散理論にもとづく整流理論が1940年ドイツのショットキー（Schottky）によって発表され，さらに1942年に，エミッション効果によるダイオード理論がベーテ（Bethe）によって発表されて，一応は整流理論が確立された．

　ショットキー，ベーテらのモデルによると，金属と半導体の電子親和力の差によって電流値が決まるはずである．ところが，1947年，メイヤホフ（Meyerhof）は，金属の種類をいろいろ変えて金属－半導体接触の特性を調べて，その結果，金属の種類を変えても特性はあまり変化しないという結論を導き，ショットキーらのモデルを根底からくつがえすかのようにみえた実験結果を発表した．ところが1947年，バーディン（Bardeen）が表面準位の考えを発表して，メイヤホフの実験結果をみごとに説明し，表面準位を考慮することによってショットキーらのモデルも誤りではないことを示した．バーディンは自分の提唱した表面準位のモデルをブラッティン（Brattain）らとともに実験的に調べているとき，偶然に点接触トランジスタを見出した．それは1948年であり，現在の半導体の隆盛をまねく発端となった．

　ところが，そのときはなぜ点接触トランジスタに増幅作用があるのかまったく不明であった．アメリカのショックレー（Shockley）は，この増幅作用の機構は1932年にウィルソンが提唱した正孔の概念を用いると説明できると考えた．そして，もしもこの自分の考えが正しければ，点接触ではなくて面接触のp-n接合を用いても増幅作用が現れるはずであることを明らかにし，1949年にいわゆるp-n接合理論を発表した．また，翌年の1950年には接合型トランジスタをつくり，接合理論を実験的に証明した．このp-n接合の特性は従来の金属－半導体接触とは比べものにならないほど優れていたので，大部分の研究者はp-n接合の研究に傾注し始めて，今日の輝かしい半導体エレクトロニクスへと発展していった．このトランジスタの業績に対して，1956年にバーディン，ブラッティン，ショックレーの3人がそろってノーベル物理学賞を受賞した[†]．

---

　† このうちバーディンは，1972年に超伝導のBCS理論に対して再びノーベル物理学賞を受けた．

トランジスタが世に出てから 2 年後の 1952 年には，現在非常に広く用いられている集積回路（IC）の概念がイギリスのダンマ（Dummer）によって発表されている．

1954 年にはタウンズ（Townes）らがメーザを発表し，これに対して 1964 年にノーベル物理学賞が与えられている．

また 1954 年には，ピアソンなどによる現在の Si p-n 接合太陽電池が発表された．

1957 年，わが国の江崎氏によってトンネルダイオード（またの名をエサキダイオード）が発表された．またその副産物として，1932 年にウィルソンの提唱したトンネルモデルの理論が，ある場合には観測されることも明らかにされた．江崎氏はこの業績に対して 1973 年のノーベル物理学賞を受けた．

また 1957 年には，ローブナーにより LED（発光素子）の原形が提案された．

1958 年になって，アメリカのテキサス・インスツルメンツ社（Texas Instruments）のキルビーが IC の第 1 号を試作発表した．

1968 年には，林氏，パニッシュ，アルフェロフによって，室温連続発振のダブルヘテロ（DH）レーザダイオードが実現した．2000 年には，ヘテロ接合の提案と実証に対して，クレーマとアルフェロフがノーベル賞を受賞した．また 1989 年には，光通信の先駆的研究に対して，西澤氏が文化勲章を受章した．さらに同年には，これまで不可能とされていた GaN p-n 接合青色 LED が赤﨑氏によって初めて世に出た．この業績に対して赤﨑氏は 2011 年に文化勲章を，また 2014 年にはノーベル物理学賞を受けた．

なお最近の歴史については，表 4.1 を参照してほしい．

4.2 半導体の電気伝導現象

図 4.1 は代表的な固体の抵抗率 ρ を示したものである．導体である Cu などは $\rho \fallingdotseq 10^{-8}\,\Omega \cdot m$ であるが，パラフィンでは $\rho \fallingdotseq 10^{16}\,\Omega \cdot m$ で，Cu と比べて実に 10^{24} 倍大きい．同じ固体でありながら，このように値が大幅に異なるのものは，ほかの物理定数にはあまり見当たらない．抵抗率が物質によってなぜ 10^{24} 倍も異なるかは，エネルギー帯理論が発表されるまでは説明できなかった．すなわち，固体の電気伝導現象は第 2 章で説明した量子力学的に導かれたエネルギー帯理論で特徴づけられる．完全結晶の周期的な電界から力を受けて運動する電子状態は，

① 結晶全域に広がる波となり，その波数ベクトル $\boldsymbol{k}$ で特徴づけられる

② 電子のエネルギー $E(\boldsymbol{k})$ の許される値は，エネルギー帯（許容帯）をつくる

③ ある禁止されたエネルギー帯（禁制帯）を境にして，それよりも高いエネルギーの電子は存在せず，低エネルギーの許された状態をすべて電子が占めている場合，すなわち禁制帯を挟んで空帯と充満帯とに分かれる場合に，結晶は半導体または

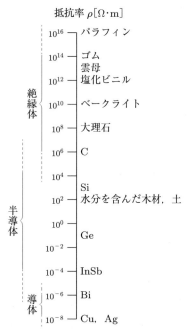

図 4.1　固体の抵抗率系列

　　絶縁体になる[†]
ことがわかっている.

　したがって, 半導体は結晶学的に完全結晶で, 結晶外の系からの作用がなければ電気伝導現象はみられない. このことは, 金属の電気伝導現象（単に電導現象とよぶ場合が多い）とは本質的に異なる点である.

　半導体の電気伝導現象は広義の結晶不完全性（結晶外の系からの作用を含める）によって現れる. 広義の結晶不完全は下記のように分類される.

　■ 結晶外からの作用による不完全性
　　・熱刺激（熱エネルギー）：フォノン（phonon）
　　・光量子：フォトン（photon）
　　・荷電粒子
　　・中性粒子
　　・電界
　■ 結晶内の原子的不完全性
　　・置換型原子（substitutional atom）

[†]　半導体と絶縁体との区別は, 禁制帯幅のエネルギーの大小の違いだけで, エネルギー帯構造はまったく同じである. この意味からすると, 半導体をむしろ半絶縁体または準絶縁体とよんだほうが適当かもしれない.

・割り込み型原子（interstitial atom）
・空格子（vacancy）
・転位（dislocation）
・表面（surface）ならびに界面（boundary）

以下では，これら不完全性による半導体の電気伝導現象の主なものについて定性的に説明する.

4.2.1 熱刺激による電気伝導現象

この現象は，半導体の電気伝導現象でもっとも重要なものである. 2.2 節で説明したように，半導体を温度 T（$T \neq 0\,\mathrm{K}$）の状態においた場合，充満帯中の電子の一部は熱エネルギーを得て禁制帯を越え，空帯すなわち伝導帯に励起される. その結果，充満帯（この場合とくに価電子帯とよぶ）中の電子の抜けた状態に正孔が発生して，伝導帯中の伝導電子（以下単に電子とよぶ）と，この正孔によって電気伝導現象が現れる.

正孔密度 p ならびに電子密度 n については次節で定量的に説明するが，この場合には $p = n \equiv n_i$ であり，正孔ならびに電子の移動度†を μ_h, μ_e とすると，導電率 σ は次式で与えられる.

$$\sigma = e n_i (\mu_h + \mu_e) \tag{4.1}$$

この電気伝導機構を真性電導（intrinsic conduction）という. 図 4.2 はこの様子を平面図で，図 4.3 はエネルギー準位図で示したものである.

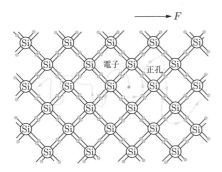

図 4.2　真性電導機構の説明図（平面図）

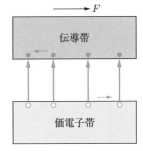

図 4.3　真性電導機構の説明図
（エネルギー準位図）

4.2.2 光量子および荷電粒子などによる電気伝導現象

価電子帯中の電子を伝導帯中に励起させるのには必ずしも熱エネルギーだけでなく，禁制帯幅以上のエネルギーをもった光量子や荷電粒子などを照射しても，同様な電気

---

† 移動度については，4.6 節 (2) 参照.

伝導現象がみられる．とくに光量子を照射した場合は，光導電効果（8.3.2 項参照）としてよく知られている．

4.2.3　電界による電気伝導現象

半導体に高電界を印加すると，キャリア密度が急激に増加する現象がある．この機構には，

①なだれ効果（avalanche effect）

②ツェナ効果（Zener effect）またはトンネル効果

がある．なだれ効果では，高電界中でキャリア（自由電子および正孔）が加速されて運動エネルギーが増大して，そのエネルギーが格子に与えられて新しく電子−正孔対が形成され，この過程が繰り返されてキャリアの増大を引き起こすことで導電率が大きくなる．

また，高電界を印加すると，図 4.4 に示すように，価電子帯中の電子が 1.8 節で説明した量子力学的トンネル効果で伝導帯中へにじみ出て，電気伝導現象が現れる．これはツェナ効果またはトンネル効果とよばれている．

これらの効果が現れる電界は物質によって異なるが，$10^7 \sim 10^9 \; \mathrm{V \cdot m^{-1}}$ の大きさである．一般には，なだれ効果とツェナ効果の両者が一緒に起こる場合が多い．

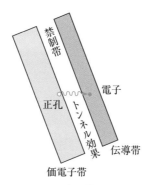

図 4.4　トンネル効果の説明図

4.2.4　置換型（不純物）原子を含む電気伝導現象

結晶中の原子のいくつかがほかの原子で置換されると，真性電導とは異なったキャリア密度になる．4 価の Si 原子の一部を 5 価の原子，たとえば As で置換すると，図 4.5 (a) のように，Si の 4 個の結合の手に対して As の結合の手が 1 個余るので，過剰な 1 個の電子は As から離れて自由電子となり，後に As$^+$ イオンを残す．

低温では 1 個の電子は As$^+$ イオンとの電気的引力のために As$^+$ イオンの付近にあ

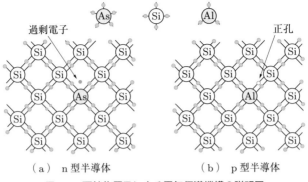

（a）n型半導体 　　　　　（b）p型半導体

図 4.5 不純物原子による電気伝導機構の説明図

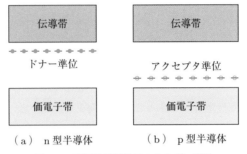

（a）n型半導体 　　　　　（b）p型半導体

図 4.6 外因性半導体のエネルギー準位

る．これをエネルギー準位で考えると，図 4.6 (a) に示すように，価電子帯から伝導帯に励起されるよりもはるかに小さなエネルギーで伝導帯中に電子を励起することができる．したがって，過剰な 1 個の電子は伝導帯のすぐ下に位置することになる．これをドナー準位（donor level）といい，このような不純物をドナー（donor：電子を与えるという意味）という．

このドナー準位は，ふつうは伝導帯の下の数十分の 1 eV 程度のところに位置する．このことは簡単な計算から求められる．すなわち，過剰の電子と As^+ との電気的引力は，ちょうど水素原子モデルの電子のエネルギーと同じように，式 (2.1) より

$$E = -13.6 \cdot \frac{1}{\varepsilon_s^2} \tag{4.2}$$

で与えられる．水素原子の場合には，比誘電率 $\varepsilon_s = 1$ で $E = -13.6\,\mathrm{eV}$ となるが，Si の場合には $\varepsilon_s = 12$ を上式に代入して，$E \fallingdotseq 0.094\,\mathrm{eV}$ となる．

逆に，Si 原子の一部を Al などの 3 価の原子で置換すると，電子が 1 個不足するから 1 個の正孔ができる（図 4.5 (b)）．これをエネルギー的にいうと，価電子帯中の電子は，伝導帯へ励起されるよりもはるかに小さなエネルギーで，Al の準位に励起され

る．したがって，Al は図 4.6 (b) に示すように，価電子帯のすぐ上の禁制帯の中に準位をつくる．これをアクセプタ準位（acceptor level）といい，このような不純物をアクセプタ（acceptor：電子を受け入れるという意味）という．アクセプタ準位は（ドナーと同じように考えて）ふつう価電子帯の上の，数十分の 1 eV のところに位置する．

ドナーを添加した半導体では，ドナーから負（negative）の電荷をもった電子が伝導帯中へ熱励起されて電気伝導にあずかるから n 型半導体，アクセプタを添加した場合には価電子帯の電子がアクセプタに捕らえられた結果，価電子帯中にできた正（positive）の電荷をもった正孔が電気伝導にあずかるから p 型半導体という．

これらの効果は必ずしも置換型原子によって起こるとは限らず，割り込み型原子（interstitial atom）でも，空格子（vacancy）でも現れる．たとえば，ZnTe の Zn の空格子はアクセプタとして作用し，p 型 ZnTe をつくる．

なお，これに対して，不純物を含まない真性電導型の半導体を真性半導体（intrinsic semiconductor）または i 型半導体という．また，p 型ならびに n 型半導体を外因性半導体[†]（extrinsic semiconductor）という．以上をまとめると次のようになる．

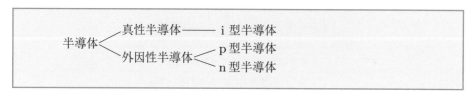

4.2.5　半導体の表面電気伝導現象

不完全結晶による電気伝導で，実際にはどうしても避けられないものに表面効果（surface effect）がある．実際の結晶は必ず有限の大きさであるので，量子力学的にエネルギー帯理論を導くときに用いられる，いわゆる周期ポテンシャル場が結晶表面のところで成立しなくなる．その結果，結晶内部とはエネルギー状態が異なる．すなわち，図 4.5 で，内部の Si では 4 本の結合の手がそれぞれ隣接の Si と共有結合をしているが，表面の Si では結合の手がない．したがって，表面は p 型になる．これを表面準位とよぶ．このように表面が p 型になることは，一般的にいえることである．

この表面準位は有限結晶を扱う限り本質的に避けることができないものであるが，そのほかにも，表面に吸着した酸素や水蒸気などが内部と電子や正孔のやりとりをして，新しい表面準位をつくる場合がある．前者を速い表面状態（fast surface state）とよび，ガス吸着などの場合を遅い表面状態（slow surface state）とよんで区別することもある．

[†]　不純物半導体とよばれることもある．

4.3 真性半導体中のキャリア密度

前節では半導体中のキャリアは熱，すなわち，温度によって変化することを定性的に説明した．本節では，この真性電気伝導のキャリア密度を定量的に取り扱ってみる．

半導体の伝導帯中の電子密度は，許容帯中の電子の入りうる状態密度と分布関数が求められていれば，これらの積を許容帯の全領域にわたって積分することで求められる．

1.7 節で求めたように，状態密度は式 (1.61)，すなわち

$$g(E) = \frac{1}{2\pi^2}\left(\frac{2m}{\hbar^2}\right)^{3/2} E^{1/2} \tag{4.3}$$

で与えられる．

また，分布関数は式 (3.1) のフェルミ－ディラックの分布関数，すなわち

$$f(E,T) = \frac{1}{1 + \exp\left(\dfrac{E - E_F}{kT}\right)} \tag{4.4}$$

で与えられる．

図 4.7 (a) は真性半導体のエネルギー準位図，図 (b) は式 (4.3) の関係式で与えられる状態密度 $g_c(E)$ と $g_v(E)$ である．ここで，$g_c(E)$ と $g_v(E)$ は伝導帯の底ならびに価電子帯の頂上付近の状態密度で，式 (4.3) からわかるように，

$$g_c(E) = \frac{1}{2\pi^2}\left(\frac{2m_e^*}{\hbar^2}\right)^{3/2} (E - E_c)^{1/2} \tag{4.5}$$

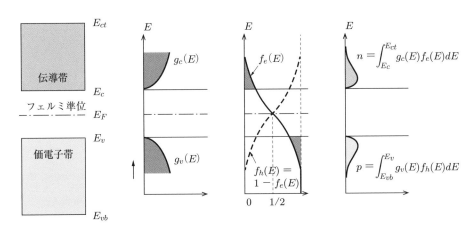

（a）エネルギー　　（b）状態密度$g(E)$　　（c）分布関数　　（d）キャリア密度
　　準位図

図 4.7　真性半導体のキャリア密度算出の説明図

$$g_v(E) = \frac{1}{2\pi^2}\left(\frac{2m_h^*}{\hbar^2}\right)^{3/2}(E_v - E)^{1/2} \tag{4.6}$$

で与えられる（エネルギー値を図 (a) のようにとっていることに注意）．m_e^*, m_h^* は伝導帯中の電子の実効質量ならびに価電子帯中の正孔の実効質量である．

図 (c) の実線は，式 (4.4) の電子の分布関数 $f_e(E)$（図 3.4 参照），破線は正孔の分布関数 $f_h(E)$ を表し，$f_h(E)$ は次式で与えられる．

$$f_h(E) = 1 - f_e(E) \tag{4.7}$$

この式は「正孔の数は電子の抜けた孔の数に等しい」ことからただちに理解できよう．

ところが，フェルミエネルギー E_F がどこにくるかがわからなければ，$f_e(E)$ ならびに $f_h(E)$ の図を描くことはできない．

式 (3.2) で説明したように，フェルミエネルギーはその準位における分布確率が $1/2$ になるエネルギー値である．したがって，図 4.7 (a) で非常に温度の低い場合を考えてみると，価電子帯はほとんど電子で占められているので $f_e(E_v) \fallingdotseq 1$ になり，フェルミ準位は価電子帯よりも上にこなければならない．また，伝導帯中にはほとんど電子がなく，$f_e(E_c) \fallingdotseq 0$ であるので，フェルミ準位は伝導帯よりも下にこなければならない．このことから，フェルミ準位は禁制帯の中にくることがわかる．いま，簡単のため，フェルミ準位は禁制帯の中央あたりにくると仮定（この仮定は後で説明するが妥当である）すると，$f_e(E)$ ならびに $f_h(E)$ は図 4.7 (c) のようになる．

電子密度は $g_c(E)$ と $f_e(E)$ の曲線で表された関数の積で与えられ，図 (d) の n のようになる．正孔密度は $g_v(E)$ と $f_h(E)$ の積として，図 (d) の p で与えられる．

次に，以上の事柄を計算してみよう．いままでの説明から明らかなように，伝導帯中の電子密度 n は，式 (4.5) の $g_c(E)$ と，式 (4.4) の $f_e(E)$ との積を，伝導帯の下端 E_c から上端 E_{ct} まで積分すれば求められる．

$$\begin{aligned}
n &= \int_{E_c}^{E_{ct}} g_c(E) f_e(E)\, dE \\
&= \int_{E_c}^{E_{ct}} \frac{1}{2\pi^2}\left(\frac{2m_e^*}{\hbar^2}\right)^{3/2}(E - E_c)^{1/2} \frac{1}{1 + \exp\left(\dfrac{E - E_F}{kT}\right)}\, dE
\end{aligned} \tag{4.8}$$

式 (4.8) を計算するのに，次のような近似計算を行う．E_F は禁制帯の中央近くにくるので，積分を行う範囲では $E - E_F \gtrsim (E_c - E_v)/2 = E_g/2$ である（$E_g = E_c - E_v$ は禁制帯エネルギー値である）．たとえば，Ge では $E_g \fallingdotseq 0.66\,\mathrm{eV}$ であり，室温の $kT = 0.026\,\mathrm{eV}$ と比較すると

$$E - E_F \gtrsim \frac{E_c - E_v}{2} = \frac{E_g}{2} \gg kT$$

となって，分布関数の分母の 1 は無視でき，

$$f_e(E) = \frac{1}{1 + \exp\left(\dfrac{E - E_F}{kT}\right)} \fallingdotseq \exp\left(-\frac{E - E_F}{kT}\right) \tag{4.9}$$

で近似できる．また，3 章の章末で説明したように，$E - E_F > 3kT$ では $f_e(E)$ の値は非常に小さくなるので，式 (4.8) の積分の上限は ∞ にしてもほとんどさしつかえない．したがって，n は次式のように近似される．

$$n = \int_{E_c}^{\infty} \frac{1}{2\pi^2}\left(\frac{2m_e^*}{\hbar^2}\right)^{3/2} (E - E_c)^{1/2} \exp\left(-\frac{E - E_F}{kT}\right) dE \tag{4.10}$$

この積分を実行すると，次式が求められる．

$$n = N_c \exp\left(-\frac{E_c - E_F}{kT}\right) \tag{4.11}$$

ここで，

$$N_c \equiv 2\left(\frac{2\pi m_e^* kT}{h^2}\right)^{3/2} = U_e \cdot T^{3/2} \tag{4.12}$$

$$U_e \equiv 2\left(\frac{2\pi m_e^* k}{h^2}\right)^{3/2} \tag{4.13}$$

であり，$m_e^* = m_0$ のとき，

$$U_e = 4.83 \times 10^{21}\,\mathrm{m^{-3} \cdot K^{-3/2}} \tag{4.14}$$

である．

　式 (4.11) が，伝導帯中の電子密度を与える式である．この式の形をみると，計算上では式 (4.10) 中の伝導帯中の電子の状態密度 $g_c(E)$ が $E = E_c$ の伝導帯の底に圧縮されて，式 (4.12) で与えられる状態密度 N_c に置き換えて考えられることがわかる．すなわち，伝導帯中の電子密度 n は，N_c に $E = E_c$ の点の分布関数

$$f_e(E_c) \fallingdotseq \exp\left(-\frac{E_c - E_F}{kT}\right)$$

をかけて求められることを示している．この意味で，式 (4.12) の N_c を伝導帯中の等価状態密度とよぶ．なお，この議論はフェルミ-ディラックの分布関数を式 (4.9) で近似して求めたものであるが，式 (3.1) をそのまま用いても，この N_c についての議論は成立する．すなわち，この場合には

$$n = N_c \cdot \frac{1}{1 + \exp\left(\dfrac{E_c - E_F}{kT}\right)} \tag{4.15}$$

で与えられる．このことは，これから求める正孔密度についても成立する．

次に，価電子帯中の正孔密度を求めてみる．先ほど求めた電子密度の計算方法とまったく同じように，式 (4.6)，(4.7) を用いて

$$p = \int_{E_{vb}}^{E_v} g_v(E) f_h(E) dE$$

$$= \int_{E_{vb}}^{E_v} \frac{1}{2\pi^2} \left(\frac{2m_h^*}{\hbar^2} \right)^{3/2} (E_v - E)^{1/2} \left\{ 1 - \frac{1}{1 + \exp\left(\dfrac{E - E_F}{kT} \right)} \right\} dE$$

$$= \int_{E_{vb}}^{E_v} \frac{1}{2\pi^2} \left(\frac{2m_h^*}{\hbar^2} \right)^{3/2} (E_v - E)^{1/2} \frac{1}{1 + \exp\left(-\dfrac{E - E_F}{kT} \right)} dE \qquad (4.16)$$

となる．ここで，E_{vb} は価電子帯の底のエネルギー値であるが，式 (4.8) のときと同じように $-\infty$ で置き換え，かつ $-(E - E_F) \gg kT$ の近似を用いると，

$$p = \int_{-\infty}^{E_v} \frac{1}{2\pi^2} \left(\frac{2m_h^*}{\hbar^2} \right)^{3/2} (E_v - E)^{1/2} \exp\left(\frac{E - E_F}{kT} \right) dE \qquad (4.17)$$

となり，この積分を実行すると，次式が求められる．

$$p = N_v \exp\left(-\frac{E_F - E_v}{kT} \right) \qquad (4.18)$$

ここで，

$$N_v \equiv 2 \left(\frac{2\pi m_h^* kT}{h^2} \right)^{3/2} = U_h \cdot T^{3/2} \qquad (4.19)$$

$$U_h \equiv 2 \left(\frac{2\pi m_h^* k}{h^2} \right)^{3/2} \qquad (4.20)$$

である．

　式 (4.18) が正孔密度を与える式である．この場合にも，価電子帯中に分布した状態密度は，すべて $E = E_v$ の価電子帯の上端にこれと等価な式 (4.19) で与えられる N_v の状態密度に圧縮されたと考えることができる．すなわち，価電子帯中の正孔密度は，N_v に $E = E_v$ の点の正孔の分布関数 $f_h(E_v)$ をかけるとただちに求められる．そこで式 (4.19) の N_v を価電子帯中の等価状態密度とよぶ．

　以上の事柄を図示したのが図 4.8 である．

　さて，真性半導体のフェルミ準位はどこにくるかを計算してみよう．すでに説明したように，真性半導体中の電子密度と正孔密度はいつも等しくなければならない．したがって，式 (4.11) と式 (4.18) を等しいとおく．

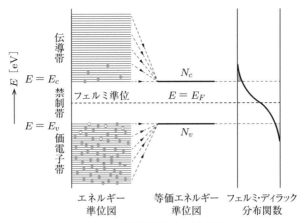

図 4.8　等価状態密度の説明図

$$N_c \exp\left(-\frac{E_c - E_F}{kT}\right) = N_v \exp\left(-\frac{E_F - E_v}{kT}\right)$$

式 (4.12), (4.19) を用いて上式を E_F について解くと,

$$E_F = \frac{E_c + E_v}{2} + \frac{3}{4}kT \ln\left(\frac{m_h^*}{m_e^*}\right) \tag{4.21}$$

となる. もしも $m_e^* \equiv m_h^*$ ならば,

$$E_F = \frac{E_c + E_v}{2} \tag{4.22}$$

となって, **フェルミ準位は温度に無関係に禁制帯の中央にくる**.

したがって, 真性半導体中の電子および正孔密度は, 式 (4.22) を式 (4.11) ならびに式 (4.18) に代入して $(E_c - E_v \equiv E_g)$,

$$n = p = 2\left(\frac{2\pi mkT}{h^2}\right)^{3/2} \exp\left(-\frac{E_g}{2kT}\right) \equiv n_i \tag{4.23}$$

となる.

式 (4.23) をみると, 真性半導体のキャリア密度 n_i は, 禁制帯幅 E_g が小さいほど, また温度 T が高いほど大きいことがわかる.

図 4.9 は Ge $(E_g \fallingdotseq 0.66\,\mathrm{eV})$, Si $(E_g \fallingdotseq 1.11\,\mathrm{eV})$, および GaAs $(E_g \fallingdotseq 1.43\,\mathrm{eV})$ の真性キャリア密度と温度との関係を示したものであって, この関係をよく表している.

ここで, 注意すべきことは, 式 (4.11) の n ならびに式 (4.18) の p は, 不純物をドーピング（添加）した外因性半導体についても成立するということである. ただし, 外因性半導体では式 (4.21) または式 (4.22) は成り立たず, E_F は不純物の種類ならびに量で変わる. これについては次節で説明する.

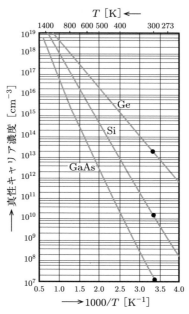

図 4.9　真性 Ge，Si ならびに GaAs 中のキャリア密度と温度との関係（●印：室温）

ところが，式 (4.11) と式 (4.18) から n と p の積を求めてみると，

$$n \cdot p = N_c \cdot N_v \cdot \exp\left(-\frac{E_g}{kT}\right) \equiv n_i^2 \tag{4.24}$$

となって，フェルミ準位 E_F にはまったく無関係であるので，外因性半導体の場合にも式 (4.24) はそのまま成立する．たとえば，ドナーを添加して n を増加させれば，$n \cdot p$ が一定に保たれるように p は減少しなければならない．

　なおこの場合，自由電子と正孔のうち，数の多いほうを多数キャリア，少ないほうを少数キャリアという．

　半導体に不純物が入った場合は，この熱励起で生じたものと別に，室温では 1 個の不純物に対して 1 個のキャリアがつくられると考えてさしつかえない．したがって，不純物密度を n_i 以下にすると，もはや不純物の効果は電気伝導に効かなくなるので，精製の目標値として，不純物密度が n_i 以下になるようにすればよい．

　たとえば Ge の場合，図 4.9 より，$T = 300\,\mathrm{K}$ のとき $n_i = 2.5 \times 10^{13}\,\mathrm{cm^{-3}}$（$2.5 \times 10^{19}\,\mathrm{m^{-3}}$）である．一方，$1\,\mathrm{m^3}$ 中に含まれる Ge の原子の数 N は

$$N = \text{アボガドロ数} \times \frac{\text{比重}}{\text{原子量}}$$

$$= 6.02 \times 10^{26} \times \frac{5.32}{72.6 \times 10^{-3}} = 4.4 \times 10^{28}\,\mathrm{m^{-3}}$$

となる. すなわち, $T = 300\,\mathrm{K}$ における Ge 原子密度とキャリア密度との割合は

$$\frac{4.4 \times 10^{28}}{2.5 \times 10^{19}} = 1.76 \times 10^9$$

であり, 10^{10} 個の Ge 原子あたり数個程度の電子が室温で伝導帯中に熱励起されている. したがって, 10 nine（99.99999999%, 9 が 10 個の意味で 10 nine という）まで精製する必要がある.

Si についても同様の計算をすると, 13 nine まで精製する必要があることがわかる.

例題 室温における真性 Ge 中のキャリア密度を求めよ. ただし, $m_h^* = m_e^* = m_0$ とする.

解答 真性キャリア密度は式 (4.23) で求められるので, Ge の禁制帯幅の値 $E_g = 0.66\,\mathrm{eV}$ を代入して,

$$n = p = 2\left\{\frac{2\pi \times 9.11 \times 10^{-31} \times 8.62 \times 10^{-5} \times 300}{(4.16 \times 10^{-15})^2}\right\}^{3/2}$$

$$\times \exp\left(-\frac{0.66}{2 \times 8.62 \times 10^{-5} \times 300}\right)$$

$$= 7.17 \times 10^{19}\,\mathrm{m}^{-3} = 7.17 \times 10^{13}\,\mathrm{cm}^{-3}$$

が得られる.（この値は図 4.9 の値と異なるが, これは実際には $m_h^* \neq m_0$, $m_e^* \neq m_0$ であるためである.）

例題 1 次元の k 空間（運動量空間）において, 伝導帯の極小値近傍のエネルギー値 E が

$$E = \frac{\hbar^2 k_1^2}{3m_0} + \frac{\hbar^2(k - k_1)^2}{m_0} \qquad (m_0 : 自由電子の質量)$$

で与えられる真性半導体がある. ここで, 格子定数を L とすると, $k_1 = \pi/L$ である. この半導体のフェルミエネルギーは $2.17\,\mathrm{eV}$, $L = 3.14\,\text{Å}$ で, エネルギーはいずれも価電子帯の底を基準にとっている. このとき, 次の値を求めよ.

(a) 禁制帯幅

(b) 伝導帯の底における電子の実効質量

(c) 価電子帯のエネルギー幅

ただし, 電子と正孔の実効質量は等しいと仮定する.

解答 まず, 伝導帯下端のエネルギーを求める.

$$\frac{dE}{dk} = \frac{2\hbar^2(k - k_1)}{m_0}$$

$dE/dk = 0$ とおくと, $k = k_1$ のとき極小値

$$E_m = \frac{\hbar^2 k_1^2}{3m_0}$$

をとることがわかる．この式に与えられた数値を代入すると，

$$E_m = 2.56\,\mathrm{eV}$$

と求められる．

(a)　真性半導体であるので，フェルミ準位は禁制帯の中央にくる．したがって，図 4.10 からわかるように，

$$E_g = (2.56 - 2.17) \times 2 = 0.78\,\mathrm{eV}$$

となる．

(b)　式 (2.25) より実効質量を求める．

$$m^* = \frac{\hbar^2}{\dfrac{d^2 E}{dk^2}} = \frac{\hbar^2}{\dfrac{2\hbar^2}{m_0}} = \frac{m_0}{2} = 4.55 \times 10^{-31}\,\mathrm{kg}$$

(c)　価電子帯のエネルギー幅は，図 4.10 から明らかなように，

$$2.17 - (2.56 - 2.17) = 1.78\,\mathrm{eV}$$

となる．

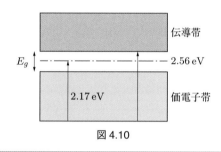

図 4.10

4.4　外因性半導体中のキャリア密度

　ドナーまたはアクセプタをドーピングしたときの電子ならびに正孔密度を求めてみよう．式 (4.11) ならびに式 (4.18) で与えられる電子および正孔密度は，外因性半導体に対しても成り立つことを前節で説明した．したがって，外因性半導体のフェルミ準位の値を求めて，この値を式 (4.11)，(4.18) に代入すればキャリア密度が求められる．そこで，アクセプタのみを含んだ p 型半導体について，フェルミ準位ならびにキャリア密度を求めてみよう．

　まず，p 型半導体のフェルミ準位がどこにくるかを定性的に考えてみよう．

■ 温度が絶対零度 $T = 0$ のとき

　温度が絶対零度のときには，図 4.11 (a) に示すように，電子はまったく励起されて

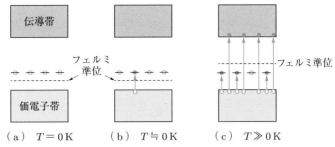

図 4.11 p 型半導体のフェルミ準位と温度との関係

いないので，アクセプタ準位にも，伝導帯にも電子はない．したがって，アクセプタ
準位における電子の占有率はゼロである．また，価電子帯の上端には電子が充満して
いるので，その点における電子の占有率は 1 である．したがって，第 3 章の説明から
理解できるように，フェルミ準位はアクセプタ準位と価電子帯との間に位置していな
ければならない．

■ 温度が絶対零度からわずかに上昇したとき

　温度がわずかに上昇すると，価電子帯の電子はごくわずかにアクセプタ準位に励起
される．そこでまた，図 3.4 を思い出してみよう．電子の占有率と，電子の抜けた率，
すなわち非占有率とは，フェルミ準位に対して対称である．したがって，この場合に
は，フェルミ準位はアクセプタ準位と価電子帯のちょうど中央に位置していなければ
ならないことになる．この様子を図 4.11 (b) に示す．

■ 温度が高くなったとき

　温度がかなり高くなると，価電子帯から電子は多量に励起され，アクセプタ準位は
ほぼ電子で占有されてしまい，さらに伝導帯にも多量の電子が励起される．その結果，
温度が非常に高い場合には，価電子帯の電子の空孔の数，すなわち正孔の数と，伝導
帯中の電子数がほぼ等しくなってしまう．この場合には，フェルミ準位は価電子帯と
伝導帯との中央に位置することになる．この様子を図 4.11 (c) に示す．

　以上の結果，p 型半導体では，フェルミ準位は，低温ではアクセプタ準位と価電子
帯との中間に位置しており，温度の上昇とともに禁制帯の中央に漸近する．

　次に，先ほど述べたことを式で求めてみよう．

　図 4.12 に示すように，アクセプタ準位のエネルギー（アクセプタのイオン化エネル
ギー）を E_a，アクセプタ密度を N_a とする．ここでは価電子帯の上端のエネルギーを
$E_v = 0$ とし，伝導帯の底を $E_c = E_g$ とする．ただし，アクセプタ密度はあまり大きく
なく，$N_a \ll N_v$ であると仮定する．図 4.8 に示したように，伝導帯および価電子帯中

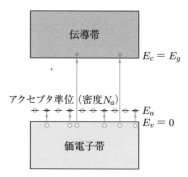

図 4.12　p 型半導体のエネルギー準位図

の状態密度は, それぞれ $E = E_c$ および $E = E_v$ の準位にある等価な N_c および N_v の状態密度に圧縮したと考えることができる.

電気的中性条件から, 価電子帯中にある正孔密度は, アクセプタ準位にある電子密度と伝導帯中にある電子密度との和に等しくなければならない. これを式で表すと, 次のようになる.

$$
\underbrace{N_v\left\{1 - \frac{1}{1 + \exp\left(-\dfrac{E_F}{kT}\right)}\right\}}_{\text{価電子帯中の正孔密度}}
$$

$$
= \underbrace{N_a \frac{1}{1 + \exp\left(\dfrac{E_a - E_F}{kT}\right)}}_{\text{アクセプタ準位の電子密度}} + \underbrace{N_c \frac{1}{1 + \exp\left(\dfrac{E_g - E_F}{kT}\right)}}_{\text{伝導帯中の電子密度}} \tag{4.25}
$$

上式を E_F について解くことは複雑であるので, いくつかの温度領域に分けて解いてみよう.

(1) 温度が十分低く, 伝導帯中の電子密度が価電子帯中の正孔密度に比べて無視できるほど小さい場合

この場合には, 大部分の電子は価電子帯からアクセプタ準位に励起された電子であるので, 式 (4.25) の右辺の最後の項は無視できて, 次式のように近似できる.

$$
N_v \frac{1}{1 + \exp\left(\dfrac{E_F}{kT}\right)} = N_a \frac{1}{1 + \exp\left(\dfrac{E_a - E_F}{kT}\right)}
$$

この式を E_F について解くと, 次式のようになる.

$$E_F = kT \cdot \ln\left[\frac{N_v}{2N_a} - \frac{1}{2} + \frac{1}{2}\left\{\left(1 - \frac{N_v}{N_a}\right)^2 + \frac{4N_v}{N_a} \cdot \exp\left(\frac{E_a}{kT}\right)\right\}^{1/2}\right] \quad (4.26)$$

さらに温度がきわめて低く，式 (4.26) の最後の指数関数の項がほかの項よりもはるかに大きい場合には，式 (4.26) は次式のように近似できる．

$$E_F \fallingdotseq kT \cdot \ln\left\{\frac{N_v}{N_a} \exp\left(\frac{E_a}{kT}\right)\right\}^{1/2} = \frac{kT}{2} \ln \frac{N_v}{N_a} + \frac{E_a}{2}$$

式 (4.19) を代入すると，次のようになる．

$$E_F \fallingdotseq \frac{kT}{2} \ln\left(\frac{U_h}{N_a} \cdot T^{3/2}\right) + \frac{E_a}{2} \quad (4.27)$$

$T = 0$，すなわち絶対零度では，

$$E_F = \frac{E_a}{2} \quad (4.28)$$

となり，フェルミ準位は価電子帯の上端とアクセプタ準位との中央にくる．

温度が $T = 0\,\mathrm{K}$ からわずかずつ上昇してくると，式 (4.27) から $N_a > U_h T^{3/2}$ の範囲では対数の項が負になるので，わずかながら $E_a/2$ の点から価電子帯のほうへ近づいてくる．さらに温度が高くなり，$N_a < U_h T^{3/2}$ になるとフェルミ準位は逆に上向きになり，温度の上昇とともに禁制帯の中央に近づいていく．

$T = 0\,\mathrm{K}$ からわずかに温度が上昇すると，フェルミ準位が価電子帯のほうへ近づく理由を物理的に説明しよう．

図 4.11 (b) をもう少し詳しくみてみよう．温度がわずかに上昇したとき，価電子帯のどこにある電子がアクセプタ準位へ励起されるか考えてみる．式 (1.61) あるいは図 4.7 (b) からわかるように，価電子帯の最上端の電子の状態密度はゼロであり，電子は存在できない．したがって，価電子帯上端よりもごくわずかに下にある電子がアクセプタ準位に励起されることになる．その結果，フェルミ準位はアクセプタ準位と価電子帯との中央よりわずか下にずれることになる．

なお，式 (4.27) からわかるように，アクセプタ密度 N_a が大きいと，T が室温 ($T \sim 300\,\mathrm{K}$) でも $N_a > U_h T^{3/2}$ となり，$E_F < 0$ となってフェルミ準位は価電子帯中に入ってしまう．この状態が，5.5 節で説明するトンネルダイオードの場合である．

フェルミ準位が式 (4.28) で与えられる温度領域では，式 (4.28) を式 (4.18) に代入すると，正孔密度 p が次のように求められる．

$$p = N_v \exp\left(-\frac{E_a}{2kT}\right) \quad (4.29)$$

温度がある程度高くなり，式 (4.26) の指数部を $\exp(E_a/kT) \fallingdotseq 1$ とすることができるものの，まだ真性となるほど高温ではないときには，式 (4.26) は

$$E_F \fallingdotseq kT \cdot \ln\left[\frac{N_v}{2N_a} - \frac{1}{2} + \frac{1}{2}\left\{\left(1 - \frac{N_v}{N_a}\right)^2 + \frac{4N_v}{N_a}\right\}^{1/2}\right]$$

$$= kT \cdot \ln\left(\frac{N_v}{N_a}\right) \tag{4.30}$$

と近似できる．式 (4.30) を式 (4.18) に代入すると，次のようになる．

$$p = N_a \tag{4.31}$$

この状態では，アクセプタ準位はすべて電子で満たされてしまう．この領域を枯渇領域とよぶことがある．

(2) 温度が十分高く，相当量の電子が価電子帯から伝導帯中に励起される場合

この場合，式 (4.25) の右辺の最初の項は N_a になる．すなわち，アクセプタ準位は飽和してしまう．したがって，式 (4.25) は次のように表される．

$$N_v \frac{1}{1 + \exp\left(\dfrac{E_F}{kT}\right)} = N_a + N_c \frac{1}{1 + \exp\left(\dfrac{E_g - E_F}{kT}\right)}$$

ここで，$E_F \gg kT$, $E_g - E_F \gg kT$ とすると，

$$N_v \cdot \exp\left(-\frac{E_F}{kT}\right) = N_a + N_c \cdot \exp\left(-\frac{E_g - E_F}{kT}\right)$$

となり，これを E_F について解くと

$$E_F = kT \cdot \ln \frac{2N_v}{N_a + \left\{N_a^2 + 4N_v N_c \exp\left(-\dfrac{E_g}{kT}\right)\right\}^{1/2}}$$

となる．また，式 (4.12)，(4.19) を上式に代入すると，次のようになる．

$$E_F = kT \cdot \ln \frac{2U_h T^{3/2}}{N_a + \left\{N_a^2 + 4U_h U_e T^3 \exp\left(-\dfrac{E_g}{kT}\right)\right\}^{1/2}} \tag{4.32}$$

温度が十分高いときには，式 (4.32) の右辺の対数の分母の最後の項がほかの項に比べて十分大きくなるので，式 (4.32) の N_a は無視できる．したがって，

$$E_F \fallingdotseq kT \cdot \ln\left\{\sqrt{\frac{U_h}{U_e}} \exp\left(\frac{E_g}{2kT}\right)\right\}$$

と近似できる．ここで，電子と正孔の実効質量が等しいとすると，$U_h = U_e$ であるので，

$$E_F \fallingdotseq \frac{E_g}{2} \tag{4.33}$$

となり，フェルミ準位は禁制帯の中央にくる．

式 (4.33) を式 (4.18) に代入すると

$$p = N_v \cdot \exp\left(-\frac{E_g}{2kT}\right) = n_i \tag{4.34}$$

となり，これは式 (4.23) の真性半導体の正孔密度と同じになる．すなわち，温度が十分高くなると，外因性半導体中のキャリア密度は真性半導体の場合と同じになる．

以上の取扱いは，ドナーだけを含む n 型半導体についても同様なことがいえる．

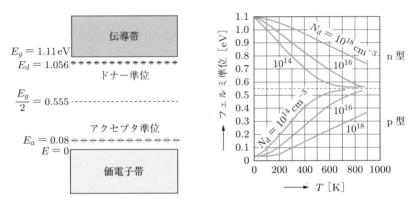

図 4.13　外因性 Si のフェルミ準位と温度との関係

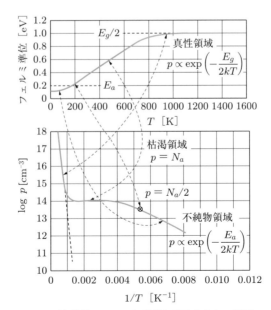

図 4.14　p 型半導体のフェルミ準位と正孔密度との関係
（$E_g = 2\,\mathrm{eV}$, $E_a = 0.2\,\mathrm{eV}$, $N_a = 10^{14}\,\mathrm{cm}^{-3}$ と仮定）

図4.13には，Siについてこれらの様子を不純物密度をパラメータとして示している．また図4.14は，p型半導体について，フェルミ準位の位置と正孔密度との関係を，温度をパラメータとして示している．

4.5　キャリアの再結合

　式(4.11)，(4.18)で与えられる電子ならびに正孔密度は，第3章で説明した式(3.1)のフェルミ－ディラックの分布関数を用いて求められた値である．ここで，これらの電子ならびに正孔密度は，長時間にわたって観測したときに得られる平均値の意味であることに注意しなければならない．各時刻についてみると，価電子帯には電子の抜けた孔があるが，伝導帯中の電子はこの価電子帯中の孔に落ち込むほうがエネルギーが小さく安定であるので，伝導帯中の電子が孔に落ち込む過程が生じる．いいかえると，図4.15(a)に示すように，伝導帯中の電子が価電子帯中の正孔と再結合したことになる．しかし，もしも再結合だけの過程が生じると，伝導帯中の電子ならびに価電子帯中の正孔は，熱平衡状態では存在しなくなってしまう．そこで再結合とは逆の過程，すなわち図(b)のような生成過程が，再結合過程と同じ割合で生じなければならない．

　このような再結合，生成過程がどのような割合で生じるかは，キャリアが熱平衡状態からずれたときに問題になる．たとえば，一時的に光を照射したとか，次章で述べるp-n接合などによる少数キャリアの注入などがある場合である．

　再結合過程を，第2章で説明したk空間（運動量空間）について考えてみよう．図4.16(a)では，価電子帯の頂上と伝導帯の底とが同じkの値であるから，伝導帯中の電子が価電子帯中の正孔と再結合する場合，kすなわち運動量（$=\hbar k$）の変化がなく，運動量保存の法則が満足される．ところが，図(b)の場合には，価電子帯の頂上のkの値と伝導帯の底のkの値は異なるので，伝導帯中の電子が価電子帯中の正孔と直接再結合すると，kすなわち運動量が変化し，運動量保存の法則に反する．したがっ

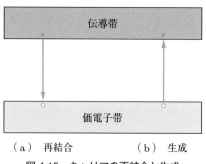

（a）　再結合　　　　（b）　生成

図4.15　キャリアの再結合と生成

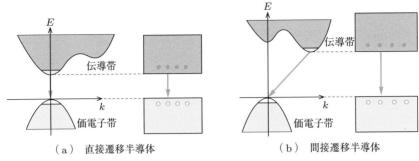

（a） 直接遷移半導体   （b） 間接遷移半導体

図 4.16　k 空間での再結合過程

て，図 (b) の場合には，電子と正孔は直接再結合することはできず，この運動量の過不足分を格子振動によるフォノン（phonon）などとやりとりすることで再結合する．

図 4.16 (a) のようなエネルギー帯構造をもった半導体を直接遷移半導体，図 (b) の場合を間接遷移半導体とよぶ．図 4.17 に代表的な半導体のエネルギー帯構造図を示す．GaAs は直接遷移半導体であるが，Ge, Si は間接遷移半導体である．

再結合の割合は，存在する過剰少数キャリア Δn に比例する．

$$\frac{d\Delta n}{dt} = -\frac{\Delta n}{\tau} \tag{4.35}$$

比例定数は $1/\tau$ で，τ を少数キャリアの寿命時間（life time）とよぶ．式 (4.35) を積分すると，次式が求められる．

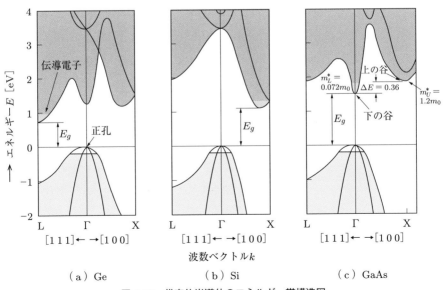

（a）Ge   （b）Si   （c）GaAs

図 4.17　代表的半導体のエネルギー帯構造図

$$\Delta n = \Delta n(0) \exp\left(-\frac{t}{\tau}\right) \tag{4.36}$$

　この式は，過剰少数キャリアの密度が時間とともに指数関数的に減少することを表している．もしも禁制帯中に中間的な準位があると，電子はこの中間準位を通って価電子帯まで階段を降りるように下がり，正孔と再結合する．この場合には，電子が直接正孔と再結合するよりも再結合する割合は増加するので，τ は小さくなる．このような中間準位は，不純物原子や格子欠陥などによって形成される．この場合，電子と正孔は中間準位で再結合することもある．このような中間準位は，再結合中心（recombination center）とよばれている．また中間準位には，正孔よりも電子を捕らえやすいものも，電子よりも正孔を捕らえやすいものもある．このようにして，電子あるいは正孔が中間準位に捕らえられて，正孔あるいは電子と出会う機会を失う場合がある．このような中間準位を捕獲中心（trap center）という．これらの様子を図 4.18 に示す．

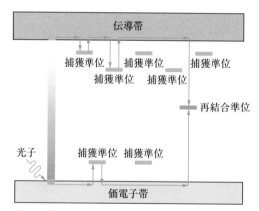

図 4.18　過剰少数キャリアの発生，捕獲ならびに再結合過程

4.6　連続の方程式

　一般に，半導体中の電流は，少数キャリアに対する連続の方程式を解くことによって求めることができる．この連続の方程式は，次の事柄を式で表したものである．すなわち，半導体内の体積要素中の過剰少数キャリア密度の時間的変化の割合は，この過剰少数キャリアが体積要素中に流入するか，または内部で発生する時間的割合と，この体積要素から流出，またはその中で再結合やほかの効果で消滅する時間的割合との差に等しいということである．

　次に，体積要素に対するキャリアの流出入について個別に説明する．ただし，取扱いを簡単にするために1次元で考える．

(1) 拡散

図 4.19 に示すように，少数キャリアの密度 n が，x の増加とともに増加していると仮定する．密度勾配に垂直な単位面積の面を単位時間に通過する過剰少数キャリアの量は，

$$-D \cdot \frac{\partial(n - n_0)}{\partial x} = -D\frac{\partial n}{\partial x}$$

で与えられる．ここで，D はキャリアの拡散定数（diffusion constant）で，単位密度勾配に垂直な単位面積を単位時間に横切る粒子数で，単位は $[\text{m}^2 \cdot \text{s}^{-1}]$ である．また，n_0 は熱平衡状態におけるキャリア密度である．上式のマイナス符号は，キャリアの流れが密度の大きいほうから小さいほう，すなわち $\partial n/\partial x$ とは反対の符号になるためである．

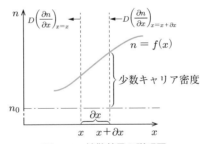

図 4.19　拡散効果の説明図

体積要素の流出側の密度勾配 $(\partial n/\partial x)_{x=x}$ が流入側の密度勾配 $(\partial n/\partial x)_{x=x+\partial x}$ よりも小さければ，体積要素から流出するよりも流入するほうが多く，内部のキャリア密度は増加する．その増加の割合は，次式で表される．

$$\frac{D\left(\dfrac{\partial n}{\partial x}\right)_{x=x+\partial x} - D\left(\dfrac{\partial n}{\partial x}\right)_{x=x}}{\partial x} = D\frac{\partial^2 n}{\partial x^2} \tag{4.37}$$

(2) 電界による移動（ドリフト）

流れに垂直な単位面積の面を横切る過剰少数キャリアの数は，単位時間当たり $(n - n_0)\mu_e F$ である．ここで，F は電界強度，μ_e は単位電界強度に対する電子のドリフト速度であって，移動度（mobility）とよばれ，単位は $[\text{m}^2 \cdot \text{V}^{-1} \cdot \text{s}^{-1}]$ で表される．いま図 4.20 のように，体積要素の流出側における少数キャリア密度 $n(x)$ が流入側の密度 $n(x + \partial x)$ よりも小さければ，内部にキャリアが蓄積される．この蓄積の割合は，次式で表される．

$$\frac{\{n(x + \partial x) - n_0\}\mu_e F - \{n(x) - n_0\}\mu_e F}{\partial x} = \mu_e F\frac{\partial n}{\partial x} \tag{4.38}$$

　ここで注意すべきことは，少数キャリアとして電子を考えているが，正孔を考えるときは上式にマイナス符号をつけるということである．なぜなら，正孔は正電荷をもつため，図4.20で x 軸の正方向に移動し，流出側と流入側とが電子の場合とは逆になるので，$\partial n/\partial x > 0$ では内部の正孔が減少するためである．

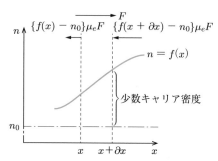

図4.20　ドリフト効果によるキャリアの流出入の説明

(3) 再結合

　少数キャリアの平均寿命時間を τ とすると，再結合によって消滅する割合は，単位時間，単位体積当たり

$$\frac{n - n_0}{\tau} \tag{4.39}$$

で与えられる．

(4) その他の効果

　たとえば，光を照射して体積要素中にキャリアが発生する場合などのように，外部からの影響による単位時間，単位体積当たりの少数キャリアの増加を g とする．

　以上の (1)〜(4) の和が過剰少数キャリア密度の時間的変化の割合であり，電子に対しては，

$$\frac{\partial n}{\partial t} = D_e \frac{\partial^2 n}{\partial x^2} + \mu_e F \frac{\partial n}{\partial x} - \frac{n - n_0}{\tau_e} + g \tag{4.40}$$

同様にして，正孔に対しては，

$$\frac{\partial p}{\partial t} = D_h \frac{\partial^2 p}{\partial x^2} - \mu_h F \frac{\partial p}{\partial x} - \frac{p - p_0}{\tau_h} + g \tag{4.41}$$

となる．式 (4.40)，(4.41) が少数キャリアの連続の方程式である．多くの場合には，少数キャリアについて解けば，多数キャリアは電荷中性の条件から決まる．

4.7　キャリアの移動度

　よく知られているように，電子ならびに正孔に電界が加わると，キャリアは電界強度に比例したドリフト速度で移動する．そのときの比例定数を移動度ということは前節で述べた．ここではこの移動度について説明する．

　結晶中のキャリアに対するポテンシャルが完全に周期性を保っている場合には，キャリアは散乱されることはなく，移動度 μ は非常に大きな値になる．逆に，散乱の効果が大きくなると μ は小さくなる．

　半導体における主な散乱の原因は

　①格子の熱振動によるフォノン

　②イオン化した不純物原子

である．そのほか，結晶の乱れ，たとえば空格子（vacancy），転位（dislocation）なども散乱に寄与するが，ふつうの半導体単結晶ではこれらはあまり重要でない．その理由は，現在ではほぼ完全結晶が得られているためである．

　一般に，キャリアの実効質量が小さいと，電界による加速度が大きくなるので，移動度 μ は大きくなることが期待される．

　フォノン散乱が μ に及ぼす効果を定性的に考えてみよう．格子の熱振動は，当然のことながら温度が高くなると激しくなり，散乱の効果が大きくなって μ は減少する．格子振動の理論によれば，フォノン散乱による移動度 μ_L は次の関係式で与えられる．

$$\mu_L = a \cdot \left(\frac{m^*}{m_0}\right)^{-5/2} \cdot T^{-3/2} \tag{4.42}$$

　イオン化不純物散乱の場合には，温度が高くなるとキャリアの熱速度（ブラウン運動の速度）が大きくなるため，イオン化不純物の近傍を速い速度で通過するようになって，散乱される割合は減少する．その結果，イオン化不純物散乱による μ_I は，温度の上昇とともに大きくなる．理論計算によると，次の関係式で与えられる．

$$\mu_I = b \cdot \left(\frac{m^*}{m_0}\right)^{-1/2} \cdot T^{3/2} \tag{4.43}$$

ここで，a, b は物質による定数で，b はイオン化不純物密度の増加とともに減少する値である．

　フォノンおよびイオン化不純物散乱の双方が寄与するときの移動度 μ は，

$$\frac{1}{\mu} = \frac{1}{\mu_L} + \frac{1}{\mu_I} \tag{4.44}$$

となる.

式 (4.42), (4.43) を用いると, 移動度 μ は次のように表される.

$$\mu = \frac{1}{\frac{1}{a}\left(\frac{m^*}{m_0}\right)^{5/2} T^{3/2} + \frac{1}{b}\left(\frac{m^*}{m_0}\right)^{1/2} T^{-3/2}} \tag{4.45}$$

低温ではフォノン散乱は小さく, イオン化不純物散乱が支配的で, したがって $\mu \sim \mu_I \sim T^{3/2}$ に比例する. 高温ではこの逆になり, $\mu \sim \mu_L \sim T^{-3/2}$ に比例する. 図 4.21 は不純物密度を変えた試料の移動度 μ の温度依存性を実測した例で, これらの様子がよく現れている.

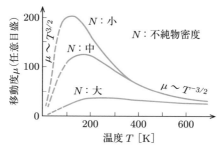

図 4.21　移動度の温度依存性

以上は電界強度があまり大きくない場合である. 電界強度が大きくなると, 図 4.22 に示すようにドリフト速度が電界強度 F に比例しなくなり, $F^{1/2}$ に比例するようになる. すなわち, $\mu \sim F^{-1/2}$ になる. さらに電界が強くなると, ドリフト速度はある限界値に達し, 飽和する傾向がある. そこでは $\mu \sim F^{-1}$ に従って変化する.

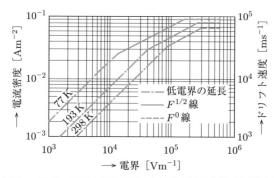

図 4.22　n 型 Ge の電子の高電界におけるドリフト速度と電流密度

この現象は次のように考えられる. 熱平衡にある電子は, 格子と衝突しながら熱運動（ブラウン運動）をしており, 格子振動のエネルギーと熱運動による電子の運動エネルギーは等しい値をもっている. このとき, 結晶に弱い電界が印加されたとしても, 電子が電界から得たエネルギーはただちに格子振動に与えられてしまい, 熱平衡状態からほとんどずれないと考えられる. 一方, 電界が大きくなると, 電子のドリフト速度が熱運動の速度よりも大きくなり, 電子系の有効温度が格子温度よりも高くなったような状態になる. こうした状態にある電子は, ショックレーにより, 熱い電子 (hot electron) とよばれている. このような熱い電子の状態では, 平均自由行程間の走行速度は電界の増加とともに速くなるので, 衝突間の平均時間 $\langle \tau \rangle$ は小さくなる. 理論計算によると, このような状態の $\langle \tau \rangle$ は

$$\langle \tau \rangle \sim F^{-1/2} \tag{4.46}$$

となる. 一方, 簡単な計算から, 移動度は

$$\mu = \frac{e}{m^*} \langle \tau \rangle \tag{4.47}$$

となるので,

$$\mu \sim F^{-1/2} \tag{4.48}$$

となり, ドリフト速度は $v_d = \mu F \sim F^{1/2}$ になる.

4.8 アインシュタインの関係式

半導体内の一部分のキャリア密度がほかの部分より大きいと, キャリアの拡散が生じる. 拡散の速度はキャリアの移動度が大きいほど大きく, 拡散定数 D と移動度 μ の間には

$$D = \mu \frac{kT}{e} \tag{4.49}$$

の関係がある. この関係をアインシュタインの関係式とよぶ. ここでは, この関係式を求めてみよう.

図 4.23 に示すように, アクセプタ密度勾配のある p 型半導体を考える. この密度勾配のために, 正孔は図の左から右へ拡散していく. 正孔が右へ拡散していくと, 右側に正の空間電荷が生じ, 正孔が左から右へ拡散するのを妨げるようになり, この両者がバランスしたところで定常状態に達する. 図 (b) はこの状態のエネルギー準位図を示したものである. 図 4.13 に示したように, フェルミ準位はアクセプタ密度に依存し, アクセプタ密度の大きい左側は小さい右側に比べて, 価電子帯の近くに位置する.

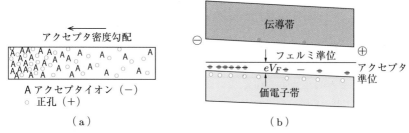

図 4.23　不純物分布に勾配があるときのキャリアの拡散と，それに伴う空間電荷の関係

　熱平衡にある系では，フェルミ準位はその系の中では一定でなければならないので，フェルミ準位は水平になる．そのため，図 (b) に示すように，エネルギー準位は左側が高くなる．このエネルギー準位の勾配の大きさが空間電荷の電界に相当する．

　拡散電流は

$$-eD_h\frac{dp}{dx}$$

であり，空間電荷電界によるドリフト電流は

$$e\mu_h pF$$

であるので，定常状態では両者がバランスして，次式が成り立つ．

$$-eD_h\frac{dp}{dx} + e\mu_h pF = 0 \tag{4.50}$$

　一方，式 (4.18) から

$$p = N_v \cdot \exp\left(-\frac{eV_F}{kT}\right) \qquad (eV_F \equiv E_F - E_v) \tag{4.51}$$

であり，式 (4.51) を x について微分すると次のようになる．

$$\frac{dp}{dx} = \frac{dp}{dV_F}\cdot\frac{dV_F}{dx} = -\frac{e}{kT}p\frac{dV_F}{dx}$$

$$= \frac{e}{kT}pF \qquad \left(\because \quad F = -\frac{dV_F}{dx}\right)$$

この関係を式 (4.50) に代入して整理すると，

$$D_h = \mu_h\frac{kT}{e} \tag{4.52}$$

となる．同様な関係が電子についても成立する．これがアインシュタインの関係式である．

4.9 半導体材料の種類

これまでは主に Ge, Si の電導機構について述べたが, それ以外にも後の章で出てくるように, いろいろな半導体材料がある. 本節では, Ge, Si 以外の半導体材料について説明する.

2.3.2 項で述べてきたように, 半導体材料の必須条件は

・偶数価電子から構成された固体であること

・構成原子の平均的な原子価が偶数であること

である.

表 4.2 からわかるように, この条件を満たすものには下記のような材料があり, 実際に半導体として, 各種デバイスが形成されている.

表 4.2 周期律表と半導体

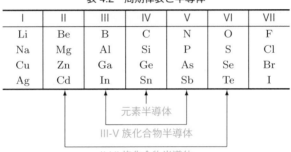

I	II	III	IV	V	VI	VII
Li	Be	B	C	N	O	F
Na	Mg	Al	Si	P	S	Cl
Cu	Zn	Ga	Ge	As	Se	Br
Ag	Cd	In	Sn	Sb	Te	I

(1) IV 族半導体

まず偶数価電子ということから, II 族, IV 族, VI 族が挙げられるが, II 族は導体である. IV 族は必要条件を満たしており, 半導体である. これまで述べた Si, Ge はその代表である. C も半導体である. Sn も IV 族ではあるが, これは禁制帯幅が小さすぎ, 半金属である.

また, これらの化合物, すなわち GeSi, SiC なども半導体である.

(2) III-V 族化合物半導体

構成原子の平均的な原子価が偶数である場合について考えよう. III 族と V 族の化合物は平均として IV 族となり, 偶数であるので半導体になりうる. これを III-V 族化合物半導体といい, 現在レーザダイオードに使われている GaAs や GaN はその代表的な半導体である.

(3) II-VI 族化合物半導体

同様に考えると，II族とVI族の化合物も同様であり，これをII-VI族化合物半導体という．その代表がCdS，ZnSe，ZnOなどである．

それでは同じように考えて，I族とVII族ではどうであろうか．I-VII族化合物は半導体になるのであろうか．これは半導体ではない．なぜかというと，I族とVII族のように，族があまりにも離れすぎると，イオン結合が主になってしまうためである．たとえばNaClはI-VII化合物のよい例で，これはイオン結晶の代表例である．

(4) カルコゲナイド半導体

次に，II-VI族化合物半導体をもう少し深く考えてみよう．II族のところをI族とIII族で構成し，I-III-2VIとすると，II-VI族と同じように半導体になる．その代表が$CuInSe_2$で，最近では太陽電池用材料として注目されている．このような半導体をカルコゲナイド半導体とよぶ．

このように考えてみると，非常に多くの半導体材料がつくれることがわかり，事実，人工的にきわめて多くの半導体材料がつくられている．

(5) アモルファス半導体

いままで述べた半導体は結晶である．最近，太陽電池材料などとして注目されているのが，アモルファス半導体である．

アモルファス半導体は，非晶質半導体ともよばれている．この名称からもわかるように，これは結晶構造をしていない．一言でいうならば，ガラスのようなものである．

アモルファス半導体は，化学結合や配位数によって次のように大別される．

①テトラヘドラル系（tetrahedrally-bonded）

②カルコゲナイド系（chalcogenide）

前者はIV族元素であるGe，Siを中心とした材料で，原子どうしが正四面体配位性の強い共有結合によって結ばれ，3次元的な堅いネットワークを組んでいる固体である．後者は，主成分としてVI族のカルコゲン元素（S，Se，Te）を含むアモルファス半導体を総称し，1次元もしくは2次元的なネットワークを組んで，それらが弱いファンデルワールス力により結ばれている．

アモルファス半導体では，結晶半導体の禁制帯幅E_gの代わりに，移動度ギャップを用いる．また，アモルファス半導体では，ポテンシャルの周期性の空間的なゆらぎによって，伝導帯や価電子帯がゆらいでいる．したがって，ある程度高いエネルギーになって，電子は初めて自由に動くことができる．すなわち，少し離れたところで移動度ギャップができる．

　一方, アモルファスでは結晶のような格子の規則性がないため, アモルファス半導体中の電子のエネルギーは, 結晶運動量の周期性はもたない. したがって, 運動量の保存則が成立しなくてもよいので, 結晶の間接遷移半導体の禁制帯幅に対応する光学的遷移も容易になり, 直接遷移半導体のように大きな吸収係数が観測される.

　アモルファス半導体の光学的禁制帯幅 E_0 は, 通常吸収係数 α が $10^5 \sim 10^7 \, \mathrm{m}^{-1}$ の領域で

$$(\alpha h\nu) \sim (h\nu - E_0)^2$$

の関係から経験的に求められる. アモルファス Si（通常 a-Si と略記する）では $E_0 \sim 1.7 \, \mathrm{eV}$ である.

　ワイドギャップアモルファス半導体としては, a-SiC がもっとも一般的である.

　a-Si は移動度ギャップ内の状態密度が少ないので, ドーピングによって伝導型の制御は可能である.

　アモルファス半導体は, アモルファスの特質である非平衡系の物質であるので, 熱や光によって状態が変化する. たとえば a-Si では, 200～300 ℃ 程度になると, H が離脱し始める. また光に対しては, 常温で導電率, 光導電率などが低下する傾向がある.

　カルコゲナイド系材料は, 不純物ドーピングによる p, n 制御は困難である. 構造敏感でない理由として, カルコゲナイド物質では, 未結合手が 1 電子状態のままで存在するより, 空になった未結合手（電子が抜けるので正に帯電）と 2 電子状態の未結合手が対になって存在するほうが安定と考えられていることによる.

　光学的禁制帯幅は, 組成比を変えることにより所望の禁制帯幅をもつ材料を自由に合成することができる.

　カルコゲナイド系アモルファスでは, その構造柔軟性のゆえに, いろいろな光誘起現象が観測される. 古くから知られている現象としては, 光黒化（フォトダークニング）がある. 現象としては, 光吸収端の低エネルギー側への平衡移動である. また, 同時に, 屈折率も変化する.

　最近はこのほかに有機半導体もあるが, これについては 9.5.5 項を参照のこと.

4.10　p型, n型への変換

　4.2 節では, IV 族原子からなる Si, Ge についての p 型ならびに n 型への変換について, その物理的説明を行った. 本節では, 各種半導体に対する p 型, n 型を得るためのアクセプタならびにドナーについて説明しよう.

(1) III-V 族化合物半導体

　Si の例からわかるように，III-V 族化合物半導体で V 族の一部を VI 族で置換すると電子が過剰となり，n 型になる．すなわち，この場合には VI 族がドナーになる．逆に，III 族の一部を II 族原子で置換すると電子が1個不足して p 型となり，II 族原子がアクセプタになる．それならば，III-V 族半導体に IV 族を添加するとどうなるであろうか．III 族の一部が IV 族と置換すると電子が 1 個過剰になり，n 型になる．ところが，V 族の一部と IV 族が入れかわると電子が不足し，p 型になる．すなわち，IV 族原子は，III-V 族化合物半導体に対して，ドナーにもアクセプタにもなる．そこで，このような不純物を両性不純物とよぶ．両性不純物がドナーになるかアクセプタになるかは，不純物を添加するときの製作条件によって決まる．

　以上をまとめると，III-V 族化合物半導体では，

アクセプタ：　II 族原子

ドナー：　　　VI 族原子

両　性：　　　IV 族原子

ということになる．

(2) II-VI 族化合物半導体

　II-VI 族化合物半導体についても同じように考えられる．ただし，II-VI 族化合物半導体の場合には，III-V 族に比べてイオン結合が強くなるため，容易には置換型不純物を添加することができず，CdTe 以外は一般には p，n の伝導型の制御は困難で，ZnTe 以外は n 型である．最近になって p 型の ZnSe も生成されるようになった．

　結合のイオン性が大きくなると，共有結合の場合に比べてその凝集エネルギーは小さくなるため，構成元素の空孔や，格子間原子などの内因性欠陥が生じやすい．また，これらの欠陥と外因性不純物との会合中心も発生しやすい．さらに，化合物であることによる化学量論的組成からのずれの問題も大きい．これらのことが原因で，同じ化合物半導体である III-V 族半導体に比べて，II-VI 族半導体は一般に物性制御が困難である．すなわち，p，n の伝導型の制御は容易ではなく，p，n ができても，その導電率の制御も通常はそれほど容易ではない．これらの現象は，キャリアと内因性欠陥との相互作用による自己補償効果とよばれている．

　たとえば，導電率を制御するために浅い準位を形成する不純物を添加すると，この不純物の供給するキャリアは，再結合により結晶にエネルギー E_R を放出する．このエネルギーが欠陥生成エネルギー E_C よりも大きければ，不純物の添加により欠陥が自発的に発生し，不純物の添加効果を補償するため，伝導型や，導電率の制御に寄与できない．

II-VI 族半導体では，E_g が大きいことから，E_R が大きいが E_C が小さく，多くの場合 $E_R > E_C$ であり，自己補償効果が強く生じると考えられている．

演習問題

[1] 不純物として Ga を含む Si 結晶がある．室温でフェルミ準位が価電子帯中にくるようにするには，Ga の密度をどのくらいにすればよいか．ただし，Ga のイオン化エネルギーは $0.01\,\mathrm{eV}$ で，正孔の実効質量は自由電子の質量に等しいと仮定する．

[2] 室温での導電率 $\sigma = 10\,\Omega^{-1}\cdot\mathrm{m}^{-1}$ の p 型 Ge がある．そのときの電子および正孔密度を求めよ．

[3] $0.1\,\mathrm{kg}$ の Ge と $3.22 \times 10^{-9}\,\mathrm{kg}$ の Sb とを溶かして n 型 Ge をつくった．Sb が一様に分布しているとして，

   (a)　不純物密度

   (b)　室温における抵抗率

を求めよ．ただし，Sb は室温で全部イオン化していると仮定する．また，Ge の密度は $5.327 \times 10^3\,\mathrm{kg\cdot m^{-3}}$，原子量は 72.6，Sb の原子量は 121.76 であり，アボガドロ数は $6.02 \times 10^{26}\,\mathrm{kmol^{-1}}$ である．

[4] ある p 型半導体では，300 K でアクセプタ準位の 32% が電子で満たされているという．このとき，フェルミ準位の位置を求めよ．

[5] ボーアの原子模型によると，水素原子のもっとも内側の軌道（最低エネルギー準位）にある電子は $-13.6\,\mathrm{eV}$ のエネルギーをもつ．その次の軌道にある電子は $-3.4\,\mathrm{eV}$ である．いま，これらの準位が収容できる電子の数はいずれも 2 個であるとし，また，この二つの準位だけが存在すると仮定すると，室温ではフェルミ準位は $-13.6\,\mathrm{eV}$ のごくわずか下にくることを示せ．

[6] 演習問題 [5] の特殊な水素の単原子気体が，容器の中に 10^{20} 個入っている．3000 K の高温でも，励起状態（$-3.4\,\mathrm{eV}$ の準位）にある原子の数は約 1260 個だけであることを示せ．

[7] n 型 Si 結晶に一様に光を照射して，単位体積当たり p_1 個の電子 – 正孔対を発生させたとする．光照射を止めた後の過剰少数キャリア密度は，時間とともにどのように変化するか．ただし，少数キャリアの平均寿命を τ とする．

[8] E_g が $2\,\mathrm{eV}$ と $1\,\mathrm{eV}$ では，室温における n_i の値はどれほど異なるか．

[9] アクセプタのイオン化エネルギーが $0.05\,\mathrm{eV}$ のとき，フェルミ準位が室温で価電子帯の上端と一致するのに必要なアクセプタ密度 N_a の値を求めよ．

第5章　p-n 接合

　本章では，トランジスタならびに集積回路（IC）などの半導体デバイスの基礎になっている p-n 接合の動作原理について説明しよう．まず p-n 接合におけるエネルギー準位図を考えて，それから p-n 接合の電圧 − 電流特性を導き，かつ接合の静電容量の計算などを行うとともに，p-n 接合の一つである定電圧ダイオード（ツェナダイオード），トンネルダイオード（エサキダイオード）などについても説明する．

5.1　p-n 接合のエネルギー準位図

　4.4 節で説明したように，p 型および n 型半導体のエネルギー準位図は，図 5.1 (a) に示すようになる．すなわち，ふつうの不純物密度では，室温におけるフェルミ準位の位置は，p 型の場合には価電子帯の上端よりやや上に，n 型では伝導帯下端よりやや下にある．このような p 型と n 型の半導体を完全に原子的に接合†させ，両物体の間で電子のやりとりが自由に行われるという条件のもとに両物体間に熱平衡が成立する場合を考える．このとき，「ある系が熱平衡状態にあるとき，その系の化学ポテンシャル（フェルミ準位）は系のどこでも一定である」という熱力学ならびに統計力学の原

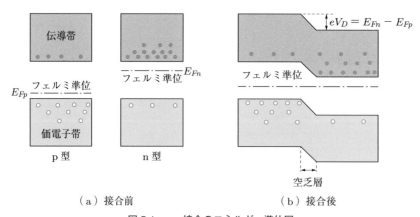

図 5.1　p-n 接合のエネルギー準位図

---

† このような場合，接触（contact）とはいわず，接合（junction）という．p.120 の脚注も参照のこと．

理に従って，接合後は図 5.1 (b) に示すように，両者のフェルミ準位は一致しなければ
ならない．

　この過程をやや詳しく説明すると，伝導帯中の電子密度は，n 型のほうが p 型より
も大きい．したがって，両者を接合させると，接合近くの n 型中の電子は p 型領域中
へ拡散する．そうすると，n 型領域の接合近傍は電子が少なくなり，正にイオン化し
たドナーが残るため正に帯電する．また，p 型領域の接合近傍は過剰電子により負に
帯電する．その結果，接合近傍には空間電荷層が生じ，電子が n 型から p 型に拡散す
るのを妨げるようになり，両者がバランスしたところで平衡に達する．同様なことが
価電子帯中の正孔についてもいえる．正孔は p 型領域から n 型領域中へ拡散し，接合
近くの p 型領域には負にイオン化したアクセプタが残り，p 型領域は負に帯電する．
その結果，接合部に生じた空間電荷層のために，接触電位差 V_D が発生する．この V_D
を拡散電位（diffusion potential）とよぶ．また，接合部の空間電荷層には多数キャ
リアが少なくなるので，この部分を空乏層（depletion layer）とよぶ．この様子を概
念的に描いたのが図 5.2 である．

　平衡状態では両者のフェルミ準位は等しくなるので，拡散電位は

$$V_D = \frac{E_{Fn} - E_{Fp}}{e} \tag{5.1}$$

で与えられる．

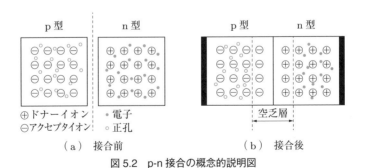

図 5.2　p-n 接合の概念的説明図

5.2　p-n 接合の電圧 – 電流特性

5.2.1　整流性の定性的説明

　図 5.3 に p-n 接合のエネルギー準位図と，キャリア密度を図式的に示す．熱平衡状
態では，p 型ならびに n 型領域中のフェルミ準位は一致している．図 (a) は，各領域
中のキャリア密度の算出方法を図 4.7 にならって示したものである．

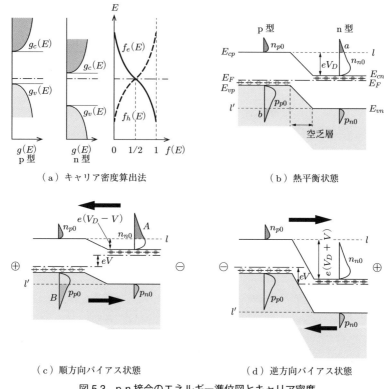

（a）キャリア密度算出法　　　　　　　　　（b）熱平衡状態

（c）順方向バイアス状態　　　　　　　　（d）逆方向バイアス状態

図 5.3　p-n 接合のエネルギー準位図とキャリア密度

　図 (b) は熱平衡状態である．図の $E_{cp}-l$ に相当するよりも高いエネルギーをもった電子数は，p 型と n 型領域では等しく[†]（$n_{p0}=a$），また $E_{vn}-l'$ 以下のエネルギーをもった正孔数も等しいので（$b=p_{n0}$），接合を通して両領域でやりとりされる電子および正孔は平衡して，全体としては電流は流れない．

　図 (c) は p 側に正，n 側に負の電圧 V を印加した状態で，n 型領域のポテンシャルを p 型領域に対して eV だけ高めた状態である．そのため，準位 l 以上の電子（電子数 A）は n 型領域で多く，準位 l' 以下の正孔（正孔数 B）は p 型領域で多いため，その差に相当して，矢印の方向へキャリアが移動して電流が流れる．この場合，V が大きいほど両領域のキャリアの差も大きくなり，図 5.4 の第 1 象限のように，電流は V の増加とともに急激に増加する．これが p-n 接合の順方向特性である．

　逆に，p 型領域が負，n 側が正になるように電圧 V を印加すると，エネルギー準位は図 5.3 (d) のようになる．この場合，準位 l 以上の電子は p 型領域中の電子（n_{p0}）だ

[†]　図 (a) から明らかなように，このようなキャリア密度の算出方法からすると，キャリア密度は等しくないが，等しいと考えて実際にはさしつかえない．

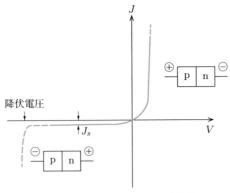

図 5.4   p-n 接合の電圧 – 電流特性

けであり，準位 l' 以下の正孔は，n 型領域中の正孔（p_{n0}）だけである．したがって，これらのキャリアが矢印の方向に流れる．これらのキャリアはいずれも少数キャリアであるので，密度は小さく，電流値は小さい．また，これらのキャリア密度は電圧を大きくしても変わらないので，図 5.4 の第 3 象限の実線で示すように，電流値は電圧に無関係に一定になる．この特性が逆方向特性であり，この逆方向一定電流を逆方向飽和電流（saturation current）という．

　ところで，p 型領域に正，n 型に負の電圧 V を印加すると，なぜ図 5.3 (c) のようになるかを説明しよう．まず，なぜ正電位のほうが下がって負電位のほうが上がるか（図において）である．それは，図 5.3 の縦軸は電子に対するエネルギーをとっているためである．すなわち電子は，正に印加されたほうに動く．ということは，正のほうが負よりも電子に対するエネルギーは小さくなる．したがって，正のほうが下がる．

　またもう一つ，印加電圧 V がなぜ p 型と n 型のフェルミ準位の差としてのみ現れるかである．それは，p 型と n 型との接合部分は空乏層になっているので，キャリアが少ない．したがって，この空乏層の電気抵抗がほかの部分よりも大きいので，印加電圧の大部分が p-n 接合の空乏層に加わる．その結果，接合部分で両者のフェルミ準位の差が eV となる．

例題　図 5.3 (c) で，順方向電圧を拡散電位以上にすると，エネルギー準位図は図 5.5 (a) のようになり，それ以上電圧を加えても p 型ならびに n 型領域中の電子密度の差は電圧に無関係に一定になるので，順方向電圧の大きいところでは，電流は図 5.5 (b) のように飽和してしまう．以上の説明が正しいか否かを検討し，もしも誤りであれば正解を示せ．

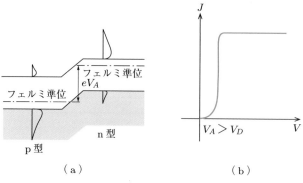

（a）   （b）

図 5.5

解答　誤りである.

　印加電圧が拡散電圧に等しくなったとき $(V_A = V_D)$, p 型と n 型の価電子帯（伝導帯も）が一致してしまい, 図では一直線になってしまう. このことは空乏層がなくなることを意味し, それ以上電圧を高くしてもフェルミ準位の差が大きくなることはなく, p 型, n 型半導体が単なる抵抗体として作用することになる. $V_A > V_D$ ではオームの法則に従って, $J \sim V$ は図 5.6 の破線で示した直線になるだけである.

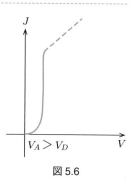

図 5.6

5.2.2　整流性の定量的説明

　次に, 以上の事柄を定量的に取り扱ってみよう. いま, 熱平衡状態における p-n 接合の各エネルギー値を, 図 5.3 (b) のように表す. 図 (b) の $E_{cp} - l$ 線上にある電子密度 n_{p0} と a とは等しい. これを式で表してみよう. 式 (4.11) から

$$n_{p0} = N_c \exp\left(-\frac{E_{cp} - E_F}{kT}\right) \tag{5.2}$$

$$n_{n0} = N_c \exp\left(-\frac{E_{cn} - E_F}{kT}\right) \tag{5.3}$$

であり, 両式から N_c を消去すると,

$$n_{p0} = n_{n0} \exp\left(-\frac{E_{cp} - E_{cn}}{kT}\right)$$

$$= n_{n0} \exp\left(-\frac{eV_D}{kT}\right) \qquad (\because \quad E_{cp} - E_{cn} \equiv eV_D)$$

となる. したがって,

$$a = n_{p0} = n_{n0} \exp\left(-\frac{eV_D}{kT}\right) \tag{5.4}$$

となる.

式 (5.4) は, 図 5.3 (b) の電子密度 n_{n0} 中で, eV_D よりも大きなエネルギーをもつ電子密度は, n_{n0} に $\exp(-eV_D/kT)$ をかければ求められることを表している. この関係は, マクスウェル − ボルツマンの分布則が適用できる場合には一般に成立する.

図 5.3 (c) のように順方向電圧 V を印加した場合, $E_{cp} - l$ 線より上にある電子密度は, p 型領域では変化なく n_{p0} であるが, n 型領域では A となり, n_{p0} よりも大きくなる. ここで A は, 式 (5.4) の関係式を用いて,

$$
\begin{aligned}
A &= n_{n0} \exp\left\{-\frac{e(V_D - V)}{kT}\right\} \\
&= \underbrace{n_{n0} \exp\left(-\frac{eV_D}{kT}\right)}_{\parallel \atop n_{p0}} \cdot \exp\left(\frac{eV}{kT}\right)
\end{aligned}
$$

$$\therefore \quad A = n_{p0} \cdot \exp\left(\frac{eV}{kT}\right) \tag{5.5}$$

となる.

この A と n_{p0} との密度差によって電子は拡散し, p 型領域へ流入する. この現象を少数キャリアの注入といい, この拡散によって電流が流れる. 拡散の速度は密度勾配に比例する. ここで, 拡散長 L_e 間で密度差 $A - n_{p0}$ があるとする (拡散長とはそのようなものである). 比例定数を拡散定数といい, D_e と記す. そうすると, この拡散による電子電流 J_e は

$$
\begin{aligned}
J_e &= e \cdot D_e \frac{A - n_{p0}}{L_e} \\
&= e \cdot \frac{D_e}{L_e} n_{p0} \left\{\exp\left(\frac{eV}{kT}\right) - 1\right\}
\end{aligned} \tag{5.6}
$$

となる. 正孔電流についても同様に求められる.

以上のことをもう少し厳密に解くには, 式 (4.40) の連続の方程式を解くことになる. 次にそれぞれを説明しよう.

p 型領域に注入された電子は, p 型領域中の多数キャリアである正孔と再結合するため減少していく. この様子を図 5.7 に示すが, 注入された電子は式 (4.40) のキャリアの連続の方程式

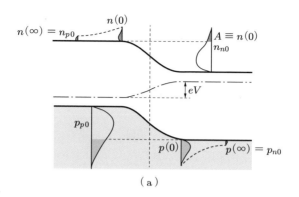

（a）

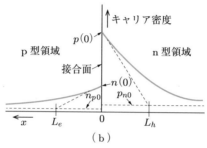

（b）

図 5.7　順方向バイアス時のキャリア密度分布[†]

$$\frac{\partial n}{\partial t} = D_e \frac{\partial^2 n}{\partial x^2} + \mu_e F \frac{\partial n}{\partial x} - \frac{n - n_{p0}}{\tau_e} + g$$

で支配される．p 型領域中では電界はゼロであり，また，光などによるキャリアの生成がないので，式 (4.40) で $F = 0$，$g = 0$ となる．加えて，定常状態では $\partial n/\partial t = 0$ であるので，

$$D_e \frac{\partial^2 n}{\partial x^2} - \frac{n - n_{p0}}{\tau_e} = 0 \tag{5.7}$$

となる．この微分方程式の解は一般に

$$n(x) - n_{p0} = \alpha \exp\left(-\frac{x}{L_e}\right) + \beta \exp\left(\frac{x}{L_e}\right) \tag{5.8}$$

で表される．ここで，α, β は積分定数で，L_e は

$$L_e \equiv \sqrt{D_e \tau_e} \tag{5.9}$$

であり，これを拡散長（diffusion length）という．

α, β は境界条件から求められる．いま，図 5.7 のように座標をとると，

$$n(x = \infty) = n_{p0} \qquad \therefore \quad \beta = 0$$

---

† 図 5.7 (b) では，空乏層の部分は省略した．

$$n(x=0) = A = n_{p0} \exp\left(\frac{eV}{kT}\right) \tag{5.10}$$

$$\therefore \quad \alpha = n_{p0}\left\{\exp\left(\frac{eV}{kT}\right) - 1\right\}$$

となり，これらを式 (5.8) に代入すると，

$$n(x) - n_{p0} = n_{p0}\left\{\exp\left(\frac{eV}{kT}\right) - 1\right\}\exp\left(-\frac{x}{L_e}\right) \tag{5.11}$$

となる．これより，電子電流密度 J_e は

$$J_e = -eD_e\frac{dn}{dx}\bigg|_{x=0} = e\frac{D_e}{L_e}n_{p0}\left\{\exp\left(\frac{eV}{kT}\right) - 1\right\} \tag{5.12}$$

と求められる．まったく同様にして，正孔電流密度 J_h は

$$J_h = e\frac{D_h}{L_h}p_{n0}\left\{\exp\left(\frac{eV}{kT}\right) - 1\right\} \tag{5.13}$$

と求められる．したがって，p-n 接合を流れる全電流密度 J は（p 型から n 型へ流れる電流を正として），

$$J = e\left(\frac{D_e}{L_e}n_{p0} + \frac{D_h}{L_h}p_{n0}\right)\left\{\exp\left(\frac{eV}{kT}\right) - 1\right\}$$

つまり，

$$J = J_s\left\{\exp\left(\frac{eV}{kT}\right) - 1\right\} \tag{5.14}$$

となる．ここで，

$$J_s \equiv e\left(\frac{D_e}{L_e}n_{p0} + \frac{D_h}{L_h}p_{n0}\right) \tag{5.15}$$

は逆方向飽和電流密度である．

式 (5.14) は理想的な p-n 接合の電圧－電流特性である．Ge の p-n 接合の特性は式 (5.14) とかなりよい一致を示すが，Si の p-n 接合の電圧－電流特性は式 (5.14) とはかなり異なり，逆方向電流も飽和しない．それは，Si の p-n 接合の空乏層内部にキャリアの生成や，再結合中心が存在することが多く，この部分でのキャリアの生成，再結合効果を無視した式 (5.14) では説明できないためである．このような空乏層内でのキャリアの生成 (generation)，再結合 (recombination) による電流を，生成再結合電流 (generation recombination current) または単に g-r 電流とよぶこともある．この場合，順方向のときには空乏層中に注入された過剰キャリアは再結合してしまい，注入量が小さいうちは，電流はこの再結合によって定まり，次式で与えられる．

$$J_{gr} = \frac{ed}{2\tau} n_i \exp\left(\frac{eV}{2kT}\right) \tag{5.16}$$

ここで，d は空乏層の幅である．

　逆方向のときには，空乏層中にキャリアがないので，再結合がなくなってキャリアの生成が残る．5.4 節で後ほど説明するように，逆方向電圧とともに空乏層幅が増加するので，生成電流は飽和せずに電圧とともに増加する．

5.3　p-n 接合の逆方向降伏現象

　p-n 接合の電圧−電流特性は，式 (5.14) に示すように，逆方向に電圧を印加すると，$J = J_s$ の電流値で飽和する．ところが実際には，大きな逆方向電圧を印加すると図 5.4 の破線で示すように，急激に大きな電流が流れる．これを逆方向の降伏といい，この降伏が始まる電圧を逆方向降伏電圧という．この降伏機構として，次の二つが考えられている．

　(1) なだれ（avalanche）機構

　(2) ツェナ（Zener）機構

次に，これらの機構について説明する．

(1) なだれ機構

　図 5.8 (a) に示すように，逆方向電圧が大きくなると，p 型領域から n 型領域に移動した電子は，n 型領域では非常に大きなエネルギーをもつようになる．そうすると，この電子のエネルギーが格子に与えられて，価電子帯から伝導帯中に電子が励起され，電子−正孔対が発生する．新たにできた正孔が電界によって p 型のほうへ加速され，同じように結晶から電子を引き離す役割をする．この過程がねずみ算的に繰り返されて，急激に電流が増加する．この機構をなだれ機構といい，キャリアの増加の割合を与える増倍率（multiplication factor）M は実験式として

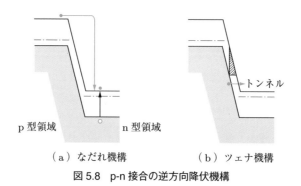

（a）なだれ機構　　　（b）ツェナ機構

図 5.8　p-n 接合の逆方向降伏機構

$$M = \frac{1}{1 - (V/V_B)^n} \tag{5.17}$$

で与えられる．ここで，V_B は逆方向降伏電圧で，n は $2 \sim 6$ の値である．

(2) ツェナ機構

　これは 1.8 節で説明した量子力学的なトンネル効果である．図 5.8(b) から理解されるように，逆方向電圧が大きくなると，p 型領域の価電子帯と n 型領域の伝導帯との距離がきわめて小さくなるために，p 型領域の価電子帯中の電子がポテンシャル障壁をトンネル効果で通り抜けて，n 型領域の伝導帯中に移動できるようになる．したがって，電圧をだんだん大きくしていくとトンネル現象を起こし，電流が急激に増加する．この機構は 1934 年にツェナ（Zener）によって初めて明らかにされたので，ツェナ（Zener）機構とよばれている．

　降伏機構としてはこのほかに熱的な機構もあるが，物理的に本質的なものではないので，ここでは省略する．

　以上の説明からわかるように，どのような機構で降伏現象が生じるかは，トンネル障壁の大きさに左右される．一般に，障壁が大きく降伏電圧が大きい場合にはなだれ機構，障壁が小さく降伏電圧が小さい場合にはツェナ機構による．

　電子の散乱（主に光学的散乱）確率は温度の上昇とともに大きくなり，電子のドリフト速度は小さくなる．その結果，同じ運動エネルギーを得るには電界を大きくしなければならない．したがって，なだれ効果による降伏電圧の温度係数は，図 5.9(a) に示すように正になる．これに対してツェナ効果は，禁制帯幅 E_g が小さいほど大きくなるが，一般に，温度が高くなると E_g は小さくなる．その結果，図 (b) に示すように，ツェナ効果による降伏電圧の温度係数は負になる．したがって，降伏電圧の温度係数から，降伏機構をある程度推定することができる．

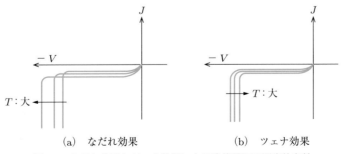

(a) なだれ効果   (b) ツェナ効果

図 5.9　なだれ効果とツェナ効果による降伏電圧の温度依存性

なだれ機構ならびにツェナ機構による降伏現象を用いた電子素子に，アバランシェダイオード，ツェナダイオードなどがある．

図 5.10 に，数種の Si ツェナダイオードの静特性を示す．ツェナダイオードの垂下特性のところでは，電流値が大幅に変わっても電圧はあまり変わらず定電圧特性を示すので，定電圧ダイオードともよばれている．このダイオードを図 (b) のように負荷と並列に接続しておくと，電源電圧あるいは負荷が変動しても，a-b 間の電圧は一定値に保たれる．したがって，定電圧を得る目的に使用でき，実際には各種応用例が開発されている．なお，定電圧ダイオードは必ずしもツェナ効果だけでなく，なだれ効果もある程度含んでいる．

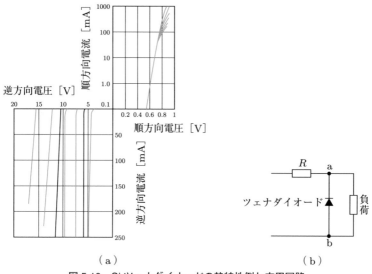

図 5.10 Si ツェナダイオードの静特性例と応用回路

5.4   p-n 接合の接合容量

p-n 接合の接合部には，図 5.1 ならびに図 5.2 に示したように，空乏層が形成されている．この空乏層は，図 5.2 (b) から理解できるように，2 枚の平行平板コンデンサと同じように接合部に静電容量をもたらす．これを接合容量 (junction capacitance) という．

接合容量は，印加電圧によって変化する．この様子を図 5.11 に示す．図 (a) は順方向バイアス状態，図 (b) は逆方向バイアス状態で，図 (a) では空乏層はほとんどなくなるが，図 (b) では空乏層幅 d が大きくなる．その結果，静電容量 C は逆バイアス状

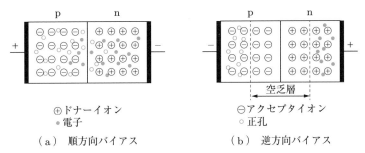

⊕ ドナーイオン　　　　　　　　⊖ アクセプタイオン
● 電子　　　　　　　　　　　　○ 正孔

（a）　順方向バイアス　　　　　（b）　逆方向バイアス

図 5.11　接合容量の説明図

態で小さくなる（$C \sim d^{-1}$）.

　次に，この様子を定量的に求めてみよう．p-n 接合の不純物分布は，接合面で急激に変化している階段型不純物分布と，ゆるやかに変化している傾斜型不純物分布の二つに大別できるが，不純物分布の状態によって，接合容量の様子も変わる.

5.4.1　階段型不純物分布の接合容量

　図 5.12 (a) のように，接合面を境にしてドナーおよびアクセプタの分布が階段状に変化している場合を考える．5.1 節で説明したように，このときの電荷分布ならびに電位分布はそれぞれ図 (b), (c) のようになる．位置座標 x を図のようにとり，二つの領域に分けて考えて，それぞれについてポアソンの方程式を立てる.

$$0 \leqq x \leqq x_1 \text{ の領域}: \quad \frac{d^2 V_1}{dx^2} = \frac{eN_a}{\varepsilon_0 \varepsilon_s} \tag{5.18}$$

$$x_1 \leqq x \leqq x_2 \text{ の領域}: \quad \frac{d^2 V_2}{dx^2} = -\frac{eN_d}{\varepsilon_0 \varepsilon_s} \tag{5.19}$$

ここで，ε_0 は真空の誘電率，ε_s は半導体の比誘電率である．式 (5.18) を積分すると

$$\frac{dV_1}{dx} = \frac{eN_a}{\varepsilon_0 \varepsilon_s} x + A_1$$
$$V_1 = \frac{eN_a}{\varepsilon_0 \varepsilon_s} \frac{x^2}{2} + A_1 x + B_1 \tag{5.20}$$

となる．境界条件は $x = 0$ で

$$V_1(0) = 0$$

$$\left. \frac{dV_1}{dx} \right|_{x=0} = 0$$

であるので，積分定数 A_1, B_1 はともに 0 である．したがって，

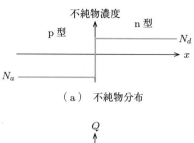

（a）　不純物分布

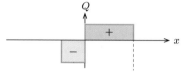

（b）　電荷分布

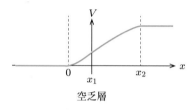

空乏層

（c）　電位分布

図 5.12　階段型 p-n 接合

$$\frac{dV_1}{dx} = \frac{eN_a}{\varepsilon_0\varepsilon_s}x$$
$$V_1 = \frac{eN_a}{2\varepsilon_0\varepsilon_s}x^2$$

(5.21)

となる．同様に，式 (5.19) を積分すると

$$\frac{dV_2}{dx} = -\frac{eN_d}{\varepsilon_0\varepsilon_s}x + A_2$$
$$V_2 = -\frac{eN_d}{\varepsilon_0\varepsilon_s}\frac{x^2}{2} + A_2 x + B_2$$

(5.22)

となり，境界条件は $x = x_1$ で

$$\left.\frac{dV_1}{dx}\right|_{x=x_1} = \left.\frac{dV_2}{dx}\right|_{x=x_1}$$

でなければならないので，

$$A_2 = \frac{ex_1}{\varepsilon_0\varepsilon_s}(N_a + N_d)$$

となる．また，$x = x_1$ で

$$V_1(x_1) = V_2(x_1)$$

であるので，

$$B_2 = -\left(\frac{ex_1^2}{2\varepsilon_0\varepsilon_s}\right)(N_a + N_d)$$

となり，これらの A_2，B_2 の値を式 (5.22) に代入して，

$$\left.\frac{dV_2}{dx}\right|_{x=x_2} = -\frac{eN_d}{\varepsilon_0\varepsilon_s}x_2 + \frac{e(N_a + N_d)}{\varepsilon_0\varepsilon_s}x_1 \tag{5.23}$$

$$V_2(x_2) = -\frac{eN_d}{2\varepsilon_0\varepsilon_s}x_2^2 + \frac{e(N_a + N_d)}{\varepsilon_0\varepsilon_s}x_1 x_2 - \frac{e(N_a + N_d)}{2\varepsilon_0\varepsilon_s}x_1^2 \tag{5.24}$$

を得る．$x = x_2$ の点の電界は 0 であるので，式 (5.23) の右辺を 0 とおくと，

$$x_1 = \frac{N_d}{N_a + N_d}x_2 \tag{5.25}$$

となる．また，順方向印加電圧を V とすると，

$$V_2(x_2) = V_D - V$$

であるので，式 (5.25) を式 (5.24) に代入して x_2 について解くと，

$$x_2 = \left\{\frac{2\varepsilon_0\varepsilon_s(N_a + N_d)}{eN_aN_d}(V_D - V)\right\}^{1/2} \tag{5.26}$$

と求められる．この x_2 が空乏層の幅である．

　また，静電容量 C は，次のように求められる．

$$C = \frac{\varepsilon_0\varepsilon_s}{x_2} = \left\{\frac{e\varepsilon_0\varepsilon_s N_aN_d}{2(N_a + N_d)} \cdot \frac{1}{(V_D - V)}\right\}^{1/2} \tag{5.27}$$

　式 (5.26)，(5.27) より，逆方向電圧を大きくすると空乏層の幅は大きくなり，その結果，接合容量は減少する．式 (5.27) をグラフで示すと，図 5.13 のように $C^{-2} \sim V$ は直線になり，$C^{-2} = 0$ になる V の値が拡散電位 V_D を与える．拡散電位はしばしばこの方法で求められる．

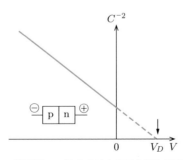

図 5.13　階段型 p-n 接合の接合容量と印加電圧の関係

5.4.2 傾斜型不純物分布の接合容量

傾斜型不純物分布の場合は，計算は省略するが，図 5.14 に示すように $C^{-3} \sim V$ が直線になる.

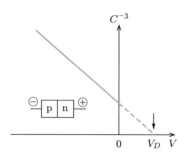

図 5.14 傾斜型 p-n 接合の接合容量と印加電圧の関係

不純物の分布状態によって $C \sim V^{-1/n}$ の n の値が異なり，階段型で $n=2$，傾斜型で $n=3$ になる．このことから逆に，n の値を実測することによって，p-n 接合の不純物分布状態が求められる.

なお一般に，不純物分布が距離 x に対して

$$N_d - N_a \sim x^m$$

で表されるとき，

$$C \sim (V_D - V)^{-1/n}$$

となる．ここで，

$$n = m + 2$$

である.

以上で述べたように，p-n 接合部には接合容量があり，モノリシック集積回路（IC）の C には，この p-n 接合容量が用いられる．また，接合容量は印加電圧で変化するので，いわゆる可変容量（variable capacitance，略してバリキャップ）として用いられる.

なお，式 (5.26) より，不純物密度が大きくなると空乏層の幅が小さくなることが理解されよう．このことは，5.3 節で説明したように，不純物密度が大きくなるほどトンネル効果が生じやすいことを意味している.

5.5　トンネル（エサキ）ダイオード

p-n 接合の不純物密度（ふつうは $10^{14}\,\mathrm{cm}^{-3}$ 前後）を大きくしていくと，図 5.15 に示すように，電圧－電流特性が変化し，$10^{19}\,\mathrm{cm}^{-3}$ 程度以上になると，図中③のような

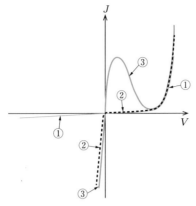

図 5.15　p-n 接合の不純物密度と電圧‐電流特性
（①→③につれて不純物密度が大きくなる）

特性を示すようになる．この特性は 1957 年にわが国の江崎氏によって発明されたもの
で，発明者の名をとって**エサキダイオード**と名づけられた．また，この特性の現れる
物理機構が量子力学的トンネル効果によっているので，**トンネルダイオード**とよばれ
ることが多い．この発明に対して，江崎氏は 1973 年のノーベル物理学賞を受賞した．

　4.4 節で説明したように，不純物密度を大きくすると，室温でフェルミ準位が，p 型
では価電子帯中に，n 型では伝導帯中に位置するようになる．トンネルダイオードのよ
うな不純物密度では，フェルミ準位はこの状態になっている．このような p, n 型で接
合をつくると，図 5.16 (a) のようになる．また，不純物密度が大きくなると，式 (5.26)
で示されたように空乏層は非常に薄く，10^{-8} m あるいはそれ以下になる．そうする
と，5.3 節で説明したツェナ効果と同じ量子力学的なトンネル効果が生じる．図 (a) は
電圧が印加されていないときのトンネルダイオードのエネルギー準位図であるが，電
子の授受は平衡して電流は流れない．

　p-n 接合に順方向電圧（p 型が正）を印加すると図 5.16 (b) のようになって，n 型
領域の伝導帯中の電子は，同一エネルギー準位の p 型領域の価電子帯中にトンネル効
果でつき抜けるので，電流が流れる．このときの様子は図 5.17 の点 (b) あたりに対応
する．印加電圧がさらに大きくなると，n 型領域中の電子は同一エネルギー準位に相
当する p 領域では禁制帯であるため移動できず，電流はむしろ減少する．このときの
様子を図 5.16 (c) と，図 5.17 の点 (c) で示す．さらに電圧を大きくすると，p 型の価
電子帯の上端と，n 型の伝導帯の下端が一致したところでトンネル電流はゼロになる．
それ以上の電圧では，5.2 節で説明したふつうの p-n 接合と同様に，拡散効果で n 型
領域中の電子が p 型領域の伝導帯中に移動する（図 5.16 (e)）．

　なお，逆方向電圧を印加したときには，図 5.16 (f) のようになって，p 型領域の価電

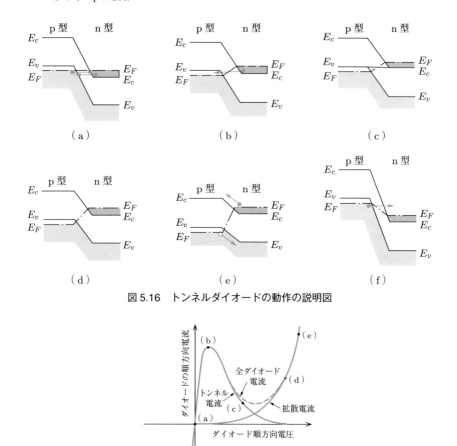

図 5.16　トンネルダイオードの動作の説明図

図 5.17　トンネルダイオードの電圧 – 電流特性
（点 (a)～(f) は図 5.16 (a)～(f) に対応する）

子帯中の電子がトンネル効果で n 型領域の伝導帯中に移動して，大きな電流が流れる．

　トンネルダイオードはキャリアの拡散による時間には無関係で，電子波のトンネル効果によるために応答速度が非常に速く，外部回路にもよるが光速度に近い値である．しかし，回路的にみた場合は，不純物密度が大きいため，式 (5.27) で示されたように接合容量が大きく，いわゆる回路時定数の $C \cdot R$ の値が大きくなって望ましくなく，現在はほとんど利用されていない．

　しかし，トンネルダイオードにより「電子が波動である」ことをデバイスとして初めて示したことは，物理的にきわめて重要なことである．

　トンネルダイオードよりも不純物密度が小さくて，p型およびn型のフェルミ準位がちょうど価電子帯の上端ならびに伝導帯の下端に一致しているようなダイオード（図5.18）の特性は，図5.15中の②のような特性になる．その理由は，図5.16の類推から明らかなように，順方向電圧ではトンネル電流は流れず，拡散電流だけであるが，逆方向ではトンネル電流が流れるためである．したがって，電圧－電流特性はふつうのp-n接合ダイオードとは逆に，電流の値はp型を負にバイアスしたときに大きくなる．このようなダイオードを逆ダイオード（back-ward diode）とよぶ．なお，この逆ダイオードは，ふつうのp-n接合と比べて小さな動作電圧でon-offが可能である．

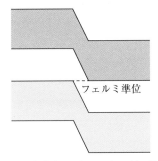

フェルミ準位

図5.18　逆ダイオードのエネルギー準位図

演習問題

[1] Geのp-n接合で，p型およびn型領域の抵抗率がいずれも室温で $10^{-2}\,\Omega\cdot\mathrm{m}$ のとき，拡散電位を求めよ．また，$10^{-4}\,\Omega\cdot\mathrm{m}$ ならばどうか．

[2] Geのp-n接合で，p型およびn型領域の抵抗率がそれぞれ 10^{-4}，$10^{-2}\,\Omega\cdot\mathrm{m}$，拡散電位が0.5 V，接合は直径0.15 mmの円形，$\varepsilon_s = 16$ のとき，接合容量を計算せよ．また，逆バイアス3 Vを加えたときの容量はいくらになるか．ただし，接合は階段状とする．

[3] Geのp-n接合のp型およびn型領域の不純物密度をそれぞれ $N_a = 10^{17}\,\mathrm{cm}^{-3}$，$N_d = 10^{16}\,\mathrm{cm}^{-3}$ とし，$\varepsilon_s = 16$ のとき，逆方向降伏電圧を求めよ．ただし，降伏電界強度は $2 \times 10^7\,\mathrm{V}\cdot\mathrm{m}^{-1}$ とする．

第6章　ヘテロ接合と金属－半導体接触

　前章では半導体デバイスの主流である p-n 接合について述べたが，本章では，いろいろなデバイスで用いられているヘテロ接合ならびに金属－半導体接触について述べる．

　歴史的には金属－半導体接触が一番古く，次に p-n 接合，ヘテロ接合の順である．

6.1　ヘテロ接合

　ヘテロとは英語の "hetero-" のことで，「ほかの，異なった」などの意味である．したがって，ヘテロ接合とは「異なった物質の接合」という意味で，一般には種類の異なった半導体†どうしの接合のことをいう．

　ヘテロ接合の概念は，接合型トランジスタが世に出た翌年の 1951 年に，ショックレーの提案によるワイドギャップエミッタトランジスタによって発表された．しかし，当時は異なる半導体の接合をつくる技術はなかったので，そのアイデアだけにとどまった．1959 年になって，いわゆるエピタキシャル気相成長技術が開発されてから，実際にヘテロ接合が形成され始めた．そして，1968 年に出されたヘテロ接合レーザダイオード以来，ヘテロ接合はエレクトロニクス界，とくにオプトエレクトロニクス界で注目されるようになった．さらに最近では，第 11 章で述べる量子効果デバイスの分野で再認識され始めている．この章では，ヘテロ接合のエネルギー準位図，電流輸送機構などについて説明する．なお本章では，とくに断らない限り，階段型ヘテロ接合を取り扱う．

6.2　ヘテロ接合のエネルギー準位図

　ヘテロ接合のエネルギー準位図は，
　・界面準位（interface state）を考慮しないエネルギー準位図
　・界面準位を考慮に入れたエネルギー準位図
の二つに大別できる．
　また，ヘテロ接合は両半導体の伝導型の組合せによって，

---

†　真性半導体としての性質が異なった半導体である．

・アンアイソタイプ（anisotype）ヘテロ接合：p-n または n-p ヘテロ接合のように，伝導型の異なるヘテロ接合

・アイソタイプ（isotype）ヘテロ接合：n-n または p-p ヘテロ接合のように，伝導型の同じヘテロ接合

の二つに分けることができる．以下では，この分類に従ってヘテロ接合のエネルギー準位図について説明する．

6.2.1 界面準位を考慮しないエネルギー準位図

(1) アンアイソタイプヘテロ接合

図 6.1 (a) に示すような二つの半導体を考える．以後，添字 1 は禁制帯幅の小さい（ナローギャップ（narrow gap））半導体の物理定数を，添字 2 は禁制帯幅の大きい（ワイドギャップ（wide gap））半導体の物理定数を表すものとする．図中 ϕ, χ, E_g, δ はそれぞれ仕事関数，電子親和力，禁制帯幅，フェルミ準位と伝導帯下端（n 型の場合），または価電子帯上端（p 型の場合）のエネルギー差である．図 (a) は n 型ナローギャップと p 型ワイドギャップ半導体の場合である．いま，これら二つの半導体を接合した場合には，それぞれのフェルミ準位が一致しなければならないので，エネルギー準位図は図 (b) のようになる．

拡散電位 V_D などは，第 5 章の p-n 接合モデルと同じように，電荷中性条件と，ポアソンの方程式を解くことによって求められる．

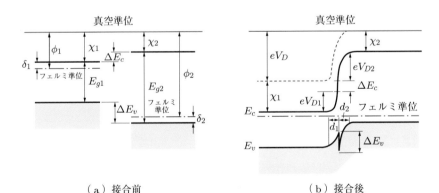

（a）接合前 　　　　　　　　（b）接合後

図 6.1　界面準位を考慮しないアンアイソタイプヘテロ接合のエネルギー準位図

(2) アイソタイプヘテロ接合

図 6.2 は n-n ヘテロ接合のエネルギー準位図を示したもので，図 (a) は接合前，図 (b) は接合後である．両者を接合した場合には，ワイドギャップ側からナローギャッ

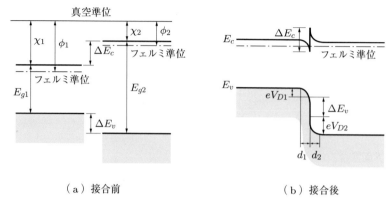

（a）接合前　　　　　　　　　　　　（b）接合後

図 6.2　界面準位を考慮しないアイソタイプヘテロ接合のエネルギー準位図

プ側に電子が移動するために，ナローギャップ側にはいわゆる電子が蓄積した蓄積層（accumulation layer）が形成される．このことが先ほどのアンアイソタイプヘテロ接合と異なる．アンアイソタイプは，図 6.1 から明らかなように，両方とも空乏層（depletion layer）になるが，アイソタイプのときには，特別の場合を除いて，一方が蓄積層になる．蓄積層が形成される場合にも，電荷中性条件とポアソンの方程式から拡散電位などが求められるが，この場合には超越関数になり，アンアイソタイプの場合とは異なり，単純には求められない．

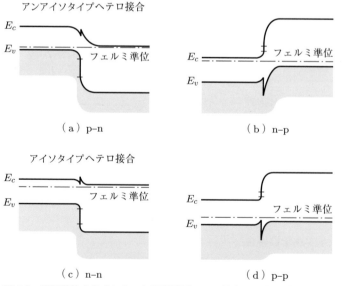

（a）p–n　　　　　　　　　　　　　　（b）n–p

（c）n–n　　　　　　　　　　　　　　（d）p–p

図 6.3　界面準位を考慮しない各種伝導型ヘテロ接合のエネルギー準位図

以上のようにして，界面準位を考慮しないときのヘテロ接合のエネルギー準位図は
すべて求められる．図6.3にp-n, n-p, n-n, p-pヘテロ接合（p-nなどのはじめの記
号は，ナローギャップの伝導型を示す）のエネルギー準位図を示す．図(a), (b)で，
$\chi_1 = \chi_2$, $E_{g1} = E_{g2}$, $\varepsilon_1 = \varepsilon_2$とすると，5章のp-n接合になる．

これらのエネルギー準位図は，1962年にアンダーソン（Anderson）がショックレー
のp-n接合理論をそのまま適用して求めたもので，ショックレー－アンダーソンモデ
ル（Shockley–Anderson model）とよばれている．

6.2.2 界面準位を考慮したエネルギー準位図

図6.3で説明したエネルギー準位図は理想化されたモデルで，多くのヘテロ接合に
対してこのモデルは適用できない．その理由は，二つの半導体の格子定数が異なると，
界面にダングリングボンドが発生して，界面準位が形成されるためである．図6.4は
ダングリングボンドの発生の様子を1次元的に示したもので，図(a)に示すように，格
子定数がやや異なる二つの結晶で接合をつくったとすると，図(b)に示すように，結
合の手が余る部分がある．これをダングリングボンド（dangling bond）という．

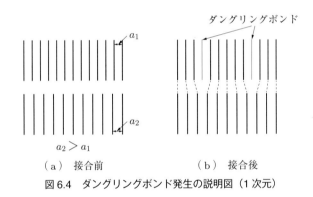

（a）接合前　　　　　　（b）接合後
図6.4　ダングリングボンド発生の説明図（1次元）

いま，図6.5に示すダイヤモンド構造をもつ二つの結晶でヘテロ接合をつくったと
きのダングリングボンドの密度を計算してみよう．例として，(1 1 1)面どうしで接合
をつくったとする．(1 1 1)面の正三角形（図(a)の青色の部分）の面積は，$\sqrt{3}\,a^2/2$,
この中に含まれるボンドの数は2であるから（図6.5 (b)），単位面積当たりのボンド
数は$4/(\sqrt{3}\,a^2)$である．各結晶の格子定数をa_1, a_2 ($a_1 < a_2$)とすると，ダングリン
グボンドの密度は

$$\frac{4}{\sqrt{3}}\left(\frac{a_2^2 - a_1^2}{a_1^2 a_2^2}\right)$$

となる．

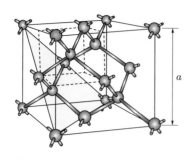

（a）　ダイヤモンド型結晶構造

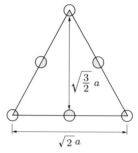

（b）　（111）面内のボンドの数の説明（青色
　　　の部分の面積の和は，ちょうど二つの
　　　円の面積に等しい．すなわち，（111）
　　　面内のボンド数は 2 になる）

図 6.5　ダイヤモンド構造のダングリングボンドの密度計算の説明図

表 6.1　ダイヤモンド型結晶構造の面による
ダングリングボンドの密度 $(a_2 > a_1)$

面	ダングリングボンドの密度
（1 1 1）	$\dfrac{4}{\sqrt{3}}\left(\dfrac{a_2^2 - a_1^2}{a_1^2 a_2^2}\right)$
（1 1 0）	$\dfrac{4}{\sqrt{2}}\left(\dfrac{a_2^2 - a_1^2}{a_1^2 a_2^2}\right)$
（1 0 0）	$4\left(\dfrac{a_2^2 - a_1^2}{a_2^2 a_1^2}\right)$

表 6.2　Ge-Si，Ge-GaAs ヘテロ接合のダングリングボンドの密度

面	ダングリングボンドの密度 [cm^{-2}]	
	Ge-Si	Ge-GaAs
（1 1 1）	6.16×10^{13}	1.02×10^{12}
（1 1 0）	7.54×10^{13}	1.25×10^{12}
（1 0 0）	1.07×10^{14}	1.76×10^{12}

　このようにして算出した各面のダングリングボンドの密度を表 6.1 に示す.

　たとえば，付録 1（裏見返し）に示す格子定数の値を用いて，Ge-Si ならびに Ge-GaAs
ヘテロ接合のダングリングボンドの密度を求めると，表 6.2 のようになる.

　4.2.5 項で説明した表面準位の理論を用いて計算すると，ダイヤモンド結晶構造など
の場合，表面準位密度が 10^{13} cm^{-2} 以上の場合には，表面でのフェルミ準位は禁制帯
幅の約 1/3 の点にクランプされる（図 6.6）ということがバーディンらによって示さ
れ，この値をバーディンリミット（Bardeen limit）という．この理論結果をヘテロ接
合にも適用すると，表 6.2 より，Ge-Si ヘテロ接合では界面準位密度が 10^{13} cm^{-2} 以

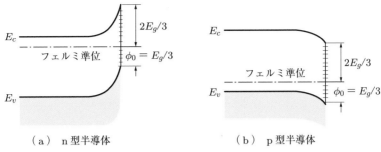

（a） n型半導体 （b） p型半導体

図6.6 界面準位密度が大きい場合の半導体表面のエネルギー準位図

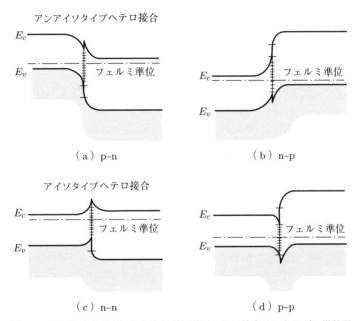

（a）p–n （b）n–p

（c）n–n （d）p–p

図6.7 界面準位を考慮に入れた各種伝導型ヘテロ接合のエネルギー準位図

上になり，バーディンリミットから図6.7のようになって，アイソタイプヘテロ接合の場合にも，すべて空乏層が形成される．

　以上のことから明らかなように，一般に，両者の格子定数がきわめて近いときにだけ界面準位を考慮しなくてもよいことになる．図6.8に，数種の代表的半導体の格子定数の値を示す．しかし，実際には熱膨張係数の違いなどによって，ヘテロ接合形成時にダングリングボンドとは別の意味のひずみによる界面準位が発生する．したがって，Ge-GaAsヘテロ接合をはじめ，ほとんどすべてのヘテロ接合は，界面準位の影響を無視することができない．

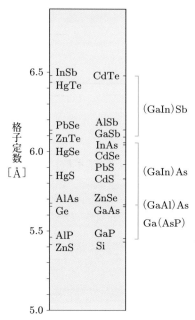

図6.8　代表的な半導体の格子定数の関係図†

6.3　ヘテロ接合の電流輸送機構

　前節で説明したように，ヘテロ接合は接合部にエネルギーの不連続，ノッチならびに界面準位などが存在する場合が多く，第5章のp-n接合のように，単純なモデルで電流輸送機構を論じることは困難である．したがって，接合部の状態によって個々に論じなければならない．現在までに報告されているヘテロ接合の電流輸送機構は，おおよそ次の三つに大別できる．

　①拡散モデル

　②エミッションモデル

　③再結合−トンネルモデル

　図6.9に，次に示すn-pヘテロ接合の六つ（上記三つの組合せを含めて）のキャリア輸送過程を示す．

　(a)電子および正孔とも拡散またはエミッション

　(b)電子は拡散またはエミッションによるが，正孔は障壁をトンネル効果で通過

　(c)電子と正孔が界面準位を介して再結合

　(d)電子と正孔の両方が界面準位中へトンネル

† 　その他の半導体については，付録1（裏見返し）参照．

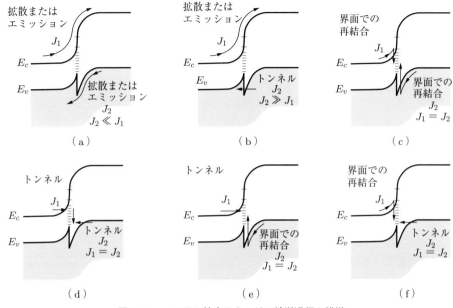

図 6.9 n-p ヘテロ接合のキャリア輸送過程の模様

(e) 電子がトンネルし,正孔が再結合

(f) 正孔がトンネルし,電子が再結合

以下,順を追ってこれらのモデルについて説明する.

6.3.1 拡散ならびにエミッションモデル

拡散とエミッションでは,図 6.9 に示したようにキャリアの輸送過程は同じである.拡散モデルには第 5 章の p-n 接合理論が適用でき,また,エミッションモデルには 6.7 節で説明するベーテのダイオード理論が適用できる.

6.2 節で示したアンアイソタイプヘテロ接合の障壁には,図 6.10 に示すような二つの場合が考えられる.図 (a) はいわゆる負のリバースバリア (negative reverse barrier),図 (b) は正のリバースバリア (positive reverse barrier) とよばれている.負のリバースバリアの場合は,拡散もエミッションも,電流は障壁を挟んだキャリア密度の差に比例する†.考え方は p-n 接合と本質的には同じであるので,ここではその詳細は省略する.

順方向バイアスでは,式 (5.14) と同じように,

---

† 図 6.10 から明らかなように,正孔に対する障壁の高さは,電子のそれに比べてはるかに大きいので,正孔電流は無視できる.

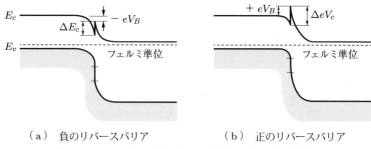

（a）　負のリバースバリア　　　　（b）　正のリバースバリア

図6.10　アンアイソタイプヘテロ接合のエネルギー準位図

$$J \sim \exp\left(\frac{eV}{kT}\right)$$

の関係が成り立つ.

6.3.2　再結合-トンネルモデル

　実際にヘテロ接合の電圧-電流特性を測定してみると, 多くの場合, 図6.11のような特性を示さない. たとえば, n型Ge-p型GaAsヘテロ接合の電圧-電流特性の実測値は, 図6.12のようになる. この結果を図6.11に示した特性と比較してみると, 順方向電圧の大きいところでは, Tに無関係に直線の勾配は一定になる.

　また, ほかの多くの組合せのアンアイソタイプヘテロ接合の電圧-電流特性も図6.12とほぼ同じ傾向を示し, 図6.12の電圧の高い領域の特性が, 低電圧においても観測さ

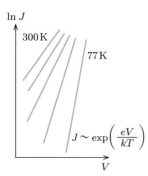

図6.11　温度 T をパラメータとしたときの電圧-電流特性

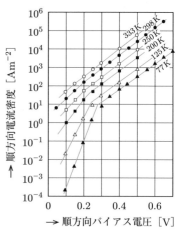

図6.12　n型Ge-p型GaAsヘテロ接合の順方向電圧-電流特性（測定温度をパラメータ）

れる場合が多い.

このような電圧 – 電流特性を説明するために, 再結合－トンネルモデルが提唱された. 図 6.13 はこのモデルを示したものである. 界面準位を介した順方向バイアス時のキャリアの流れは, 図に示すように,

　輸送過程 (1)：障壁 2 を通しての伝導帯から界面準位へのトンネルによる電子の流れ

　輸送過程 (2)：電子と正孔の再結合

　輸送過程 (3)：障壁 1 を乗り越える正孔の拡散またはエミッションによる流れ

で代表される. もちろん, 障壁 1 がトンネル電流で, 障壁 2 が拡散またはエミッション, あるいは各障壁がいずれもトンネル電流の場合もありうる.

障壁 2 の, トンネル (輸送過程 (1)) による電子電流密度 J_T と電圧 V の関係は, 図 6.14 に示すように, $\ln J_T \sim V$ の直線の勾配が温度に無関係な定数 β で与えられる.

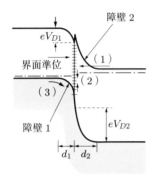

図 6.13　界面準位を介した再結合－トンネルモデルのエネルギー準位図

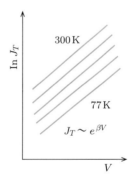

図 6.14　トンネルモデルから予想される電圧－電流特性 (温度をパラメータ)

6.3.3　ヘテロ接合の逆方向電流輸送機構

いままで述べたような負のリバースバリアに対する拡散あるいはエミッションモデルでは, 逆方向電圧 – 電流特性は飽和特性を示す. また, 簡単な計算から求められるが, 正のリバースバリアでは, 逆方向電流は電圧に対して指数関数的に増大する.

多くのヘテロ接合では, 負のリバースバリアの場合でも逆方向特性は,

$$J \sim V^m$$

のいわゆる指数法則で表される場合が多い. この逆方向特性は, 5.3 節で説明したツェナ型トンネルモデルで説明される場合もあるが, 一般には, 界面準位を介した複数の機構が混在している場合が多く, 複雑である.

以上の説明から明らかなように, すべてのヘテロ接合に対して統一理論があるわけではなく, エネルギー帯の構造によって適用できるモデルが異なる.

6.4　ヘテロ接合の電子素子への応用

　ヘテロ接合は前章で述べた p-n 接合（以下，ホモ接合とよぶ）と異なり，二つの半導体の禁制帯幅，誘電率，屈折率，吸収係数などの諸定数が異なるから，ホモ接合ではみられない下記のような諸現象が期待される．

① 一般に，伝導帯下端または価電子帯上端にエネルギーの不連続（前者を電子親和力障壁（electron affinity barrier）とよぶ）が存在し，電子ならびに正孔に対する障壁の高さが異なる．その結果，キャリアとして電子または正孔のどちらかを支配的にすることが可能である．

② エネルギー不連続にもとづくポテンシャル障壁の存在によって，キャリアを局部的に閉じ込めることができ，いわゆるキャリア閉じ込め効果（carrier confinement）が期待できる．

③ 光吸収係数が異なるため，外部の光を接合に導いたり，逆に接合近辺で発生した光を外部に導くことが容易になる．この効果を窓効果（window effect）という．

④ 屈折率の違いを利用して光を閉じ込める効果，すなわち光閉じ込め効果（optical confinement）を行わせることができる．

⑤ ヘテロ界面のエネルギーのくぼみにキャリアを閉じこめ，キャリアの2次元伝導を利用する．この状態のキャリアを，2次元キャリアガスとよぶ．

⑥ II-VI 族半導体のように，自己補償効果によって p-n 接合をつくりにくい場合，ヘテロ接合で容易に p-n 接合の形成が可能である．

　最近，ヘテロ接合を利用した電子素子はきわめて多い．7.3.3 項で説明する HEMT は⑤の効果を利用したものであり，9.2 節で説明するヘテロ接合レーザダイオードは，②と④の効果を利用している．また，第11章で説明する量子効果デバイスは，ヘテロ接合を利用したものである．

6.5　金属−半導体接触

　前節まではヘテロ接合について説明したが，金属と半導体の接触†面においては，しばしばオームの法則に従わず，一方向において抵抗が大きい，いわゆる整流特性を示すことが古くから知られていた（表4.1 参照）．しかし，これが実用化され始めたのは

---

† この場合，接合とはよばない．すなわち，接触とは二つの物質が合していることであるが，接合とは二つの物質がエピタキシャル的，すなわち，両物質がある程度結晶格子の連続性を保つように結合（接触ではない）したものである．したがって，金属−半導体接触（metal-semiconductor contact）は金属−半導体接合とはよばず，また，p-n 接合（p-n junction）は p-n 接触とはよばない．

1920 年代以後のことである．この整流現象の研究は，後のトランジスタ発明の糸口
になった．トランジスタ発明以後は前章で説明した p-n 接合に研究の中心が移り，金
属−半導体接触はやや影が薄くなりかけたが，その後，p-n 接合では得られないいろ
いろな利点があることがわかり，再び研究されるようになった．以下では，金属−半
導体接触について簡単に説明する．

6.6　金属−半導体接触のエネルギー準位図

　金属と半導体を接触させた場合，両方の仕事関数の大小によって整流特性を示した
り，オーミック特性を示したりする．

6.6.1　整流接触

　図 6.15 (a) に示すように，金属の仕事関数（work function）を ϕ_m，半導体の仕事
関数ならびに電子親和力（electron affinity）を ϕ_s, χ_s として，$\phi_m > \phi_s$ である金属
と半導体（n 型とする）を接触させたときのエネルギー準位図を考えてみる．ここで，
仕事関数はフェルミ準位から真空準位までのエネルギーであって，電子親和力は伝導
帯下端から真空準位までのエネルギーである．金属の電子親和力 χ_m は仕事関数 ϕ_m
と同じになる．

　図 6.15 (a) より，半導体のフェルミ準位は，金属のフェルミ準位よりも $\phi_m - \phi_s$ だ
け上にある．いま，この金属と半導体を接触させると，半導体の伝導帯中の電子の一
部が金属中に流れ込み，金属は過剰な負電荷を，半導体は正電荷を得て，金属と半導

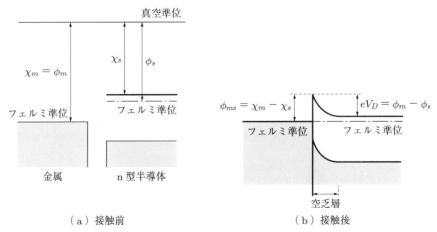

（a）接触前　　　　　　　　　　（b）接触後

図 6.15　金属−n 型半導体整流接触のエネルギー準位図（$\phi_m > \phi_s$）

体のフェルミ準位は同じ高さになる．ここで，半導体の過剰な正電荷は，半導体表面から内部に向かってある深さにわたってイオン化したドナーの空間電荷層となる．金属にも負の空間電荷層が形成されるが，半導体から注入された電子は，金属中にもともとある電子数に比べて非常に少ないので，金属側の空間電荷層は無視できる．

図6.15 (b) に示すように，半導体内部のエネルギー準位は，表面より $\phi_m - \phi_s$ だけ低くなって障壁ができ，金属側の障壁は $\chi_m - \chi_s$ となる．したがって，拡散電位 V_D は次のようになる．

$$eV_D = \phi_m - \phi_s \tag{6.1}$$

いま，半導体に負電圧 V を印加すると，図6.16 (a) に示すように，接触面でフェルミ準位に eV の差が生じ，半導体側の障壁の高さは $e(V_D - V)$ に減少して，半導体から金属に流れる電子数は増加する．この場合を順方向という．逆に，半導体に正電圧 V を印加すると，図 (b) のように半導体側の障壁の高さは $e(V_D + V)$ と大きくなるが，金属側の障壁の高さ $\chi_m - \chi_s$ は変化しない．この状態では，金属から半導体中に流れる電子数は V の大小によらず一定となる．これが逆方向特性であり，したがって整流特性を示す．図6.15 (b) に示したエネルギー準位図は，1940年にショットキー（Schottky）によって示されたので，ショットキー障壁とよばれている．

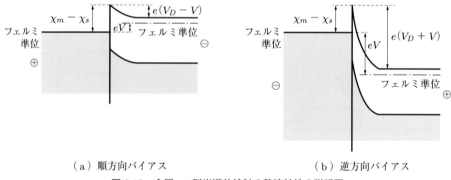

（a）順方向バイアス　　　　　　　　（b）逆方向バイアス

図6.16　金属−n型半導体接触の整流特性の説明図

6.6.2　オーミック接触

金属−半導体接触には，必ずしも整流特性を示さないものがある．金属−n型半導体で，先ほどとは逆に $\phi_m < \phi_s$ の場合，接触後のエネルギー準位図は図6.17 (b) のようになり，接触面近くの半導体の伝導帯中に電子が蓄積される．この状態のとき，電圧を印加すると，印加電圧は接触面ではなく，半導体の母体全体にかかり（この系ではこの部分の抵抗が一番大きい），電子は容易に接触面を通過する．その結果，電流は半導体バルクの抵抗で抑えられて，オーミック特性になる．

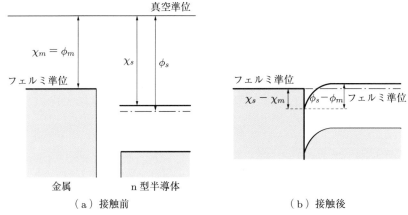

（a）接触前　　　　　　　　　　　　　　　　　（b）接触後

図6.17　金属 – n 型半導体オーミック接触のエネルギー準位図（$\phi_m < \phi_s$）

以上のことから，以下のようにまとめられる．

金属 – n 型半導体：　　　　　　　　金属 – p 型半導体：

　$\phi_m > \phi_s$：整流特性　　　　　　　$\phi_m < \phi_s$：整流特性

　$\phi_m < \phi_s$：オーミック特性　　　　$\phi_m > \phi_s$：オーミック特性

しかし，実際には上記のように単純には決まらない．たとえば，金属 – n 型半導体で $\phi_m > \phi_s$ の条件でも，オーミック特性を示す場合がある．たとえば，半導体の表面がサンドブラストされて粗くなっている場合などは，オーミック特性を示すようになる．それは，図6.18（a）に示すように，半導体の接触面近くでは，再結合中心が多数

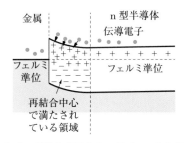

（a）　半導体表面をサンドブラストなどによる再結合中心で満たしたときの，キャリアの再結合によるオーミック接触

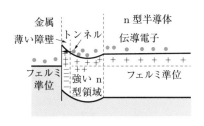

（b）　半導体表面が強くドープされたときの，トンネル効果によるオーミック接触

図6.18　金属 – n 型半導体（$\phi_m > \phi_s$）のオーミック接触の説明図

発生して，この領域に電子および正孔が流れ込み，再結合して電気的に中性となるためである．このような状態にある接触部分は，キャリアの流れに対して障壁とはならないので，オーミック特性を示す．

また，図 (b) のように，半導体表面のドナー密度を大きくしておくと，障壁の幅が非常に薄くなって，電子はトンネル効果で障壁を通して自由に動けるようになり，オーミック特性を示す．

6.7　ベーテのダイオード理論

金属−半導体接触の障壁が形成される原因は一律ではなく，また，障壁の厚さも半導体の種類や不純物密度によってまちまちである．障壁の厚さがキャリアの平均自由行程よりも小さい場合には（Ge，Si などの半導体では一般にこの場合に相当する），運動エネルギーが障壁の高さ以上のキャリアは，障壁を横切ると考えるのが妥当である．ベーテ（Bethe，1942）はこのような前提のもとに計算を行い，次式を導いた．

$$J = A^* T^2 \exp\left(-\frac{\phi_{ms}}{kT}\right) \left\{ \exp\left(\frac{eV}{kT}\right) - 1 \right\} \tag{6.2}$$

ここで，

$$A^* \equiv \frac{4\pi e m^* k^2}{h^3} \tag{6.3}$$

をリチャードソン定数（Richardson constant）といい，電子の実効質量 m^* が自由電子の質量 m_0 に等しいときには

$$A^* \fallingdotseq 1.2 \times 10^6 \, \mathrm{A \cdot m^{-2} \cdot K^{-2}} \qquad (m^* \equiv m_0) \tag{6.4}$$

となる．

ふつうの半導体を用いた金属−半導体接触の整流特性は，式 (6.2) で与えられるベーテのダイオード理論で表される．

なおこのモデルは，別名エミッションモデル（emission model）ともよばれる．

以上，金属−半導体接触について簡単に説明したが，これを前章の p-n 接合と比較して根本的に異なるのは，次の点である．

> 金属−n 型半導体では正孔の挙動を考える必要がなく，電子，すなわち多数キャリアの挙動のみを考慮すればよい．

このことは，p-n 接合の周波数特性が少数キャリアの寿命時間などで抑えられてし

まうのに対して，金属－半導体接触ではこの効果による周波数制限がないために，周波数特性が大幅に改善されることを示している．そのため，近年では金属－半導体接触（ショットキー障壁）が電子素子として注目されるようになっている．

例題　仕事関数がそれぞれ ϕ_m，ϕ_s の金属と p 型半導体がある．次の二つの場合について，両者を接触させたときのエネルギー準位図を描き，電圧－電流特性を定性的に説明せよ．

(a)　$\phi_m > \phi_s$

(b)　$\phi_m < \phi_s$

解答

(a)　$\phi_m > \phi_s$ の場合のエネルギー準位図は図 6.19 のとおり．接触面で正孔が蓄積されるので，オーミック特性になる．

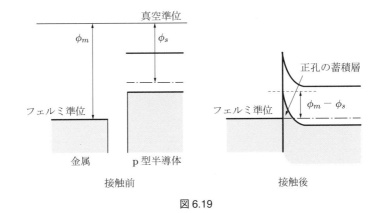

図 6.19

(b)　$\phi_m < \phi_s$ の場合のエネルギー準位図は図 6.20 のとおり．接触面で正孔に対して障壁が形成されるので，整流特性を示す．

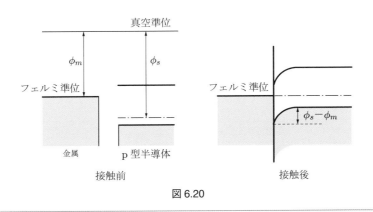

図 6.20

演習問題

[1] 下表のような物理定数をもったダイヤモンド結晶構造の n 型半導体 A, B がある. いま, A と B のそれぞれ (1 1 0) 面で階段状ヘテロ接合をつくったとする.

(a)　ヘテロ接合のエネルギー準位図を描け.

(b)　もしも B の格子定数が $5.413\,\text{Å}$ ならば, 問 (a) のエネルギー準位図はどうなるか.

半導体	禁制帯幅	電子親和力	仕事関数	格子定数	比誘電率	ドナー密度
A	$0.8\,\text{eV}$	$3.3\,\text{eV}$	$3.4\,\text{eV}$	$5.657\,\text{Å}$	12	$2 \times 10^{18}\,\text{cm}^{-3}$
B	$2.0\,\text{eV}$	$3.0\,\text{eV}$	$3.1\,\text{eV}$	$5.654\,\text{Å}$	16	$8 \times 10^{17}\,\text{cm}^{-3}$

[2] 電子密度が $10^{21}\,\text{cm}^{-3}$ の半導体に金属を接触させた整流器に, 順方向電圧 $0.3\,\text{V}$ を印加したときの電流を求めよ. ただし, 拡散電位は $0.4\,\text{V}$ で, ベーテのダイオード理論が成立するものとする.

第7章　トランジスタと集積回路

　本章では，現代エレクトロニクスの主軸をなすトランジスタについて，その物理的動作原理，ならびに電気的特性について説明しよう．また，トランジスタや抵抗，コンデンサなどの回路素子を単一の半導体基板上に一体化した集積回路についても，その概念と意義，集積化の限界について説明する．

7.1　トランジスタの分類

　トランジスタは増幅機能やスイッチ機能をもつ半導体素子である．その動作原理に着目すると，バイポーラトランジスタ（bipolar transistor）とユニポーラトランジスタ（unipolar transistor）に大別される．バイポーラトランジスタは，その増幅作用に多数キャリアと少数キャリアの双方（電子と正孔の双方）が関与しているものであり，その代表は接合型トランジスタである．一方，ユニポーラトランジスタは，その増幅作用に多数キャリアのみ（電子または正孔のいずれか一方）が関与しているものであり，その代表は電界効果トランジスタ（field effect transistor：FET）である．後述するが，集積回路では電界効果トランジスタの一種である MOS 型電界効果トランジスタが中心的役割を果たしている．

　次節以降では，代表的なトランジスタを取り上げて，その動作原理について説明する．

7.2　接合型トランジスタ

7.2.1　動作原理

　接合型トランジスタの基本の型を図 7.1 に示す．これは p-n 接合にもう一つの接合をつけて，p-n-p 接合としたもので，一つの接合を順方向に，ほかの接合を逆方向にバイアスしておく．そして，順方向にバイアスされた接合をエミッタ（emitter）接合，逆方向にバイアスされた接合をコレクタ（collector）接合とよび，図のようにそれぞれの層をエミッタ（emitter），ベース（base），コレクタ（collector）とよぶ．なお，n-p-n 型もあるが，以後断らないときには，p-n-p 型を考える．

　はじめに，接合型トランジスタで，なぜ増幅作用が現れるかを考えてみよう．

　エミッタ電圧 V_E － エミッタ電流 I_E の特性は，p-n 接合の順方向特性であるから，

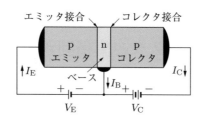

図 7.1　接合型トランジスタ

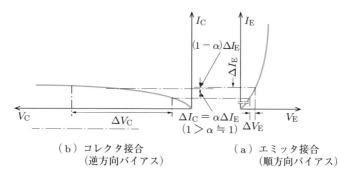

（b）コレクタ接合　　　　　（a）エミッタ接合
　（逆方向バイアス）　　　　　（順方向バイアス）
図 7.2　エミッタ接合とコレクタ接合の電圧－電流特性

図 7.2 (a) のような特性になる．また，コレクタ電圧 V_C －コレクタ電流 I_C の特性は，図 (b) に示すように p-n 接合の逆方向特性に相当する．

いま，エミッタ電圧が ΔV_E だけ変化したときのエミッタ電流の変化を ΔI_E とする．もし，ΔI_E によってそれと同じ程度の電流変化 $\Delta I_C = \alpha \cdot \Delta I_E \fallingdotseq \Delta I_E$ $(1 > \alpha \fallingdotseq 1)$ がコレクタ側に引き起こされたとすると，図 7.2 の特性曲線から，これだけの電流変化を生じるに足りるコレクタ電圧の変化 ΔV_C は，ΔV_E に比べてはるかに大きいはずであって，$\Delta V_C \gg \Delta V_E$ である．したがって，エミッタ側の入力電力 $\Delta P_E = \Delta V_E \cdot \Delta I_E$ と，コレクタ側の出力電力 $\Delta P_C = \Delta V_C \cdot \Delta I_C$ の比は

$$\frac{\Delta P_C}{\Delta P_E} = \frac{\Delta V_C}{\Delta V_E}\frac{\Delta I_C}{\Delta I_E} = \alpha \frac{\Delta V_C}{\Delta V_E} \gg 1 \tag{7.1}$$

となり，非常に大きな値になる．すなわち，電力が増幅される結果になる．

以上の説明では，コレクタ電流の変化 ΔI_C がエミッタ電流の変化 ΔI_E にほぼ等しいと仮定した．この仮定が成り立つためには，エミッタ電流の大部分が正孔電流であり，この正孔電流がそのままコレクタに到達すればよい．この仮定が実際の接合型トランジスタで成り立つかどうかを検討してみよう．

トランジスタのエミッタ電流の変化に対するコレクタ電流の変化の割合を電流増幅率 α といい，これは次式で定義される．

$$\alpha = \left(\frac{\Delta I_{\mathrm{C}}}{\Delta I_{\mathrm{E}}}\right) V_{\mathrm{C}} = -\text{定} \tag{7.2}$$

ふつう，α の値は次の四つに分けて考える．

$$\alpha = \gamma \cdot \beta \cdot M \cdot \alpha^* = \frac{\Delta I_{\mathrm{E}h}}{\Delta I_{\mathrm{E}}} \cdot \frac{\Delta I_{\mathrm{CB}h}}{\Delta I_{\mathrm{E}h}} \cdot \frac{\Delta I_{\mathrm{CC}h}}{\Delta I_{\mathrm{CB}h}} \cdot \frac{\Delta I_{\mathrm{C}}}{\Delta I_{\mathrm{CC}h}} \tag{7.3}$$

ここで，

I_{E}：エミッタ領域を流れる全電流

$I_{\mathrm{E}h}$：エミッタ接合からベースへ流れる正孔電流

$I_{\mathrm{CB}h}$：ベースからコレクタ接合へ流れる正孔電流

$I_{\mathrm{CC}h}$：コレクタ接合からコレクタ領域へ流れる正孔電流

I_{C}：コレクタ領域を流れる全電流

であり，また，式 (7.3) の各項は次の値を表している．

(1) $\gamma = \dfrac{\Delta I_{\mathrm{E}h}}{\Delta I_{\mathrm{E}}}$ ： エミッタ注入効率（emitter injection efficiency）

(2) $\beta = \dfrac{\Delta I_{\mathrm{CB}h}}{\Delta I_{\mathrm{E}h}}$ ： 輸送効率（transport efficiency）

(3) $M = \dfrac{\Delta I_{\mathrm{CC}h}}{\Delta I_{\mathrm{CB}h}}$： コレクタ接合なだれ増倍率
（collector junction avalanche multiplication）

(4) $\alpha^* = \dfrac{\Delta I_{\mathrm{C}}}{\Delta I_{\mathrm{CC}h}}$ ： 固有コレクタ効率（innate collector efficiency）

以下では順を追って，それぞれの値について調べていこう．

(1) エミッタ注入効率 γ

図 7.1 で，エミッタ接合は順方向にバイアスされているから，正孔はエミッタからベースへ流れ，正孔電流 $I_{\mathrm{E}h}$ がエミッタからベースへ流れる．電子はベースからエミッタへ流れるので，電子電流 $I_{\mathrm{E}e}$ がエミッタからベースへ流れる．したがって，全エミッタ電流 I_{E} は，

$$I_{\mathrm{E}} = I_{\mathrm{E}h} + I_{\mathrm{E}e}$$

となり，全エミッタ電流のうち，正孔によって運ばれる部分の割合

$$\gamma = \frac{I_{\mathrm{E}h}}{I_{\mathrm{E}h} + I_{\mathrm{E}e}} \tag{7.4}$$

がエミッタ注入効率である．

エミッタ注入効率をできるだけ大きくするには，ベースからエミッタに流れ込む電子流よりも，エミッタからベースへ流れ込む正孔流のほうを大きくしてやればよい．

それには，ベース中の電子密度よりもエミッタ中の正孔密度を大きくする必要がある．すなわち，エミッタのドーピング量をベースのドーピング量よりも大きくすると γ は大きくなり，1 に近づく．この様子を定量的に取り扱ってみよう．

電子電流 I_{Ee} ならびに正孔電流 I_{Eh} は，式 (5.12) および式 (5.13) から（接合面積は単位面積と仮定する），

$$
\begin{aligned}
I_{Ee} &= e\frac{D_e}{L_e}n_{p0}\left\{\exp\left(\frac{eV}{kT}\right)-1\right\} \\
I_{Eh} &= e\frac{D_h}{L_h}p_{n0}\left\{\exp\left(\frac{eV}{kT}\right)-1\right\}
\end{aligned}
\tag{7.5}
$$

となる．エミッタ接合の拡散電位を V_D とすると，式 (5.4) の関係から（図 7.3 (a) 参照），

$$
\begin{aligned}
n_{p0} &= n_{n0}\exp\left(-\frac{eV_D}{kT}\right) \\
p_{n0} &= p_{p0}\exp\left(-\frac{eV_D}{kT}\right)
\end{aligned}
\tag{7.6}
$$

$$
\begin{aligned}
\therefore \quad \gamma &= \frac{I_{Eh}}{I_{Eh}+I_{Ee}} \\
&= \left(1+\frac{I_{Ee}}{I_{Eh}}\right)^{-1} \\
&= \left(1+\frac{D_e}{D_h}\cdot\frac{L_h}{L_e}\cdot\frac{n_{p0}}{p_{n0}}\right)^{-1} \\
&= \left(1+\frac{D_e}{D_h}\cdot\frac{L_h}{L_e}\cdot\frac{n_{n0}}{p_{p0}}\right)^{-1}
\end{aligned}
\tag{7.7}
$$

となる．ここで，n_{n0}, p_{p0} はベース，エミッタ中のキャリア密度（近似的にはドーピ

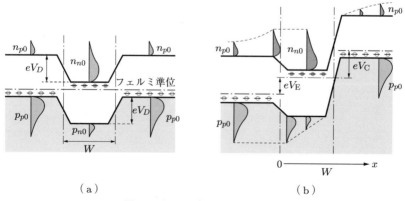

（a）　　　　　　　　　　　　（b）

図 7.3　トランジスタ動作の説明図

ング量）である．ふつうのトランジスタは，$p_{p0} \gg n_{n0}$ になるように，ベースのドーピング量に比べてエミッタのドーピング量を多くして，$\gamma \sim 1$ になるように設計する．

(2) 輸送効率 β

エミッタからベースへ注入された正孔は，ベース領域中に電界が加わっていないため，拡散現象だけでコレクタ接合部へ達する．しかし，注入された正孔の一部は，ベースを拡散する間にベース領域中の多数キャリアの電子と再結合して消滅してしまうので，全部の正孔がコレクタに達することはない．輸送効率 β は，注入された正孔の何割がコレクタに達するかを表す量で，次のように定義される．

$$\beta = \frac{\Delta I_{CBh}}{\Delta I_{Eh}} \tag{7.8}$$

この値を大きくするには，正孔がベース領域中の電子と再結合しないようにすればよい．それには，正孔がベース領域中をできるだけ短時間で通過してしまえばよいので，ベースの幅 W は小さく，また，拡散定数（すなわち，拡散長 $L_h = \sqrt{D_h \tau_h}$）が大きいことが望ましい．

実際には

$$\beta \sim 1 - \frac{1}{2}\left(\frac{W}{L_h}\right)^2 \tag{7.9}$$

で与えられる．

(3) コレクタ接合なだれ増倍率 M

エミッタからベースに注入されて，拡散現象でコレクタ接合に達した正孔は，コレクタ接合の逆方向電圧で加速されてコレクタ領域へ流れ込む．そうすると，5.3 節で説明したなだれ現象が降伏電圧近くで現れ，その結果，わずかに電流が増倍される．トランジスタの場合には，この増倍作用はコレクタ接合なだれ増倍率とよばれ，式 (5.17) と同じく

$$M = \frac{1}{1 - (V_C/V_{CB})^n} \tag{7.10}$$

の実験式で与えられる．ここで，V_C はコレクタバイアス電圧，V_{CB} はコレクタ接合降伏電圧で，n は半導体の種類や，接合の型によって決まる定数である．ふつうのトランジスタでは，$V_C \ll V_{CB}$ で，$M \fallingdotseq 1$ とみなせる．

(4) 固有コレクタ効率 α^*

固有コレクタ効率とは，コレクタ領域を流れる全電流と正孔電流との比で，次式で与えられる．

$$\alpha^* = \frac{\Delta I_C}{\Delta I_{CCh}} = 1 + \frac{n_C \mu_e}{p_C \mu_h} \tag{7.11}$$

ここで，n_C, p_C はコレクタ領域中の電子と正孔の密度であるが，$n_C \ll p_C$ であるので，一般には $\alpha^* \fallingdotseq 1$ と近似できる.

以上の結果を総合して，電流増幅率 α は，$\alpha^* = 1$ として一般に次式で与えられる.

$$\alpha = \gamma \cdot \beta \cdot M = \left(1 + \frac{D_e}{D_h} \cdot \frac{L_h}{L_e} \cdot \frac{n_{n0}}{p_{p0}}\right)^{-1} \left\{1 - \frac{1}{2}\left(\frac{W}{L_h}\right)^2\right\} \left\{1 - \left(\frac{V_C}{V_{CB}}\right)^n\right\}^{-1} \tag{7.12}$$

接合型トランジスタでは，これまでの説明からもわかるように，$\alpha = 0.95 \sim 0.99$ の範囲になるように設計されている．したがって，コレクタ電流の変化 ΔI_C がエミッタ電流の変化 ΔI_E にほぼ等しくなって，図7.2 の説明のように電力が増幅される.

　以上の説明からわかるように，トランジスタは基本的には電流型の素子である．トランジスタの三つの端子に流れる電流の間の相互関係を調べてみると，図7.4 (a) の矢印のように，エミッタに ΔI_E の電流変化があると，コレクタ側には $\alpha \cdot \Delta I_E$ の電流変化が，ベースには $(1 - \alpha)\Delta I_E$ の電流変化が生じる.

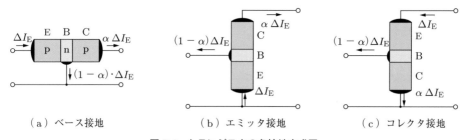

（a）ベース接地　　　　　　（b）エミッタ接地　　　　　　（c）コレクタ接地

図7.4　トランジスタの各接地方式図

　いままでの説明では，エミッタ－ベース間が入力端子，ベース－コレクタ間が出力端子であったが，トランジスタのエミッタ，ベースならびにコレクタの三つの電極のうち，どの端子を入力にして，どの端子を出力にするかはまったく任意で，回路上の要求に応じて適当なものを選ぶことができる．そのうち，実際に使用されている組合せは次の三つである.

①ベース接地：エミッタ入力－コレクタ出力（図7.4(a)）

②エミッタ接地：ベース入力－コレクタ出力（図 (b)）

③コレクタ接地：ベース入力－エミッタ出力（図 (c)）

①のベース接地回路は，エミッタ－ベース間に信号を加えて，コレクタ－ベース間か

ら出力を取り出す型で，いままでの説明がこれに当たる．この回路では，電流増幅率 α は 1 よりわずかに小さいから，電流利得はなく，電圧利得しか得られない．

②のエミッタ接地では，図 7.4 (b) から明らかなように，電流増幅率 b は

$$b = \frac{\alpha}{1-\alpha} \tag{7.13}$$

となって，α が 1 に近ければ，b は非常に大きな値になる．したがって，この場合には大きな電流利得が得られる．

③のコレクタ接地の場合にも，電流増幅率は

$$\frac{1}{1-\alpha} \tag{7.14}$$

となって，大きな電流利得が得られる．

このように，各接地方式によっていろいろな特徴がある．表 7.1 にそれらの特徴を示す．これらの三つの接地方式はいずれも電力利得をもっているが，一般にエミッタ接地がもっとも電力利得が大きく，非常に多く用いられる回路形式である．

表 7.1 各接地回路の特徴

	ベース接地	エミッタ接地	コレクタ接地
入力インピーダンス	低	中	高
出力インピーダンス	高	中	低
電圧利得			$\leqq 1$
電流利得	$\leqq 1$	大	大
電力利得		大	

7.2.2 周波数特性

いままではトランジスタを低周波で動作させた場合についていろいろ調べてきたが，高周波で動作させた場合，トランジスタの特性がどのようになるかを調べてみよう．

エミッタから注入されたキャリアがコレクタに到達する前にエミッタ電圧が変化すると，正孔がコレクタに到達することができず，コレクタ電流の変化が得られなくなる．その結果，周波数が高くなると，図 7.5 の実線で示すように，式 (7.3) の電流増幅率 α は減少してくる．したがって，高周波まで追従させるには，エミッタから注入されたキャリアが，コレクタに達するまでの時間をできるだけ短くすることが望ましい．

エミッタから注入されたキャリアがコレクタに達するまでの時間は，ベース領域を拡散する時間でほとんど決まってしまう．この拡散時間 τ_d はベース幅 W が小さく，キャリアの拡散定数 D が大きいほど短いことはただちに予想され，簡単な計算から，τ_d は次式で与えられる．

$$\tau_d = \frac{W^2}{2D} \tag{7.15}$$

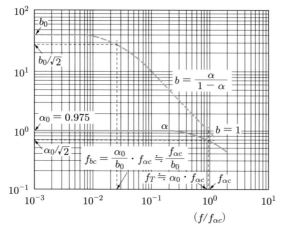

図7.5　α, b の周波数特性曲線

τ_d が小さいほど α の周波数特性はよくなる．α の高周波特性の良し悪しの目安として，α しゃ断周波数（α cut-off frequency）$f_{\alpha c}$ がよく用いられる．これは，α が低周波の値 α_0 よりも 3 dB 減少する（$\alpha_0/\sqrt{2}$）周波数で，

$$f_{\alpha c} = \frac{1}{2\pi\tau_d} = \frac{D}{\pi W^2} \tag{7.16}$$

で与えられる．

式 (7.13) のエミッタ接地電流増幅率 b も，高周波になると，図 7.5 の破線で示すように α の減少に伴って減小してくる．f_{bc} は b が b_0（低周波数のときの b の値）よりも 3 dB 減少する周波数で，b しゃ断周波数とよばれ，

$$f_{bc} = (1-\alpha_0)f_{\alpha c} = \frac{\alpha_0}{b_0}f_{\alpha c} \fallingdotseq \frac{f_{\alpha c}}{b_0} \qquad (\because \quad \alpha_0 \fallingdotseq 1) \tag{7.17}$$

で与えられる．

以上より，b_0 は α_0 よりもはるかに大きいが，f_{bc} がほぼ $f_{\alpha c}$ の $1/b_0$ 倍になってしまうことがわかる．

また，$b=1$ になる周波数を f_T で表し，エミッタ接地回路の高周波限界を与える量として一般に用いられている．f_T は $f_T \fallingdotseq b_0 f_{bc} \fallingdotseq \alpha_0 f_{\alpha c}$ と表され，ほぼ α しゃ断周波数 $f_{\alpha c}$ に等しくなる．図 7.5 にこれらの様子を示す．

このように，トランジスタは $f_{\alpha c}$ が大きいほど高い周波数まで追従するが，トランジスタの高周波特性は $f_{\alpha c}$ だけで決まるのではない．なぜなら，たとえ α の高周波特性がよくても，肝心の式 (7.1) で与えられる電力利得が高周波で低下してしまっては意味がないからである．

高周波になると，コレクタ接合の静電容量 C_C の影響が現れてくる．この C_C は出

力側に流れる電流を制限するように作用するから，C_C は小さいほうが望ましい．また，ベースの広がり抵抗（spread resistance）R_B を通して充放電されるので，その時定数も問題になる．したがって，R_B も小さいほうが望ましい．

このように，トランジスタの電力増幅率の高周波特性には，f_{ac} だけではなくて C_C や R_B の効果も効いてきて，α とは異なった周波数特性を示す．実際にはこの電力増幅率の周波数特性が重要で，この目安として利得帯域幅指数（gain band width figure of merit）f_m^2 という値が用いられ，これは次式で与えられる．

$$f_m^2 = \frac{f_{ac}}{4\pi R_B C_C} \tag{7.18}$$

f_m^2 が大きいほどトランジスタの高周波特性はよくなる．そのためにはキャリアのベース内の走行時間をできるだけ短くすればよく，f_{ac} を大きくすると同時に，C_C や R_B も小さくすればよい．

具体的には，拡散定数 D，すなわち移動度 μ（アインシュタインの関係式 $D = \mu \cdot kT/e$）が大きく，R_B を小さくするような材料を選び，構造的にはベース幅 W を小さくする必要がある．これらのことは技術的にはかなりむずかしい問題を伴う．たとえば，式 (7.16) からわかるように，ベース幅 W を狭くすることは相当効果的であるが，技術的には $0.5\,\mu\mathrm{m}$ 前後までしかできない．そこで，高周波特性を改善するためにいろいろな工夫がされている．これらについては次節で説明する．

7.2.3　ドリフトトランジスタ

前項で接合型トランジスタの高周波特性について説明したが，高周波特性を改善するために，いろいろな構造のトランジスタが考えられている．その一つがドリフトトランジスタ（drift transistor）である．

エミッタからベース領域中に注入されたキャリアは，拡散現象でベース領域中を走行するが，これに電界を作用させて加速してやると，走行時間は短縮されて周波数特性が改善されるはずである．しかし，$1\,\mu\mathrm{m}$ 前後の厚さのベース領域内に外部からの印加電圧で電界をつくり出すことは困難で，どうしても印加電圧の大部分が p-n 接合の障壁部分に加わってしまう．そこで図 7.6 (a) のように，ベース領域内部のドナー密度に勾配をつけて，ベース領域内に電界をつくり出す方法が考えられる．このようにしておくと，エミッタに近い部分はドナー密度が大きいので多数キャリアである電子は多く，この電子は密度の小さいコレクタ接合側に拡散する．その結果，エミッタ接合側が正，コレクタ接合側が負の空間電界ができて平衡を保つ．

この様子をエネルギー準位図で説明したのが図 (b) である．4.4 節で説明したように，ドナーの量が多いと，フェルミ準位は伝導帯の近くにくる．その結果，ベース領域

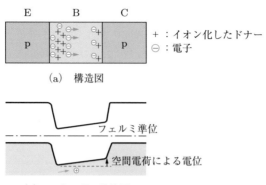

図 7.6　ドリフトトランジスタの説明図

の伝導帯，ならびに価電子帯は，エミッタ接合側よりもコレクタ接合側のほうが高くなる．したがって，エミッタ側からベース中に注入された少数キャリアである正孔は，この傾斜に沿って（空間電界によって）加速されることになり，ふつうの拡散よりも速いドリフト速度が加わる．その結果，ベース中を走行する時間は短縮されて，高周波特性が改善される．この型のトランジスタをドリフトトランジスタ（drift transistor）という．

7.2.4　ヘテロ接合バイポーラトランジスタ（HBT）

　ヘテロ接合バイポーラトランジスタ（hetero-junction bipolar transistor: HBT）は，1951 年にショックレーによって提案されたものである．当初は 7.2 節で説明した接合型トランジスタのエミッタ注入効率を大きくするための一方法として提案されたもので，ワイドギャップエミッタトランジスタとよばれていた．しかしその後，動作速度の向上の観点から見直されている．

　まず，エミッタ注入効率の向上から説明しよう．図 7.7 に HBT のエネルギー準位図を示す．接合型トランジスタのエミッタ側材料としては，ベース，コレクタよりも禁制帯幅の大きい半導体を用いる．

　式 (7.7) で与えられるエミッタ注入効率 γ は

$$\gamma = \left(1 + \frac{I_{Ee}}{I_{Eh}}\right)^{-1}$$

$$= \left\{1 + \frac{D_e \cdot L_h}{D_h \cdot L_e} \cdot \frac{n_{n0}}{p_{p0}} \cdot \exp\left(-\frac{\Delta E_g}{kT}\right)\right\}^{-1} \tag{7.19}$$

となる．ここで，ΔE_g は，エミッタとベースとの禁制帯幅の差である．

　$\Delta E_g \sim 0.1\,\mathrm{eV}$ 程度はヘテロ接合を用いると容易に得られる．$T = 300\,\mathrm{K}$ で $kT \sim$

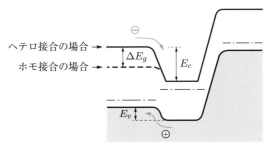

図7.7 ヘテロ接合型バイポーラトランジスタのエネルギー準位図
（動作電圧を印加した状態）

0.025 eV であるから，γ を限りなく 1 に近づけることができる．

また，式 (7.13) で与えられるエミッタ接地電流増幅率 b は（β，$M = 1$ と仮定して，$\alpha \sim \gamma$ を用いて）

$$
b = \frac{\gamma}{1 - \gamma}
$$

$$
= \frac{D_h \cdot L_e}{D_e \cdot L_h} \cdot \frac{p_{p0}}{n_{n0}} \cdot \exp\left(\frac{\Delta E_g}{kT}\right) \tag{7.20}
$$

となり，$\Delta E_g > kT$ にすることにより，$b \gg 1$ となる．

なお，超高速トランジスタとして HBT が注目されているのは，$p_{p0}/n_{n0} \ll 1$ としても $\Delta E_g > kT$ から $b \gg 1$ にできるためである．すなわち，ベースのキャリア密度やベース抵抗を小さくすることができ，また，エミッタ接合容量も小さくすることができるので，式 (7.18) で与えられる f_m^2 が大きくなり，高周波特性がよくなるためである．

例題 n-p-n 型の接合型トランジスタの熱平衡状態におけるエネルギー準位図を示せ．また，動作電圧を印加した場合のエネルギー準位図を示し，キャリアの流れを説明せよ．
（ヒント：図 7.3 に示した p-n-p 型の場合を参照せよ．）

- -

解答 準位図は図 7.8 のとおり．

熱平衡状態では，エミッタ，ベース，コレクタのフェルミ準位が一致している．動作電圧を印加した場合，ベース−エミッタ間は順方向にバイアスされ，エミッタからベースに電子が注入される．ベースに注入された電子は，拡散によりコレクタ接合部へ達する．コレクタ接合部に達した電子は，ベース−コレクタ間の逆方向バイアスにより加速されてコレクタに流れ込む．

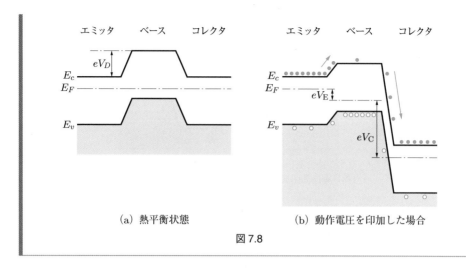

（a）熱平衡状態　　　　　　（b）動作電圧を印加した場合

図 7.8

7.3　電界効果トランジスタ（FET）

　電界効果トランジスタは，電流通路の導電率を第3電極によって静電的に変化させ，電流を制御しようとする半導体増幅素子である．この動作原理は，前節で述べたふつうの接合型トランジスタとはまったく異なっている．すなわち，ふつうのトランジスタでは少数キャリアの注入現象を利用しており，電流制御型であるのに対して，電界効果トランジスタは，多数キャリアの電流通路であるチャネルの導電率を信号電界で変調することによって動作する，電圧制御型の能動素子である．そこで，このトランジスタを電界効果トランジスタ（field effect transistor：FET）とよぶ．

　なお，ふつうの接合型トランジスタが正孔と電子の両方のキャリアで動作することからバイポーラ（bipolar）トランジスタとよばれるのに対して，電界効果トランジスタは多数キャリアだけで動作するから，ユニポーラ（unipolar）トランジスタともよばれる．

　FET の動作の基本は，図7.9 に示すように，ソース（source：S）からドレイン（drain：D）に向かって流れるキャリアの流れを，ゲート（gate：G）電極によって制御することである．これはちょうど，ゴムホース中を流れる水量がゴムホースの中程に付けられたクリップによって制御されるのと類似している．ソース（水源），ドレイン（流し口）という名称もここからきている．

　FET はゲートの構造によって次の三つに分けられる．

①接合型 FET（junction FET：JFET）

図 7.9　FET の基本構造

② ショットキー障壁型 FET（Schottky barrier FET：SBFET または metal semi-
conductor FET：MESFET）

③ MIS（あるいは MOS）型 FET

7.3.1　接合型電界効果トランジスタ

　接合型電界効果トランジスタは，1952 年にショックレーによって提唱されたもので
ある．その構造を図 7.10 に示す．薄い n 型半導体単結晶片の両端にオーミック接触
の電極を，その中間の両面に p-n 接合をつける．それぞれの電極を図のようにソース
（source），ドレイン（drain），ゲート（gate）という．ソース–ドレイン間に直流電流
を流し，ゲートの電位をソースの電位と同じにすると，結晶内部の電位は右にいくほ
ど正になっているため，ゲートの下の p-n 接合は，ドレイン電極に近づくほどだんだ
ん深く，逆バイアスされる結果になる．5.4 節で説明したように，空乏層幅は逆バイア
ス電圧が大きいほど大きくなるから，図のように結晶内のドレイン寄りの部分は，両
側から張り出してきた空間電荷層のために，電子の通路が狭くなる．この効果はゲー
トの電位を負で高くするといっそう強くなり，ついには，あるゲート電圧 V_0 でゲート

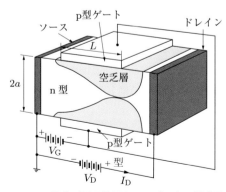

図 7.10　接合型電界効果トランジスタの構造図

両側からの空乏層が触れ合うようになる．この状態をピンチオフという．ピンチオフ以後はドレイン電流 I_D はほとんど一定値に飽和し，ドレイン電圧 V_D に依存しなくなる．これは，ドレイン電圧の増加はドレイン近傍の空乏層を広げるだけで，チャネルの形状はほとんど変わらないからである．このドレイン電圧 V_D に対するドレイン電流 I_D の様子をゲート電圧 V_G をパラメータとして示したのが，図 7.11 である．$V_G = 0$ でも V_D が大きくなると，やはりチャネル幅は狭くなって I_D が一定値 I_0 に飽和する．

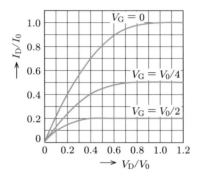

図 7.11　接合型電界効果トランジスタの特性

この型のトランジスタは，その動作の主役が多数キャリアによるので前に述べたトランジスタとは本質的に異なり，そのしゃ断周波数は次式で与えられる．

$$f_{\alpha c} = \frac{a^2}{4\pi L^2 \varepsilon \rho} \tag{7.21}$$

ここで，L はゲートの長さ，ρ は半導体結晶の抵抗率，ε は誘電率，a は結晶の厚さの半分である．

この式から明らかなように，電界効果トランジスタの高周波特性は，少数キャリアの寿命時間などには関係なく，誘電率 ε に逆比例する．したがって，Ge と Si を比較すると，Si のほうが ε が小さいから，抵抗率，幾何学的形状をまったく同じにした場合には，Ge よりも Si のほうが高周波特性としては望ましい（Si：$\varepsilon = 12$，Ge：$\varepsilon = 16$）．

ショットキー障壁型 FET は，JFET と動作機構は同じである．

7.3.2　MIS（あるいは MOS）型電界効果トランジスタ

電界効果トランジスタは，1952 年にショックレーが接合型のアイデアを発表して以来あまり研究されなかったが，絶縁層をゲートの下に介在させた電界効果トランジスタが1963 年に発表されてから再認識され始め，現在広く利用されている．この型のトランジスタは metal-insulator-semiconductor 構造をしているので，MIS 型とよばれている．また，insulator として Si の酸化（oxide）膜を用いる場合も多く，その場合は MOS

型ともよばれる．MOS 型電界効果トランジスタは構造が簡単であり，低消費電力かつ集積化に向いていることから，現在の集積回路の中心的素子として広く普及している．

MIS（MOS）型電界効果トランジスタは，次の二つに分けられる．

①デプレション（depletion），またはノーマリ・オン（normally on）型
　　ゲート電圧がゼロのときにもチャネル電流（S–D 間の電流）が流れ，電圧の極性によって電流を減少させることができる．

②エンハンスメント（enhancement），またはノーマリ・オフ（normally off）型
　　ゲート電圧がゼロのときにはチャネル電流が流れず，電圧を加えるに従って電流が流れ始める．

図 7.12 は，MOS 型電界効果トランジスタの構造図である．抵抗率の大きい p 型 Si（むしろ i 型 Si）の表面を高温で酸化すると，表面に SiO_2 の絶縁層ができると同時に，その直下に酸素が拡散して，n 型層（伝導チャネル）が形成される（O は Si に対してドナーとして作用する）．そして，ソースとドレインになる部分にリン（P）などを拡散して n^+（不純物密度の高い n 型）領域をつくり，それぞれに電極をつける．

いま，ゲートに正電圧を印加すると，ゲート電極直下の n 領域の伝導チャネル部分に電子が引っ張り込まれて，チャネル部分の抵抗が減少し，S–D 間の電流は増加する．逆に，ゲート電圧を負にすると，チャネル部分の電子が押し下げられて，この部分は電子が減少して抵抗が高くなり，S–D 間の電流は減少する．すなわち，デプレション型となる．また，チャネル部分は p 型でもよい．この場合には，ゲートを正にバイアスしない限り電流は流れない．ゲートを次第に正バイアスしていくと，チャネル表面に電子が引っ張り込まれて，その部分に電子が蓄えられて n 型となり，S–D 間の電流は増加する．すなわち，この場合にはエンハンスメント型となる．

図 7.13 は，n 型層の伝導チャネル（n チャネル）をもつ MOS 型電界効果トランジスタの断面を模式的に示したものである．S–D 間にはドレインが正となるようにドレイン電圧 V_D を印加している．また，ゲート電極に正のゲート電圧 V_G を印加してい

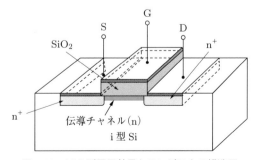

図 7.12　MIS 型電界効果トランジスタの構造図

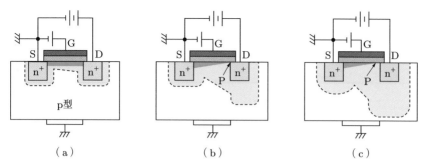

（a）　　　　　　　　　（b）　　　　　　　　　（c）

図 7.13　n チャネルをもつ MOS 型電界効果トランジスタの断面模式図

る．図 (a) の状態では，ソースの n^+ 領域とドレインの n^+ 領域が n チャネルによって
つながっている．したがって，ドレイン電圧 V_D により電子は加速され，S−D 間にド
レイン電流 I_D が流れる．この場合，ドレイン電流 I_D はドレイン電圧 V_D に比例して
増大する．また，ゲート電圧 V_G を大きくすると n チャネルの電子密度が増大するた
め，ドレイン電流 I_D は大きくなる．

　ドレイン電圧 V_D を大きくしていくと，ドレイン側の空乏層が広がり，SiO_2 絶縁層
に加わる電圧もソース側で高く，ドレイン側で低くなるため，ソース側からドレイン
側に向かって n チャネルの幅が薄くなっていく．そして，図 (b) に示したように，ド
レイン側で n チャネルの幅がゼロとなる．この状態をピンチオフといい，このときの
ドレイン電圧をピンチオフ電圧という．ドレイン電圧をさらに大きくすると空乏層が
広がり，図 (c) に示したように，ピンチオフ点（図中の点 P）はソース側に移動し，n
チャネルは途切れてしまう．ピンチオフが生じると，接合型電界効果トランジスタの
場合と同様に，それ以上にドレイン電圧 V_D を大きくしてもドレイン電流 I_D は増加せ
ず，飽和して一定となる．

　ドレイン電圧 V_D がピンチオフ電圧以下のとき，ドレイン電流 I_D はドレイン電圧 V_D
とともに増加するので，この領域のことを線形領域とよぶ．また，ドレイン電圧 V_D が
ピンチオフ電圧を超えると，ドレイン電流 I_D はドレイン電圧 V_D が増加してもほぼ一
定となって飽和するので，この領域のことを飽和領域とよぶ．

　電界効果トランジスタの周波数特性を決める要素は，キャリアがチャネル長（S−D
間）を通過する時間である．いま，バイポーラトランジスタのベース幅と電界効果ト
ランジスタのチャネル長を同じとすると，キャリアの走行時間を決める要因は，前者
は拡散であるが，後者は電界によるドリフトである．したがって，電界効果トランジ
スタでは移動度が高電界で低下してドリフト速度が飽和すると考えてもかなり速く，
走行時間は短い．

7.3.3 高移動度トランジスタ（HEMT）

6.4節で述べたヘテロ接合界面の2次元キャリアガスを用いた高周波トランジスタが開発されている．図7.14 (a) にその構造図，図 (b) にヘテロ界面近傍のエネルギー準位図を示す．この場合，図のように，ドーピングしていないGaAsとn-GaAlAsとの界面の電子伝導（2次元電子ガス）を利用している．この2次元電子ガス（two-dimensional electron gas：2 DEG）を利用したトランジスタを HEMT（high electron mobility transistor）とよんでいる．

いま，GaAsにはドーピングを行わず，GaAlAsのみにドーピングをすると，GaAlAsにドーピングされた不純物から励起された電子が，GaAsのエネルギー準位のくぼみに流れ込み，GaAs層に伝導電子が発生する．この場合，イオン化した不純物と電子が分離されるために，電子移動度に及ぼす不純物散乱の影響がほとんどなくなる．し

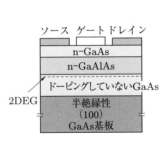

（a）構造図（ゲート部分にはショットキー
　　障壁が形成されている）

（b）ヘテロ界面近傍のエネルギー準位図

図7.14　HEMT の説明図

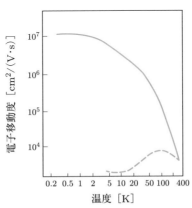

図7.15　2次元電子ガスの移動度と温度との関係
（破線は不純物を一様にドーピングした場合）

たがって，4.7 節で説明した低温領域におけるキャリア移動度の減少はなくなり，低温において移動度は非常に大きくなる．図 7.15 にこの様子を示す．

この高移動度を FET に用いたのが HEMT で，この名称もここからきている．すなわち，FET の周波数特性は，ソース－ドレイン間を流れる電子の速度で決まるので，HEMT では高速動作が可能になる．

7.3.4　薄膜トランジスタ（TFT）

電界効果トランジスタを構成する半導体層，絶縁層，電極をガラス基板上などにすべて薄膜状に形成したものを薄膜トランジスタ（thin film transistor：TFT）とよんでいる．アモルファス Si 薄膜を用いた TFT が，液晶のフラットパネルディスプレイの駆動回路として実用化されている．そのほかに，酸化物半導体や有機半導体を利用した TFT が研究されている．

7.4　スイッチング用トランジスタ

電子計算機や電子交換機などのディジタル回路の開閉素子ならびに制御素子として，負性抵抗を示す素子が必要である．この要求に対して，いろいろなトランジスタが考案されている．次にその代表的なものについて説明しよう．

7.4.1　アバランシェトランジスタ（avalanche transistor）

7.2.1 項の (3) で説明したように，コレクタ接合に高い逆電圧が加えられると，電子の増倍作用で電子なだれ（avalanche）を起こし，コレクタ電流の増倍が生じる．この増倍率 M は，式 (7.10) のように

$$M = \frac{1}{1 - (V_C/V_{CB})^n}$$

で与えられる．V_{CB} はコレクタ接合の降伏電圧であるが，接合のつくり方でその値をかなり小さくすることができる．

$V_C \ll V_{CB}$ のとき，すなわち $M \fallingdotseq 1$ のときの電流増幅率を α_0 とすると，電子なだれが起きているときの電流増幅率 α は，次式で与えられる．

$$\alpha = \alpha_0 M = \frac{\alpha_0}{1 - (V_C/V_{CB})^n} \tag{7.22}$$

この型のトランジスタは，外見はふつうのトランジスタと少しも変わらないが，出力特性は図 7.16 (a) のようになって，明らかにふつうのトランジスタと異なっている．この種のトランジスタを図 (b) のように接続して 2 端子とすると，その電圧－電流特

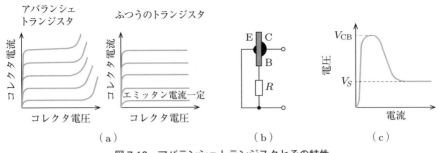

図 7.16 アバランシェトランジスタとその特性

性は図 (c) のようになり，負性抵抗が現れる．

電流が比較的小さい間は，電流はほとんどコレクタ－ベース間を流れる．その理由は，ほとんどバイアスのかかっていないエミッタ障壁は抵抗が大きいから，電流はほとんど流れず，ベースに接続した負荷 R を通して流れるためである．やがて電圧が V_{CB} に近づくと，電流が急増するために R の両端の電位差は徐々に大きくなって，これがエミッタを順方向にバイアスし始める．このためにエミッタからキャリアの注入が起こり，電子なだれが急に増大する．やがてエミッタからコレクタへ流れる道筋が支配的になって，電圧は $V_S = V_{CB}(1 - \alpha_0)^{1/n}$ の値に落ち着く[†]．

7.4.2 サイリスタ（thyristor）

電子なだれをより効果的に使った，きわめて性能のよいスイッチング素子がサイリスタである．これは図 7.17 のような構造の p-n-p-n 接合で，2 端子のものと 3 端子のものとがある．図 (a) は 2 端子ダイオードを示したもので，図のようにバイアスすると，接合 J_1，J_3 は順方向に，J_2 は逆方向にバイアスされる．印加電圧の小さい間は J_2 が逆バイアスされているので電流 I は小さく，電圧の大部分が障壁 J_2 に加わる．J_2 に加わる電圧が十分大きくなると電子なだれ現象が起こり，電流が増加し始める．そうすると，図 (a) の p_1-n_1-p_2 および n_1-p_2-n_2 でそれぞれ構成されていると考えられるトランジスタ（図 (b)）の電流増幅率 α_1，α_2 は（式 (7.3) より M が大きくなるので）大きくなる．その結果，p_1 から p_2 に正孔が，n_2 から n_1 に電子が注入される．これがさらに電子なだれを誘発する．こうして障壁 J_2 は中間に浮いているので，その電位分布はこの電子と正孔密度によって決められてしまうことになり，ついに J_2 は順バイアスされる状態になる．その結果，図 (c) のように電流が急増し，負性抵抗が現れる．

3 端子の p-n-p-n 接合素子は，図 (d) に示したように，別の端子から電流 I_g を p_2 に入れる．2 端子では J_2 を順バイアスにして on 領域（2 端子間を導通状態）にするに

[†] 式 (7.22) で $\alpha = 1$ とおいて，V_C について解く．

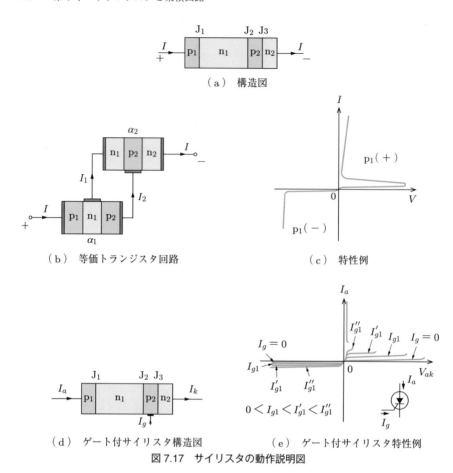

（a）　構造図

（b）　等価トランジスタ回路

（c）　特性例

（d）　ゲート付サイリスタ構造図

（e）　ゲート付サイリスタ特性例

図 7.17　サイリスタの動作説明図

は，十分高い電圧 V を印加して増倍を行わせる必要があるが，3 端子では，I_g を注入してやると，たとえ増倍作用はなくても実効的に α_2 を大きくすることができる．その結果，I_g を加減することによって，電圧−電流特性が図 (e) のように変調される．したがって，サイラトロンと同様に，小さな電流で大きな電流を制御できる．これはサイラトロンとの対比からサイリスタ（thyristor）とよばれているが，別名 semiconductor（あるいは silicon）controlled rectifier，略して SCR とよばれることもある．

7.5　電荷結合素子（CCD）

　電荷結合素子（charge coupled device：CCD）は，磁気バブルドメインと似たメカニズムを半導体内で起こさせる研究から生まれたもので，1970 年にアメリカのベル

研究所のボイル（Boyle）とスミス（Smith）によって発表されたMOS型の新機能素子である．CCDは，MOS構造の酸化膜の下のSi表面に非定常状態で存在する電荷の有無を情報として，空間的にこれを移送することによって，演算などの機能を行わせるものである．現在では当初発表された構造にいろいろな改善が施されており，電荷移送素子（charge transfer device：CTD）とかSCT（surface charge transistor）などとよばれる場合もある．

7.5.1 CCDの基本動作

　素子の構造は，均一にドーピングされた半導体基板上の絶縁膜に，複数個の金属電極を近接して配置したものである．図7.18はその基本構造を示したもので，各電極には表面反転層をつくるぐらいの負のバイアスをかけ，中央の電極にはさらに大きな負のバイアスをかけると，この電極下の基板表面に瞬間的に空乏層が深くのびて，電位の井戸が形成される．この状態は定常状態ではないが，表面は数秒間空乏層となる．その後，時間の経過とともに熱励起による少数キャリアが発生して表面に反転層が形成されると，空乏層の厚さは減少してしまう．

　いま，この空乏層が形成されている非定常状態で，何らかの方法で少数キャリアが導入されたとすると，この少数キャリアは中央電極に電位の井戸があるために，その直下に集められる．この状態を図7.19 (a) に示す．

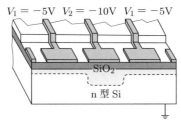

図7.18　CCDの構造図
（破線は空乏層のエッジと電位分布の両方を示している）

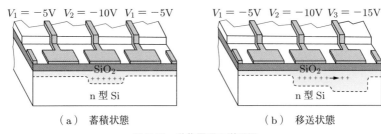

（a）　蓄積状態　　　　　　　（b）　移送状態

図7.19　動作原理の説明図

CCD の動作は，外部より導入された少数キャリアの有無を情報として記憶作用を行わせるものであるから，その信号処理時間は，前述の熱励起による少数キャリアが発生するまでの時間以内の非定常状態でなければならない．CCD 動作の議論は，すべてこの条件を前提としている．

図 7.19 (a) の状態で，図 (b) に示すように隣接する電極にさらに負のバイアスを加えると，電極間が十分に小さく，この間に電位障壁がないと，中央電極の下に蓄積された少数キャリアは，このより深い電位の井戸に引かれて隣接電極の下に移動する．電極バイアスを再びこの状態で図 (a) のようにもどすと（ただし，この場合 $V_2 = -5\,\mathrm{V}$ で，$V_1 = -10\,\mathrm{V}$ にする），中央電極の下にあった少数キャリアは，右側の電極下に移送されたことになる．したがって，3 相の励振電源を用いて，三つの電極を 1 組として接続してこの過程を繰り返すと，図 7.20 に示すように，電荷をアレイに沿って移送させることができる．各電極を三つのグループに分けて 3 相の電圧をかけると，移送の方向を決めることができる．

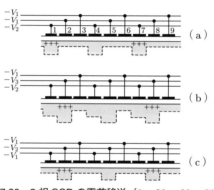

図 7.20　3 相 CCD の電荷移送（$0 < V_1 < V_2 < V_3$）

図 7.20 の左に示してあるのは印加電圧で，V_1 は半導体中に空乏層をつくる電圧，V_2 は V_1 よりも大きくてキャリア蓄積用の電位の井戸をつくる電圧，V_3 はさらに大きくて電荷の移送用に使う電圧である．図 (a) では電極 1 の下に電荷があり，電極 4 の下にはない．図 (b) のように電極 2，5，8 の電位を増加すると電荷は移動する．図 (c) では，電極 2，5，8 が蓄積場所となっている．このようにして信号をうまく導入してやると，情報をシフトできる．

ここで問題になるのは，移送中のキャリアのトラップ，あるいは蓄積時間内の再結合による損失，あるいは隣接電極間の移送中の積み残しなどによる移送効率である．現在，この移送効率は移送周波数にもよるが，99.9 % 程度まで可能である．

また，電荷移送に要する時間は，電極の幅や隣接電極との間隔，移送パルスの大き

さ，キャリアの拡散定数などによるが，金属電極の幅を 10 μm，間隔を 3 μm にすると，2 MHz で 98% 以上の効率で動作する．

7.5.2 信号（キャリア）の入出方法

　信号のシフト動作を開始するとき，電荷を最初に注入する方法にはいろいろある．図 7.21 にその代表的な例を示す．

・大きいパルス電圧を印加して半導体になだれ降状を起こさせる（図 (a)）．

・バルクに p-n 接合ダイオードをつくり，その順方向電流による少数キャリアの注入を用いる．キャリアは表面に沿って右のほうへ流れ，次の電極の下に蓄積する（図 (b)）．

・光照射などの外的手段で少数キャリアを発生させ，電極下に集める．このとき，素子は撮像をすることができ，像の蓄積および走査という機能が内蔵されていることになる（図 (c)）．

　図 7.22 は信号の検出方法を示したものである．

・基板を抵抗で接地しているので，電荷が最終の電極に達すると，正電圧を加えてあるために正孔が基板に注入されて，抵抗を通って流れる（図 (a)）．

・ラインの最後に $-V_0$ に逆バイアスされたダイオード（p-n 接合あるいはショットキーダイオード）があり，この $-V_0$ を移送に使われた電圧よりもさらに負にしておく．電荷がダイオードに達し，接合の空乏層中に流入したことによる逆方向電流の増大 I_s を観測する（図 (b)）．

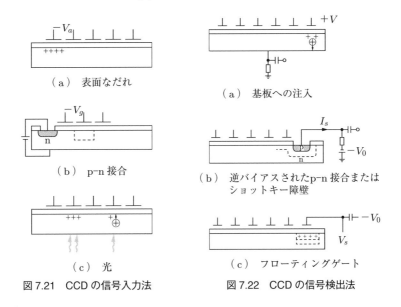

（a）　表面なだれ

（b）　p-n 接合

（c）　光

図 7.21　CCD の信号入力法

（a）　基板への注入

（b）　逆バイアスされたp-n 接合または
　　　ショットキー障壁

（c）　フローティングゲート

図 7.22　CCD の信号検出法

・絶縁膜中に挿入された電極（フローティングゲート）の下部に電荷が移送されて
くると，MOS 構造の容量が変化することを利用する（図 (c)）.

7.5.3　CCD の応用

　CCD の機能上の特長の一つは，光と電気の結合が良好なことである．図 7.21 (c) に
示したように，電極を 2 次元または 1 列に配列したデバイスの裏側に光を結像させる
と，光の強弱に応じたアナログ量の電荷が，各電位の井戸に蓄積される．一定時間ご
とにこれらの電荷を移送して出力端より電気信号として取り出すと，光学像を時系列
に変換した電気信号として得ることができる．これを利用して，文字読み取り装置や
テレビ用の撮像管への応用が考えられた.

　この CCD を撮像管へ応用したのが固体撮像デバイス（固体イメージセンサ）であ
り，CCD イメージセンサは，ファクシミリやディジタルビデオカメラなどに利用され
てきた．最近では，微細加工技術の進展により，CMOS（complementary MOS）イ
メージセンサが多く利用されるようになってきた．CMOS は p チャネルと n チャネル
の MOS 型電界効果トランジスタを相補型に配置したゲート構造である．この CMOS
を用いたイメージセンサは，CCD イメージセンサと比較して安価であり，消費電力を
低減できるという特長をもっていることから，携帯電話やスマートフォンに搭載され
るカメラに広く利用され，最近ではディジタル一眼レフカメラへの利用も増えている.

　一方逆に，p-n 接合などの入力部から，映像信号に対応した量の電荷を供給して，空
間的に配列された各電極下に電荷を蓄積させることもできる．その後，電極には Si 表
面に蓄積層が形成されるような電圧を加え，蓄積された少数キャリアを基板 Si 中に注
入する．注入された少数キャリアは再結合して光を放出する．空間的な光の強弱は各
電極に蓄積された電荷量に対応するものであり，これによりディスプレイ装置が可能
となる．そのほかに，CCD の本来の動作からシフトレジスタ，遅延線路などへの応
用がもちろん考えられる.

7.6　集積回路

　前節までに説明したトランジスタや抵抗，コンデンサなどの回路素子を単一の半
導体基板上に一体化してひとつにまとめた電子回路のことを，集積回路（integrated
circuit：IC）という.

　近年，微細加工技術の進展とともに，集積回路は非常な勢いで発展し，すべての電
子製品には必ず IC が使われているといってもいい過ぎではない．本節では，この IC
の意義とその限界について概説する.

7.6.1　集積回路の沿革

　集積回路の基本的な考え方は，1952年にダンマ（Dummer）によって最初に発表された．彼は半導体結晶中に，接続線のない電子部品をつくることができるであろうと発表した．そして1956年，Siの抵抗体としての機能を調べ，翌年，Siでフリップ・フロップ回路を試作，発表した．1年後の1958年には，キルビー（Kilby）がSi単結晶片で簡単な位相発振器を試作，発表している．この当時の集積回路はまだ実験室的な規模のものであったが，1959年に発表された気相成長法の技術と相まって，1960年代に入ってからは，電子計算機などに集積回路が急速に取り入れられた．その後，短期間のうちに集積回路の経済性・信頼性ならびに使いやすさに対する将来性が明らかにされ，1963～1964年頃にはディジタル回路を主体にして実用化の段階に入り，同時に，アナログ回路への適用も研究され始めた．1965年頃からは，集積化の集積度が単位機能回路からさらに高次のシステム構成要素に高められる方向に向かい，大規模集積回路（large scale integration：LSI）へと発展し，現在では超LSI（very large scale integration：VLSI）が一般的になっている．

　図7.23は，半導体集積回路の小型化の年次推移を示したものである．半導体集積回路にはいろいろな機能回路があるが，メモリ回路を例にとると，メモリ回路の大きさは，「0」と「1」の情報を蓄える記憶素子の数（bit数）で表される．素子はもっとも

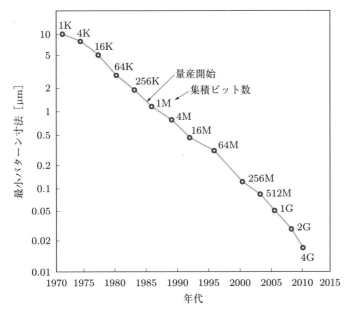

図7.23　集積回路（DRAM）小型化の年次推移

少ない情報で場所指定が行えるように，通常正方形に配置され，32×32 に配置したものを1Kビット（正確には1024ビットであるが）とよぶ．メモリ回路の高集積化は，図のように，2～3年ごとに一辺が1/2（容量が4倍）に縮小され，現在ではnmオーダーの超微細加工技術を用いて，16G（ギガ）ビットのDRAMが開発されている．DRAMとはdynamic random access memoryの頭文字をとったもので，書き込み，読み出しが任意に実時間で行えるメモリ回路である．なお，このメモリ回路は，一般にMIS（MOS）型トランジスタで形成されている．

　このような電子回路構成法の進歩は，初期の超小型化という目標を離れて，本来の目標である集積化という方向に移り，小型化はむしろ二次的な特徴とさえ考えられるようになってきた．また，集積化の利点とその概念が明確化されるにつれて，マイクロ波集積回路・光集積回路，さらにはMEMS（micro-electro-mechanical systems）など，電子回路や機器の構成にも集積化の概念が広く取り入れられるようになってきた．

(1) 光集積回路（OEIC）

　複雑化する情報化社会に対処して，マイクロ波よりもさらに波長の短い光を通信技術に利用しようとする気運がある．マイクロ波では，ストリップ線路を利用して回路が小型化・集積化されているが，マイクロ波と同じ考えをそのまま光通信に応用して，光通信回路を集積化しようとする試みが行われている．

　光通信の場合，従来は光伝送媒質として空気を用いていたが，この方法では空気の屈折率のゆらぎなどの影響を受けたり，低周波回路における導線のようなはっきりした伝送路がないために，光路は発信器の向きだけで決まってしまう．そこで，たとえば光路を比較的損失の少ない，幅数μm，厚さ$1\,\mu$m程度の誘電体薄膜などでガラス板または結晶板上に形成し，半導体レーザダイオードや電気光学効果を利用した光変調素子，偏向素子ならびに光検出器などを集積化して，光を従来のマイクロ波などと同じような方法で取り扱おうとする傾向がある．これが光集積回路，あるいはOEIC（opto electronic IC）とよばれるものの基本概念である．

(2) MEMS

　Siは電気的性質のみでなく，機械的強度も大きく，弾性限界も広い．このため，圧力や機械量センサとしても優れている．そこで，Si上に片持ちはりなどの機械的部品も集積化しようとする試みが行われている．さらには，マイクロモータもSiでつくり，Si結晶中に電気回路とアクチュエータ（機械部品）を集積化するなど，この分野の研究は急速に進んでいる．

　Siの機械的部品の製作法は，Siの結晶軸方向によって化学的エッチング速度が異な

る異方性エッチングの性質や，不純物密度依存性エッチングなどの性質を組み合わせて行われている．この方法で「集積化センサ・アクチュエータシステム」がつくられている．MEMS の実用化例としては，インクジェットプリンタのヘッド部にある微小ノズル，圧力センサ，加速度センサ，流量センサなどがある．また，生化学や医療分野への応用も期待されている．

7.6.2　集積化の意義

集積回路の特徴は，機器の小型軽量化はもちろん，信頼性と経済性の向上，高速度化，使いやすさなどである．集積回路では，部品の結線数を減らすことができ，総合的な工程数や，材料の種類が少なくなるため，故障原因が単純化される．その結果，集積化しただけ電子回路や機器の信頼性が飛躍的に高められることになり，いままで実用化は不可能と考えられていた高度で複雑なシステムが実用化されるようになった．そのよい例がコンピュータであろう．

コンピュータが家庭にまで入り込むことができるようになったのは，まさに半導体集積回路によるものである．半導体集積回路によってすべての電子機器は超小型化，超低消費電力，超高信頼性，超低価格になり，現代科学・産業にきわめて大きなインパクトを与えた．いや，現在も与え続けている．人工衛星もこの集積回路がなければ不可能であった．この意味で，半導体集積回路は「産業の米」とよばれた．

7.6.3　超小型化の限界

電子回路はいくらでも小さくできるわけではなく，超小型化には技術的ならびに理論的な限界がある．それは，熱，宇宙線，製作技術，不純物分布などの問題であり，以下ではこれらについて説明しよう．

(1) 熱

小型化して部品の密度を大きくしていくと，発熱によって装置の中心部の温度が許容範囲外に出てしまう．

(2) 宇宙線

超小型化されると，1部品内に含まれるキャリア数が少なくなる．そこで，宇宙線によって生じたキャリアがもともとあるキャリアに対して無視できなくなると，間違った情報を与えるようになる．

(3) 製作技術

　部品形成の技術としては，フォトエッチング，レーザ，電子ビームなどがあるが，現在もっとも分解能がよいのは電子ビームである．50 kVA の電子ビームの最小スポットサイズは 1 nm であるが，照射した物質内での分散があり，実際には 10 nm 程度が限界であり，これらの技術的問題から最小の部品の大きさが定まってくる．

(4) 不純物分布

　1 部品に含まれる不純物の数が減少すると，不純物が均一とみなせなくなる．たとえば，1 部品当たり平均 1 個の不純物である場合には，不純物のない部品とか，2 個以上含むものとができて，統計的なゆらぎが大きくなって使えなくなる．したがって，半導体の場合には，この不純物の統計的なゆらぎで小型化の限界が決まってしまう．一方，金属の場合には，この不純物の効果はないのでさらに小さくできる．しかし金属の場合にも，直感的には電子の平均自由行程が目安となる．それ以上に小型化すると，電子の波動性が現れ，量子効果デバイスの領域へと入っていく．現在はすでに量子効果デバイスへと入りつつある．

　物理的な極限として，電子 1 個で動作するデバイスは可能であろうか．これを単一電子デバイス（single electron device）という．

演習問題

[1] ベースおよびエミッタの抵抗率が，それぞれ $0.05\,\Omega\cdot\mathrm{m}$，$10^{-3}\,\Omega\cdot\mathrm{m}$，ベース層の厚さが $2\times10^{-5}\,\mathrm{m}$ の p-n-p Ge トランジスタの注入効率を求めよ．ただし，電子の拡散定数 $D_e = 4.4\times10^{-3}\,\mathrm{m}^2\cdot\mathrm{s}^{-1}$，寿命時間 $\tau_e = 10\,\mu\mathrm{s}$ とする．

[2] p-n-p Ge トランジスタがある．エミッタ領域の抵抗率と電子の寿命時間がそれぞれ $10^{-4}\,\Omega\cdot\mathrm{m}$，$20\,\mu\mathrm{s}$ である．ベース領域の幅は $50\,\mu\mathrm{m}$，抵抗率は $10^{-2}\,\Omega\cdot\mathrm{m}$，正孔の寿命時間は $200\,\mu\mathrm{s}$ である．また，コレクタ領域の抵抗率は $0.1\,\Omega\cdot\mathrm{m}$ で，コレクタ障壁は，その逆方向降伏電圧の 25% にバイアスされている．このトランジスタの低周波の電流増幅率 α と，α しゃ断周波数を求めよ．ただし，電子および正孔の拡散定数はそれぞれ $9.3\times10^{-3}\,\mathrm{m}^2\cdot\mathrm{s}^{-1}$，$3.1\times10^{-3}\,\mathrm{m}^2\cdot\mathrm{s}^{-1}$ とする．

[3] $0.01\,\Omega\cdot\mathrm{m}$ の n 型 Ge の両面に合金階段状接合を形成し，n 型領域のベース幅が $5\,\mu\mathrm{m}$ のトランジスタをつくった．すべての電流が正孔で運ばれるとして，次の問いに答えよ．ただし，コレクタ領域の抵抗率は非常に小さいと仮定し，$\varepsilon_s = 16$ とする．

　(a)　ベース領域の幅をコレクタ電圧の関数として表せ．

　(b)　拡散電位 $V_D = 0.6\,\mathrm{V}$ のときのトランジスタのパンチ・スルー電圧（空乏層がベース幅全域に拡がる電圧）を求めよ．

(c)　正孔の拡散定数が $D_h = 4.3 \times 10^{-3}\,\mathrm{m^2 \cdot s^{-1}}$ のとき，$(V_D + V_C) = 1\,\mathrm{V}$ に対するベース中を正孔が通過するに必要な時間を求めよ．

(d)　$V_D + V_C = 9\,\mathrm{V}$ のときの α しゃ断周波数を計算せよ．ただし，$\gamma = 1$，$M = 1$，$\tau_h = 10^{-7}\,\mathrm{s}$ とする．

[4] バイポーラトランジスタとユニポーラトランジスタの得失を比較検討せよ．

[5] 図 7.7 に示したように，接合型トランジスタのエミッタ側を禁制帯幅の大きな半導体で構成したワイドギャップエミッタトランジスタのエミッタ接地電流増幅率 b は，ホモ接合トランジスタに比べて $\exp(\Delta E_g / kT)$ 程度大きくなることを示せ（すなわち，式 (7.20) の証明）．

第 8 章　半導体の光学的性質

　光と半導体との相互作用を利用した電子デバイスは，オプトエレクトロニクス（optoelectronics）という言葉で代表されるように，非常にユニークな，かつ重要なものである．本章では，まず，一般論として光と物質との相互作用について説明し，半導体からの発光現象と光電効果について述べる．

8.1　光と物質との相互作用

　光は電磁波であって，その広汎な電磁波のスペクトルを図 8.1 に示す．短波長の波は放射性物質から放射される γ 線，また，長波長の波は商用周波数あたりまでと，非常に範囲が広い．したがって，広義の光には図のような周波数の低い通常の電波から，短波，マイクロ波，赤外線，可視光線，紫外線，X 線，γ 線にいたる広範囲の電磁波が含まれる．しかし，ふつうは赤外線から紫外線の領域を光とよぶことが多い．本章でも一応この狭義の意味として光を取り扱う．

　ところで，このような光を物質に照射した場合，入射光はその物質によって次のような影響を受ける．

・吸収される

・表面で反射される

・屈折を起こし，また分散現象を示す

・特定の偏光面の光だけが透過する

さらに電界や磁界などが作用すると，より複離な現象が現れる．

　これらの諸現象は，光が電磁波であることからわかるように，マクスウェル（Maxwell）の電磁波の方程式を基礎とした解析から説明できる．しかし，ここでは深く立ち入らないで，主に吸収の現象について物性的に説明するにとどめる．

　光が物質の中を通過する割合は，反射と同時にその物質内での吸収にも依存する．ある波長 λ に対して，一般に

$$A + R + T = 1 \tag{8.1}$$

という関係が成り立つ．ここで，A は吸収率，R は反射率，T は透過率を表し，いずれも波長 λ の関数である．

　いま，図 8.2 に示すように，厚さ L の結晶に，左側から強さ I_0 の光が表面に垂直に

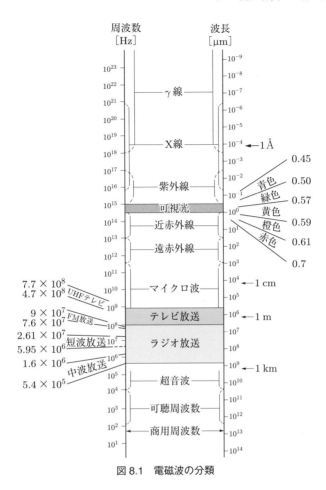

図 8.1 電磁波の分類

入射したとする．結晶の表面に入射した光の一部はその表面で反射（$I_0 R$）され，一部は結晶内に入る．結晶内に入った光は，そのエネルギーを格子に与えて吸収され，弱くなって結晶の右端に到達し，ここでまた光の一部が反射され，一部は透過して結晶外に出る．結晶を透過して外へ出る光の強さを I_r とすると，この結晶体の光の透過率 T は

$$T = \frac{I_r}{I_0} \tag{8.2}$$

で与えられる．

以上の事柄を定量的に取り扱ってみよう．表面に入射した光 I_0 のうちの $I_0 R$ は表面で反射され，入射する光の強さは $(1 - R)I_0$ となる．いま，結晶内の深さ x のところの光の強さを I とし，dx だけ結晶中を通過する際に吸収によって dI だけ光が弱く

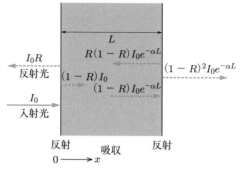

図8.2 光の反射，吸収，透過の説明図

なるとする．この吸収量は光の強さ I と厚さ dx に比例して，

$$-dI = \alpha I \, dx \tag{8.3}$$

と表される．ここで，比例定数 α を吸収係数（absorption coefficient）という．この式を積分すると

$$I = (1 - R)I_0 \exp(-\alpha x) \tag{8.4}$$

となる．

結晶の右端に到達する光の強さは $(1 - R)I_0 \exp(-\alpha L)$ となり，ここでもう一度光は反射される．両端面の表面状態が同じならば反射係数 R も同じであるから，透過光 I_r は

$$I_r = (1 - R)^2 I_0 \exp(-\alpha L) \tag{8.5}$$

となり，透過率 T は次式のように表される．

$$T = \frac{I_r}{I_0} = (1 - R)^2 \exp(-\alpha L) \tag{8.6}$$

さてここで，光の吸収の物理的機構を半導体を例にとって考えてみよう．光を半導体に照射すると，光のもっているエネルギーが電子に与えられて吸収されるが，これに関係するのは，次の四つの状態のいずれかに存在するキャリアである．

①内殻電子

②価電子帯にある電子

③自由電子または正孔

④格子欠陥あるいは局在不純物に捕らえられている電子

①の内殻電子は，X線や γ 線のように波長の非常に短い電磁波の放射・吸収に関係するものであるが，ここでは省略する．

②および④は，半導体の光の吸収に関して基本的な役割をする．図8.3は半導体中の光吸収の過程を示したもので，図中の (a) は電子が価電子帯から伝導帯に励起される

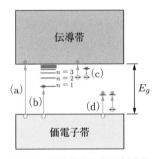

図 8.3　半導体中の光吸収過程

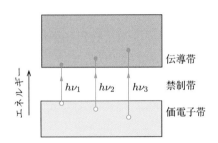

図 8.4　基礎吸収による電子の遷移

過程を示す．照射光のエネルギー $h\nu$ が禁制帯幅 E_g よりも大きいと，価電子帯中の電子のあるものは伝導帯に励起され，その後に正孔が残る．このとき，光のエネルギーが吸収される．この過程による光の吸収を基礎吸収（fundamental absorption），あるいは真性または固有吸収（intrinsic absorption）とよぶ．また，吸収を受ける光の波長のうち，最長の波長を基礎吸収端（absorption edge）という．

　この基礎吸収の対象となるのは，図 8.4 に示すように，価電子帯の上端から伝導帯下端への励起（$h\nu_1$）がまず考えられる．図 1.8 から理解できるように，価電子帯の上端近くでは電子密度は小さい．したがって，$h\nu_1$ 近くの光量子による励起は少ない．一方，価電子帯のもっと内部，たとえば図の $h\nu_2$, $h\nu_3$ による励起の割合は大きい．すなわち，短波長にいくにしたがって吸収の割合は大きくなる．このように，半導体による光の吸収は波長が短くなるほど急激に増加し，ついには光は半導体を透過しなくなり，半導体は不透明体になる．図 8.5 の左端の短波長の吸収係数の立ち上がりの部分が，基礎吸収の部分である．

　以上の説明からわかるように，基礎吸収端の波長 λ_0 は半導体の禁制帯幅 E_g で決まる．すなわち

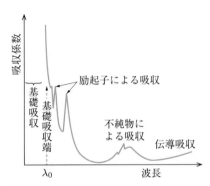

図 8.5　異なる光吸収過程に伴う吸収係数と波長との関係

$$h\nu_0 \fallingdotseq E_g$$

より，$\nu_0 = c/\lambda_0$（c：光速）を用いて

$$\lambda_0 \fallingdotseq \frac{1.24}{E_g\,[\mathrm{eV}]}\ [\mu\mathrm{m}] \tag{8.7}$$

となる．図 8.6 は各種半導体の E_g と λ_0 の関係を示したものである．

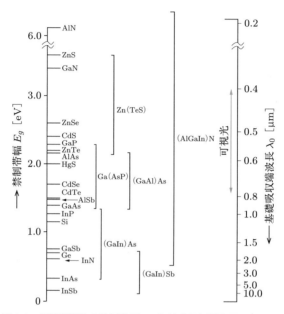

図 8.6　各種半導体の禁制帯幅 E_g と基礎吸収端波長 λ_0 の関係

　この基礎吸収を運動量空間で調べてみよう．

　図 4.16 で示したように，半導体には価電子帯の上端と伝導帯の下端とが同じ波数ベクトル k の点にある直接遷移半導体と，異なる k の値にある間接遷移半導体とがある．図 4.16 で，直接遷移では運動量（$\hbar k$）が保存されているが，間接遷移では電子の運動量は保存されていない．この場合には，すでに説明したように，電子はフォノンなどとの相互作用によって運動量を保存する．そのため，吸収の割合は小さい．したがって，直接遷移半導体に比べて間接遷移半導体の吸収係数の立ち上がりは一般に小さい．図 8.7 に，代表的な半導体の基礎吸収係数を示す．Si や AlSb などの間接遷移半導体の吸収係数の立ち上がりは，GaAs，InP などの直接遷移半導体と比べて緩慢であることが理解されよう．

　一般に，直接遷移半導体の吸数係数 α_d は

$$\alpha_d \propto \alpha(h\nu - E_g)^{1/2}$$

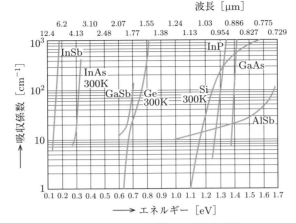

図 8.7 代表的な半導体の基礎吸収係数

間接遷移半導体の吸収係数 α_i は

$$\alpha_i \propto \alpha(h\nu - E_g)^2$$

で表される.

図 8.3 (b) は, 価電子帯の電子が伝導帯の底の近くに存在する, 一つあるいは数個の
エネルギー準位 (これを励起子準位, exciton level という) へ励起される過程を示し
たものである. この準位のエネルギーは禁制帯幅よりも小さいから, 基礎吸収端波長
よりも長波長で励起が起こる. この励起は, 1931 年にフレンケル (Frenkel) によっ
て初めて導入された概念である.

この励起子準位に電子が励起されると, 価電子帯には正孔が発生する. ところが, 電
子は伝導帯中の電子と違って自由ではない. というのは, 価電子帯に生じた正孔との
間にクーロン力があり, 運動するにしても電子と正孔が対をなし, 電気的には中性で
あるためである. したがって, 結晶中を動くことはできるが電流にはならない. これ
を励起子 (exciton) とよぶ.

図 8.3 (c) はドナーあるいはそのほかのトラップ準位に捕らえられている電子が伝導
帯へ励起されるときの吸収過程, 図 (d) は価電子帯からアクセプタなどの局在準位に
電子が励起される過程で, いずれも不純物励起である. これらの不純物励起には, 光量
子エネルギーは小さくてよく, 長波長側で吸収が起こる. これが図 8.5 の吸収曲線の
長波長側の山で, 赤外線の範囲まで吸収が起こる理由である. 基礎吸収帯の吸収係数
は大きく, $10^5 \sim 10^8 \, \mathrm{m}^{-1}$ にもなるが, 不純物励起の場合の吸収係数は小さく, $10^1 \, \mathrm{m}^{-1}$
程度である.

図 8.5 でさらに長波長で吸収曲線がやや大きくなっているのは, 先ほどの③自由電

子または正孔による吸収で，金属中の伝導吸収と同じである．すなわち，キャリアと格子との衝突の緩和振動数よりも光の振動数が小さい場合には，光の電界が向きを変える間にキャリアは何回となく格子と衝突し，したがって，キャリアは光からエネルギーを受けとってその分を格子に与える．すなわち，光は吸収される．

8.2　半導体からの発光

8.2.1　励起方法による発光の分類

　基礎吸収により価電子帯から伝導帯へ励起された電子は，エネルギーの高い励起状態にあり，一定の平均寿命をもってもとの基底状態に遷移する．すなわち，伝導帯中に励起された電子は，一定の平均寿命をもって価電子帯中の正孔と再結合する．このキャリアの再結合過程には，基底状態と励起状態との差に相当するエネルギーを光として放出する輻射再結合（radiative recombination）と，まわりの格子にフォノンを放出し，熱エネルギーとして放出する非輻射再結合（nonradiative recombination）との 2 種類がある．輻射再結合による発光をルミネッセンス（luminescence）とよび，励起方法によって次のように分類することができる．

　①フォトルミネッセンス（photoluminescence）
　②カソードルミネッセンス（cathodoluminescence）
　③エレクトロルミネッセンス（electroluminescence）
　④熱ルミネッセンス（thermoluminescence）
　⑤摩擦ルミネッセンス（triboluminescence）
　⑥化学ルミネッセンス（chemiluminescence）

　フォトルミネッセンスは光励起により生じる発光，カソードルミネッセンスは電子線励起により生じる発光，エレクトロルミネッセンスは電圧印加（電流注入）により生じる発光，熱ルミネッセンスは物質を高温にすることによって生じる発光，摩擦ルミネッセンスは物質を擦ったり機械的なショックを加えることにより生じる発光，化学ルミネッセンスは化学反応により生じる発光である．通常，半導体中で観測されるのは上記①〜③の発光である．

8.2.2　発光機構

　前述したように，半導体からの発光は伝導帯中の電子と価電子帯中の正孔との再結合により生じる．実際の半導体では，このエネルギー帯間における電子と正孔の直接再結合のほかにも，さまざまな発光過程が存在する．たとえば，伝導帯に励起された電子と価電子帯にできた正孔との間にはクーロン力がはたらく．このクーロン力によ

り束縛された電子 – 正孔対は先述したように励起子とよばれ，励起子が関与した発光
過程が存在する．また，半導体中にはドナーやアクセプタなどの不純物が含まれてお
り，不純物準位が関与した発光過程も存在する．図 8.8 に半導体の代表的な発光過程
を模式的に示す．図 (a) は自由電子と正孔の直接再結合による発光，図 (b) は自由励
起子による発光，図 (c)～(e) はドナーおよびアクセプタ不純物に束縛された励起子に
よる発光，図 (f) はドナー準位の電子と価電子帯の正孔との再結合による発光，図 (g)
は伝導帯の自由電子とアクセプタ準位の正孔との再結合による発光，図 (h) はドナー
準位の電子とアクセプタ準位の正孔との再結合による発光であり，ドナー – アクセプ
タ対（donor-acceptor pair：DAP）発光とよばれる．一般に，これらの図 (a)～(h)
までの発光過程を総称して，半導体のバンド端発光（band-edge emission）という．
以下では，バンド端発光のなかから主な発光過程を取り上げて説明する．

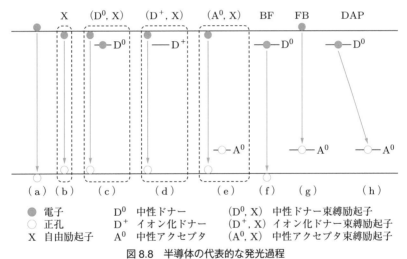

図 8.8 半導体の代表的な発光過程

(1) 自由励起子発光

自由励起子（free exciton）を構成している電子 – 正孔対の輻射再結合，すなわち
クーロン力により束縛された電子と正孔の輻射再結合による発光を自由励起子発光と
いう．図 8.8 (b) に示すように，自由励起子を X と記す．自由励起子の発光線は，基
礎吸収端より自由励起子の結合エネルギー分だけ低エネルギーに現れる．自由励起子
の結合エネルギーは，孤立した水素原子と同様の量子化エネルギー準位をもつ．主と
して基底状態（$n = 1$）にある励起子からの発光が観測されるが，純度の高い結晶では
励起状態（$n = 2$ 以上）にある励起子からの発光も観測される．一般に，半導体の禁
制帯幅が大きくなると，電子や正孔の実効質量は大きくなり，誘電率は小さくなるた

め，励起子の結合エネルギーは大きくなる．励起子の結合エネルギーが室温の熱エネルギー（$kT = 26\,\mathrm{meV}$）を超える半導体では，室温においても自由励起子の発光を観測することが可能となる．

(2) 束縛励起子発光

　自由励起子が不純物や格子欠陥などに束縛された状態を，束縛励起子（bound exciton）という．純度の高い結晶でも不純物や欠陥を含んでいるため，低温におけるフォトルミネッセンスでは，自由励起子発光線の低エネルギー側に束縛励起子の発光線が現れる．束縛中心としては，中性アクセプタ（A^0），中性ドナー（D^0），イオン化ドナー（D^+）などがあり，中性アクセプタ束縛励起子 (A^0, X) の発光線を I_1 線（図 8.8 (e)），中性ドナー束縛励起子 (D^0, X) の発光線を I_2 線（図 (c)），イオン化ドナー束縛励起子 (D^+, X) の発光線を I_3 線（図 (d)）と表記する．ただし，禁制帯幅の大きい半導体では自由励起子はイオン化アクセプタに束縛されない．このことに対する直観的な考え方は，電子と正孔の実効質量が大きく異なる場合（$m_e^* \ll m_h^*$），励起子を構成している重いほうの粒子（正孔）はイオン化アクセプタ（A^-）にかなり接近して移動し，その結果，残されたより動きやすい軽いほうの粒子（電子）は，ただ中性不純物（A^0）だけを見るだけで束縛されないということである．理論計算によると，励起子の不純物に対する束縛エネルギーは電子と正孔の実効質量の比（$\sigma = m_e^*/m_h^*$）に依存しており，励起子に対してイオン化ドナーとイオン化アクセプタの両方が同時に束縛中心になることはない．

　中性不純物に束縛された励起子の束縛エネルギー，すなわち，中性不純物束縛励起子を中性不純物と励起子に解離するためのエネルギー（D_0）は，不純物のイオン化エネルギーの約 10% であることが実験的に観測されている．このいわゆるヘインズ則に従うと，$D_0(D^0, X) = 0.1E_D$，$D_0(A^0, X) = 0.1E_A$ となる．ただし，E_D および E_A はそれぞれドナー不純物およびアクセプタ不純物のイオン化エネルギーである．したがって，ドナーおよびアクセプタ不純物に束縛された励起子の発光線は，自由励起子発光線よりも上述した束縛エネルギー（D_0）分だけ低エネルギー側に現れる．

(3) ドナー‒アクセプタ対発光

　ドナー準位の電子とアクセプタ準位の正孔の波動関数が重なり合うと，その電子と正孔の輻射再結合が起こる（図 8.8 (h)）．この発光はドナー‒アクセプタ対（DAP）発光とよばれる．DAP 発光の発光エネルギーと遷移確率は，ドナーとアクセプタとの距離により決定される．距離 r 離れた位置に存在するドナーとアクセプタの間で生じる DAP 発光のエネルギーは次式で与えられる．

$$\hbar\omega = E_g - (E_D + E_A) + \frac{e^2}{4\pi\varepsilon r}$$

ここで，E_g は禁制帯幅，E_D と E_A は孤立したドナーとアクセプタのイオン化エネルギーである．右辺第3項はクーロン項とよばれ，電子と正孔との間のポテンシャルエネルギー（クーロンエネルギー）を表している．これは，ドナーとアクセプタが対を形成する際，孤立したドナーとアクセプタの通常のイオン化エネルギー（E_D と E_A）は，ドナー準位の電子とアクセプタ準位の正孔との間にはたらくクーロン相互作用により縮小されることを意味している．この式は，DAP 発光の発光エネルギーがドナー準位とアクセプタ準位とのエネルギー間隔だけで決まるのではなく，両者の間の距離にも依存することを示している．距離の近い対はクーロン相互作用が大きいために高いエネルギーをもち，距離が遠く離れた対はクーロン相互作用が小さいために低いエネルギーをもっている．また，ドナーおよびアクセプタ不純物は格子位置にあるので，距離 r のとりうる値は離散的である．したがって，それぞれの DAP からの発光線を分離することができれば，発光スペクトルは多数の鋭い発光線からなることが期待される．

DAP 発光の遷移確率は，ドナー準位の電子とアクセプタ準位の正孔の波動関数の重なりの2乗に比例する．ドナーとアクセプタの距離を r とすると，遷移確率は次式で与えられる．

$$W(r) = W_0 \exp\left(-\frac{2r}{a}\right)$$

ここで，a はドナーのボーア半径である．距離の近い対，すなわち発光エネルギーが大きい短波長側の発光成分は遷移確率が高く，距離が遠く離れた対，すなわち発光エネルギーが小さい長波長側の発光成分は遷移確率が低いことがわかる．

(4) バンド‐不純物準位間発光

図 8.8 (f) に示したように，ドナー準位の電子と価電子帯の正孔との輻射再結合による発光を Bound-to-Free（BF）発光という．また，図 (g) に示したように，伝導帯の自由電子とアクセプタ準位の正孔との輻射再結合による発光を Free-to-Bound（FB）発光という．前者は bound-electron to free-hole transition，後者は free-electron to bound-hole transition を略したものである．

(5) 励起子多体効果による発光

半導体中に高密度の励起子が生成されると，励起子間の相互作用が無視できなくなり，二つの励起子の束縛状態である励起子分子（excitonic molecule, biexciton）や

励起子間の非弾性散乱など，励起子の多体効果に起因した現象が現れる．

　励起子分子は，二つの水素原子が共有結合により水素分子を形成するのと同様に，二つの励起子の結合により形成される．この励起子分子の発光は，励起子分子を構成する二つの励起子のうち，一方の励起子を結晶中に残し，他方が光子として結晶外へ放出される過程によるものである．励起子分子の結合エネルギーは，励起子分子を二つの励起子に解離するために必要なエネルギーで定義される．したがって，励起子分子の発光線は，自由励起子の発光線よりも励起子分子の結合エネルギー分だけ低エネルギー側に現れる．励起子が安定に存在する半導体では，励起子分子は必ず安定に存在することが理論的に予想されている．

　励起子-励起子間の非弾性散乱過程による発光は，二つの励起子の衝突により，一方の励起子が光子として結晶外へ放出され，残されたもう一方の励起子はより高い励起子状態に励起されるか，あるいは自由電子と正孔に分離される過程である．したがって，その発光線は結晶中に残された励起子が自由電子と正孔に分離される場合，自由励起子の発光線よりもさらに自由励起子の結合エネルギー分だけ低エネルギー側に現れる．

(6) 局在励起子発光

　前述したように，半導体の発光エネルギーは禁制帯幅の大きさにより決まる．禁制帯幅は個々の半導体に固有の物性値であるから，半導体の種類が決まると発光エネルギーが決まると考えてよい．

　2種類の半導体を混合すると，その両者の中間の性質をもつ半導体をつくり出すことができる．たとえば，禁制帯幅が約 3.4 eV の GaN と約 0.64 eV の InN を混合して $Ga_{1-x}In_xN$ をつくり出すと，その禁制帯幅を，混合比を変化させることにより約 0.64〜3.4 eV の範囲で連続的に変化させることができる．その結果，禁制帯幅の変化に応じて発光エネルギーも変化させることができる．このように，2種類またはそれ以上の半導体を混合してできた結晶のことを混晶半導体という．$Ga_{1-x}In_xN$ の場合，Ga，In，N の 3 種類の元素から構成されているので 3 元混晶半導体とよばれる．次章で述べるが，現在実用化されている半導体発光デバイスのほとんどは，所望の発光エネルギーを得るために混晶半導体が利用されている．

　混晶半導体では，その結晶中に混晶組成比 x の空間的なゆらぎが存在している．その組成ゆらぎは禁制帯幅のゆらぎを引き起こし，その結果，励起子のエネルギー状態は不均一に広がる．このような不均一系に励起子が生成されると，励起子はエネルギー緩和過程により，不均一広がりの低エネルギー側の状態を占有し，励起子の局在化 (localization) が起こる．この低エネルギー側の局在状態を介した励起子の輻射再結

合が局在励起子（localized exciton）の発光である．この場合，励起子吸収の最大値を与えるエネルギーと発光エネルギーに差が生じ，そのエネルギー差のことをストークスシフト（Stokes shift）という．混晶半導体における励起子の局在の度合いは，励起子エネルギー状態の不均一幅とストークスシフトの大きさにより定量的に評価される．

8.3 光電効果

8.3.1 外部光電効果（光電子放出効果）

光が結晶中に吸収された場合，もしも光量子エネルギー $h\nu$ が十分大きいと，光量子によって励起された電子が結晶表面の電位障壁を乗り越えて真空中に放出される．この現象を光電子放出効果（photo-emission effect）という．

仕事関数 ϕ_s の p 型半導体を光電子放出面に，仕事関数 ϕ_m の金属を放出電子を集めるコレクタとして，図 8.9 (a) に示すように，両者の間に減速電圧 V_r を加える．$V_r = 0$ のときのエネルギー準位図を図 (b) に示す．いま，光電面である p 型半導体に十分大きい光量子エネルギー $h\nu$ の単色光を照射し，放出電子の運動エネルギーが十分大き

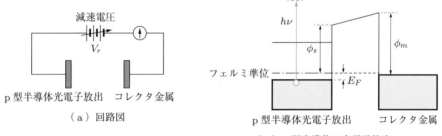

（a）回路図

（b）p 型半導体の光電子放出

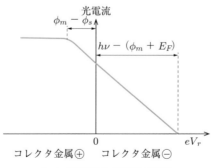

（c）減速電圧-光電流の関係

図 8.9 光電子放出の説明図

く，その接触電位差が $(\phi_m - \phi_s)/e$（$\phi_m > \phi_s$ と仮定する）のために形成された減速電界に打ち勝ってコレクタに到達できるようにする．そうしておいて，同じく電子の飛来を制限する方向，すなわちコレクタ金属の側が負になるように V_r を増加していく．そうすると，コレクタに到達できる電子数は次第に減少していく．熱的効果による裾の影響を無視すると，$eV_r = h\nu - (\phi_m + E_F)$ になったところで光電流はゼロになる．

次に，両極間の接触電位差を打ち消すように，金属側を正にして V_r を増加していくと，$eV_r = \phi_m - \phi_s$ になるまでは光電流は増加していくが，その後は印加電圧を大きくしても光電流は増加せず，障壁 ϕ_s で制限される値を保持することになる．以上のような減速電圧と光電流の関係を図 (c) に示す．

いま，もしもコレクタ金属の仕事関数 ϕ_m がわかっていれば，光電流が飽和し始めるときの V_r を測定することによって，$\phi_s = (\phi_m - eV_r)$ から半導体の仕事関数を独立に求めることができる．

また，図 (c) の金属側が負の V_r の領域の，V_r–光電流の曲線の形から，半導体の価電子帯の状態密度 $g(E)$ の関数関係を求めることも可能である．図 8.10 は三つの $g(E)$ の関数関係を示す．もしも価電子帯にある電子がすべて等しい確率で入射光子を吸収し，また，励起された後に半導体表面から飛び出すのに十分な運動エネルギーをもつ電子は，すべて陰極を飛び出した後の運動エネルギーの大きさに無関係に等しい確率で陰極から離れていくものと仮定すると，光電流曲線の形は図の③に示したようになる．したがって，光電流の曲線の形から $g(E)$ の関数関係が求められる．

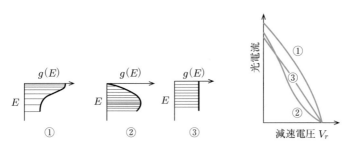

図 8.10　状態密度関数 $g(E)$ と光電流との関係

しかし実際には，これらの確率は電子のエネルギーに依存するため，このように単純には $g(E)$ を求めることができない．一般の半導体に対する $g(E)$ はすでに求められていて，図 8.10 の②に属することが知られている（図 1.8 参照）．

ところで，外部光電効果，すなわち半導体に光を照射して電子を真空中に取り出すのに必要な光の波長について考えてみよう．図 8.9 からわかるように，価電子帯中の電子を真空中に取り出すのに必要な光のエネルギーは，$\phi_s + E_F = \chi_s + E_g$（$\chi_s$：半導体

の電子親和力，E_g：禁制帯幅）より大きくなければならない（図 8.11 (a)）．通常この値は 3〜5 eV である．ところが，高密度にドーピングされた p 型半導体の表面に電子親和力の小さい Cs や Cs$_2$O をつけると，図 (b) に示すようにエネルギー帯は表面で曲がり，伝導帯の底のエネルギーと真空準位とがほぼ等しくなる．したがって，光励起された電子が真空中へ放出される際のエネルギー障壁はほとんどゼロになる．図 (b) は p$^+$-GaAs（$E_g \fallingdotseq 1.4\,\mathrm{eV}$）に Cs（$\chi_m \fallingdotseq 1.4\,\mathrm{eV}$）をつけた場合のエネルギー準位図で，電子親和力は負となり，半導体中の伝導帯の底が真空準位よりもエネルギーの高い状態が実現される．このような状態を負の電子親和力（negative electron affinity）という．この原理を応用したものが，半導体のフォトカソードである．

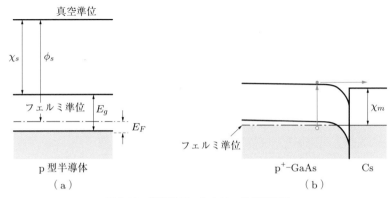

図 8.11　半導体フォトカソードの説明図

8.3.2　内部光電効果（光導電現象）

　禁制帯幅よりも大きなエネルギーをもつ光を半導体に照射すると，8.1 節で説明したように，光は半導体中で吸収され，その光のエネルギーが電子に与えられる．その結果，価電子帯中の電子の一部は伝導帯中に励起されて，電子−正孔対が発生し，半導体の導電率は増加する．この効果を光導電効果（photoconductive effect）といい，その様子を図 8.12 (a) に示す．

　一方，図 (b) のように，不純物準位があるときには，不純物のイオン化エネルギー E_d に相当する長波長の光で導電率の増加が現れる．これを外因性型光導電効果という．これに対して，先ほどの図 (a) を真性型光導電効果とよぶ．

　真性型では，すでに述べたように，分光感度の最大値は禁制帯幅 E_g に相当する波長付近に現れるが，外因性型では，$E_d \ll E_g$ であるから，不純物をドーピングすると分光感度を長波長側に移動させることができる．

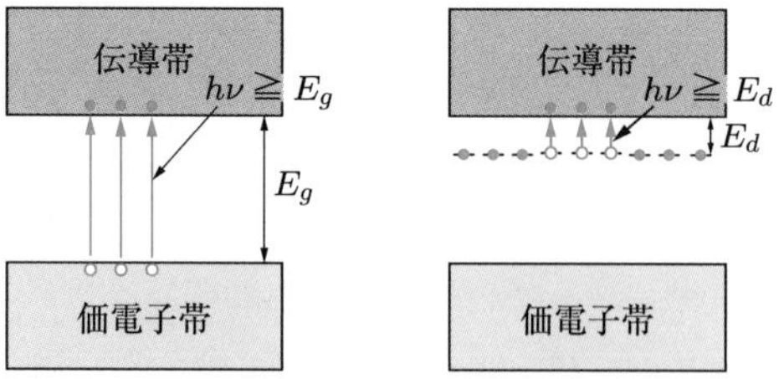

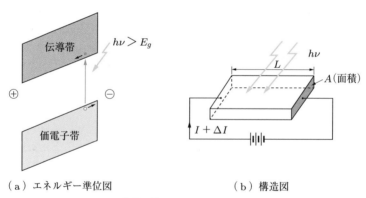

（a）真性半導体　　（b）外因性半導体

図8.12　光導電効果の説明図

　光導電効果では，このままの状態では励起された電子あるいは正孔による電流を外部に取り出すことはできない．外部に取り出すためには図8.12のエネルギー帯を図8.13（a）に示すように傾ければよい．そうすると，励起された電子は右から左に，正孔は左から右に流れて，全体として光電流 ΔI が流れる．

　それでは，図8.13（a）のようにエネルギー帯を傾けるにはどうしたらよいかというと，図（b）に示すように，外部電界を加えてやればよい．すなわち，外部電界を印加すると光電流を取り出すことができる．

（a）エネルギー準位図　　　　　（b）構造図

図8.13　光導電効果による光電流発生の説明図

　次に，この光電流の値を求めてみよう．半導体の導電率 σ は

$$\sigma = e(n\mu_e + p\mu_h) \tag{8.8}$$

で与えられる．ここで，n, p は電子と正孔の密度，μ_e, μ_h は電子と正孔の移動度である．この半導体に光が照射されて電子と正孔がそれぞれ Δn, Δp 増加したとすると，導電率の増加分 $\Delta\sigma$ は次のようになる．

$$\Delta\sigma = e(\Delta n\mu_e + \Delta p\mu_h) \tag{8.9}$$

　一方，Δn および Δp は次のようにして求められる．4.5節で説明したように，光

励起で増加したキャリアは，再結合あるいはトラップなどの効果によって熱平衡時のキャリア密度にもどろうとする．電子ならびに正孔の寿命時間を τ_e，τ_h とすると，光照射によって発生した電子は，発生後 t 時間後には $\exp(-t/\tau_e)$ だけ減少する．いま光を照射して，単位体積当たり毎秒 f 個の電子–正孔対が発生したとすると，光を連続的に照射した場合，ある時刻 t における電子密度はそのときに発生した電子密度 f と，それ以前に発生した電子の生存分の和になる．すなわち，いま考えている時刻 t より t_1 時間前に発生した電子は，時刻 t のときには $f \cdot \exp(-t_1/\tau_e)$ の密度に減少している．したがって，時刻 t における電子密度は，t_1 が 0 から ∞ の間の電子数の和に相当する．すなわち，次式で与えられる[†]．

$$\Delta n = \int_0^\infty f \cdot \exp\left(-\frac{t}{\tau_e}\right) dt = f\tau_e \tag{8.10}$$

同様にして，正孔密度の増加分 Δp は

$$\Delta p = f\tau_h \tag{8.11}$$

となり，したがって，導電率の増加分は次式で与えられる．

$$\Delta\sigma = ef(\mu_e\tau_e + \mu_h\tau_h) \tag{8.12}$$

光による導電率の変化が求められると，光電流 ΔI が求められる．図 8.13 (b) のように光導電体の長さを L，断面積を A，印加電圧を V とすると，

$$\Delta I = \Delta\sigma \cdot A \cdot \frac{V}{L} \tag{8.13}$$

となる．正孔は無視し，電子電流だけを考えると（一般に $\mu_e > \mu_h$ のため），

$$\Delta I = ef\mu_e\tau_e A \frac{V}{L} = e\frac{\tau_e}{t_0}F \tag{8.14}$$

となる．ここで，$F \equiv fLA$ であり，これは単位時間当たりに光導電体全体に発生する電子数である．また，t_0 は次式で与えられる．

$$t_0 \equiv \frac{L}{\mu_e(V/L)} \tag{8.15}$$

$\mu_e(V/L)$ は電子の電界によるドリフト速度であるから，t_0 は電子が電極間を走行する時間である．

式 (8.14) から，

[†] あるいは，式 (4.40) のキャリアの連続の方程式で，拡散ならびにドリフトの効果はこの場合考えなくてもよいので $g = f$ とおいて，

$$\frac{\partial\Delta n}{\partial t} = -\frac{\Delta n}{\tau_e} + f$$

定常状態であるので，$\partial\Delta n/\partial t = 0$ より

$$\Delta n = f\tau_e$$

と求められる．

$$G \equiv \frac{\tau_e}{t_0} \tag{8.16}$$

の値が光導電体の特性を表す因子であることがわかり，この G を光導電体の利得係数（gain factor）という．

式 (8.14) から，大きな光電流を得るためには $G = \tau_e/t_0$ が大きいほどよいことがわかる．つまり，t_0 はできるだけ小さく，τ_e はできるだけ大きいほどよい．τ_e について定量的に考えてみると，これは次式で与えられる．

$$\tau_e = \frac{1}{v_T S M} \tag{8.17}$$

ここで，M は再結合中心密度，v_T は $T\,[\mathrm{K}]$ における電子のブラウン運動の速度（熱速度），S は再結合中心の捕獲断面積（capture cross-section）であって，式 (8.17) は，面積 S の板を板面に対して垂直方向に，v_T の速度で τ_e 時間動かしてできる体積空間に再結合中心が 1 個存在する，つまり再結合中心が体積空間内に含まれれば再結合が起こることを表している．

そこで，τ_e を長くするには捕獲断面積を小さくするか，再結合中心密度を小さくするかである．次に，走行時間 t_0 を小さくするには，式 (8.15) から印加電圧 V を大きくすればよいが，そのほかにも，材料的には移動度 μ_e が大きいほうがよい．

光導電体として代表的な CdS は数 $100\,\mathrm{kV \cdot m^{-1}}$ の電界に耐え，利得 $G = 10^4 \sim 10^7$ に達する．CdS の代表的な光導電体特性を図 8.14 に示す．

光導電体の応用としては，次に述べる光起電力効果素子と同様に，

① 光電流が照度に比例する性質を利用して，照度を測ったり，物体表面の反射率を測定したりする光学上の応用

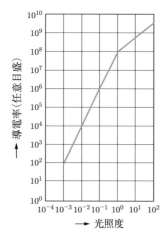

図 8.14　CdS の光導電特性

② 光の断続に応じて動作する継電器の作用を通じて，一般物理量の遠隔測定，自動
制御などの工業的特殊用途に対するセンサへの応用

などがある．

なお，図8.12 (b) に示した外因性型光導電効果は，図 (a) の真性型光導電効果と比
べて励起エネルギーが小さいので，長波長の光に対して応答する．したがって，赤外
線検出器などとして利用することができる．しかし，欠点としては励起エネルギーが
小さいので，室温で不純物準位の大部分の電子（ここではドナー準位を考える）が伝
導帯中に励起されてしまい，光導電効果には寄与しなくなる．そのため，外因性型光
導電効果は一般には低温にしなければ現れない．

8.3.3　光起電力効果（障壁型）

前項の光導電効果では，半導体に照射された光エネルギーでキャリアが発生すると，
それはある時間動きまわった末に再結合するだけであるから，図8.13に示したよう
に，外部から電圧をかけてエネルギー帯を傾斜させてやらないと光電流が取り出せな
かった．もしも外部電界を加えないですでにエネルギー帯が傾斜しているものがある
と，そのままで光電流を取り出すことができる．これがこれから説明する光起電力効
果（photovoltaic effect）である．

では，エネルギー帯が傾斜しているものにはどのようなものがあるだろうか．それ
はすぐに理解できるように，第5章で述べたp-n接合，あるいは第6章のヘテロ接合
などがこれに当たる．p-n接合のエネルギー帯構造は，図8.15 (a) に示すように，空乏
層のところではエネルギー帯は傾斜している．この空乏層の近くに禁制帯幅 E_g 以上
のエネルギーをもった光を照射すると電子－正孔対が発生するが，電子は空乏層部の

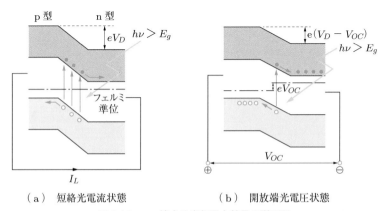

（a）　短絡光電流状態　　　　　（b）　開放端光電圧状態

図 8.15　p-n 接合の光起電力効果の説明図

傾斜に沿って n 型領域へ，正孔は p 型領域へと移動していく．もしも外部回路を短絡しておくと，図 (a) に示すように，光の量に比例する光電流 I_L が外部回路に流れる．この電流を短絡光電流という．すなわち，外部電界を加えなくても光電流を外部に取り出すことができる．

また，図 (b) に示すように，p-n 接合が開放状態では光励起された電子は n 型領域に，正孔は p 型領域に蓄積し，n 型領域に負，p 型領域に正の空間電荷が形成される．その結果，n 型領域のフェルミ準位が p 型よりももち上がり，両者のフェルミ準位に eV_{OC} の差が生じる．この V_{OC} が開放端光電圧である．

光励起によって発生する電子－正孔対の数は，式 (8.10) で示したように光量に比例するから，光量を大きくしていくと V_{OC} も大きくなっていくであろう．光量をさらに増大させていくと，ついには p 型の伝導帯の下端と n 型のそれが一致してしまい，障壁部分の傾斜がなくなってしまう．すると，もはや図 8.12 と同じになり，光励起で発生した電子－正孔対は，エネルギー傾斜がなくなってしまったので動くことができなくなる．このことは，光量が増大していくと，あるところで開放端光電圧は飽和してしまい，それ以上では光量に無関係になることを意味する．このモデルからすると，開放端光電圧の最大値は，p-n 接合の拡散電位差 V_D になることが予想される．図 8.16 は Si の p-n 接合の開放端光電圧 V_{OC} と短絡光電流 I_L の太陽光量との関係を示したもので，上に述べた事柄がよく現れている．

次に，以上の事柄をやや定量的に取り扱ってみよう．図 8.17 に示すような外部回路を p-n 接合に接続すると，接合部に加わる電圧 V と，電流 I（図示の方向）は，光の照射がないときにはふつうの p-n 接合の I–V 特性であり，式 (5.14) で示したように，

$$I = I_s \left\{ \exp\left(\frac{eV}{kT}\right) - 1 \right\} \tag{8.18}$$

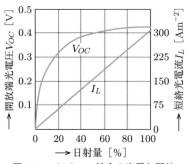

図 8.16　Si の p-n 接合の光量と開放
　　　　端光電圧 V_{OC}，短絡光電流
　　　　I_L の関係

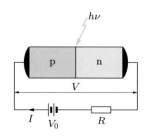

図 8.17　p-n 接合光電池の I–V 特性
　　　　関係の説明図

で与えられる．p-n 接合部に光を照射すると，図 8.15 (a) で説明したように，電流 I_L が I と反対方向に流れて，回路に流れる全電流 I は次のようになる．

$$I = I_s\left\{\exp\left(\frac{eV}{kT}\right) - 1\right\} - I_L \tag{8.19}$$

式 (8.19) より明らかなように，p-n 接合の I–V 特性で，光照射により，電流が I_L だけ全体に移動したことになる．この様子を図 8.18 に示す．

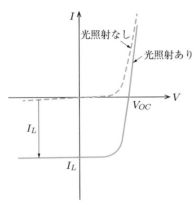

図 8.18　p-n 接合の光照射下での I–V 特性

開放端光電圧 V_{OC} は，式 (8.19) で $I = 0$ とおいて V について解くと，次のように求められる．

$$V_{OC} = \frac{kT}{e}\ln\left(1 + \frac{I_L}{I_s}\right) \tag{8.20}$$

短絡光電流は式 (8.19) で $V = 0$ とおくと，$I = -I_L$ となって入射光量に比例するが，式 (8.20) の開放端光電圧 V_{OC} は入射光量の対数に比例する．

以上は p-n 接合の光起電力効果についての説明であるが，金属 – 半導体接触の光起電力効果についても同様である．

例題　太陽電池の開放端光電圧 V_{OC} は p-n 接合の拡散電位 V_D よりも小さい．その理由を p-n 接合のエネルギー準位図を示して説明せよ．

解答　光励起により生成される電子 – 正孔対の数が増えると，開放端電圧 V_{OC} は大きくなる．仮に，光量を大きくして p-n 接合の拡散電位 V_D と同じ開放端光電圧 V_{OC} が得られたとすると，p-n 接合近傍のエネルギー傾斜がなくなり，電子 – 正孔対は動くことができなくなる．したがって，開放端光電圧 V_{OC} が拡散電位 V_D より大きくなることはない（図 8.15 を参照のこと）．

8.3.4　その他の光起電力効果

　前項では，p-n 接合のように，エネルギー帯に傾斜部分がある障壁型光起電力効果について説明した．しかし，必ずしもエネルギー帯に傾斜がなくても光起電力効果が発生する場合がある．それは，

　(1)デンバー効果（Dember effect）

　(2)光電磁効果（photo-electro-magnetic effect）

　(3)フォトン・ドラッグ効果（photon drag effect）

の三つが主なもので，以下では (1)，(2) について説明しよう．

(1) デンバー効果

　光導電性の半導体の一部を照射すると電子－正孔対が生成され，照射された部分は照射されない部分に対してキャリア密度が増加し，両者の間に密度勾配ができるのでキャリアの拡散が生じる（図 8.19）．もしも電子の拡散定数（すなわち，移動度）が正孔のそれよりも大きく，正孔の拡散が電子の拡散に対して無視できるとすると（一般の半導体では，この仮定が成り立つ），電子は非照射部分に拡散して，この部分に負の空間電荷を形成するので，非照射部分は照射部分に対して負に荷電され，両者の間に光起電力が発生する．この現象は 1919 年コブレンツ（Coblenz）によってはじめて観測されたが，後にデンバー（Dember）によって再発見されて，現在この効果はデンバー効果とよばれている．

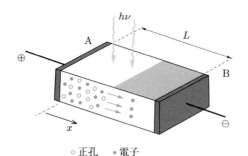

○ 正孔　　● 電子
図 8.19　デンバー効果の説明図

　図 8.19 に示すように，光導電性の半導体結晶に二つのオーミック電極をつけて，一方の電極 A に近い部分を光で照射したとする．いま，結晶内で電極 A から x だけ離れたところの電界を $F(x)$，電子密度を $n(x)$ とする．このとき，電流が流れていないならば，

$$n\mu F - D\frac{dn}{dx} = 0 \tag{8.21}$$

が成り立ち，式 (4.49) のアインシュタインの関係式

$$D = \mu \frac{kT}{e}$$

を用いて，式 (8.21) を試料の一端 A から他端 B まで積分すると，

$$-\int_0^L F\, dx = \frac{kT}{e} \ln \frac{n(0)}{n(L)} \tag{8.22}$$

となる．ここで，L は両電極間の距離である．式 (8.22) の左辺は結晶の両端の電位差を表し，右辺は

$$\frac{kT}{e} \ln \frac{\sigma_i}{\sigma_d}$$

とも記すことができる．ここで，σ_i, σ_d はそれぞれ光を照射したときと照射しないときの導電率である．

したがって，光起電力 V は

$$V = \frac{kT}{e} \ln \frac{\sigma_i}{\sigma_d} \tag{8.23}$$

で与えられる．

たとえば CdS の場合，$\sigma_i/\sigma_d \fallingdotseq 10^4$ 程度は容易に得られ（図 8.14 参照），この値を式 (8.23) に代入すると，室温で $V = 230\,\mathrm{mV}$ となる．この値は実験値とほぼ一致している．

(2) 光電磁効果（PEM 効果）

光導電体に入射した光が表面に近い部分にのみ吸収されると，そこに電子−正孔対が生じ，このキャリアは内部へ拡散していく．この状態で磁束密度 B が入射光の方向と直角に作用すると（図 8.20），電子および正孔はローレンツ（Lorentz）力によってそれぞれ反対方向に曲げられ，入射方向と磁束密度にそれぞれ直角な方向に起電力

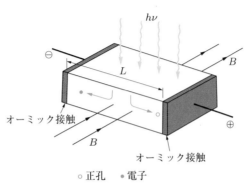

○ 正孔　● 電子
図 8.20 光電磁効果

V_{PEM} が誘起される．この効果を光電磁効果（photo-electro-magnetic，略して PEM 効果）とよんでいる．

演習問題

[1] 禁制帯幅 E_g をもった半導体では，価電子帯中の電子を伝導帯中に励起させるのに必要な光のエネルギーは $h\nu > E_g$ でなければならない．ところが，熱エネルギーの場合には $kT \ll E_g$ でも電子がいくらか励起される．両者の相違を説明せよ．

[2] 波長 λ [Å] の光量子エネルギーは何 eV か．

[3] 真性 Ge に光を照射して光電効果を生じさせるのに必要な光の限界波長を求めよ．

[4] CdS 光導電体は 5100 Å の長波長しゃ断の光導電現象を呈する．電子の寿命時間は 10^{-3} s，移動度 0.1 $\mathrm{m^2 \cdot V^{-1} \cdot s^{-1}}$ で，正孔はトラップされてしまうとする．光導電セルは長さ 1 mm，幅 1 mm，厚さ 0.1 mm で，両端はオーミック接触されている．したがって，受光面積は 1 $\mathrm{mm^2}$ である．一方，接触の面積は 0.1 $\mathrm{mm^2}$ である．セルは $10 \, \mathrm{W \cdot m^{-2}}$ の強さの紫外線（$\lambda = 4096$ Å）で照射されている．量子効率を 1 として次の値を求めよ．

  (a)　1 秒当たり発生する電子 – 正孔対の数

  (b)　試料中の電子数の増加

  (c)　試料のコンダクタンスの変化

  (d)　試料に 50 V の電圧を加えたとき生じる光電流値

  (e)　光導電過程の利得係数

  (f)　CdS の禁制帯幅

[5] 大地は太陽から $1.37 \, \mathrm{kW \cdot m^{-2}}$ の光エネルギーを受けている．この光はスペクトル分布をもっておらず，Na の共鳴波長（5890 Å）で受けとられたと仮定し，次の値を求めよ．

  (a)　表面に単位時間，1 $\mathrm{m^2}$ 当たり到来する光量子数

  (b)　光は反射されず，各光量子は一つの電子 – 正孔対を生じ，これらのキャリアがすべて感光性領域中に発生するものと考えて，1 $\mathrm{m^2}$ の面積の表面接合光電池で発生される短絡光電流の値

[6] 受光面積 $10^{-4} \, \mathrm{m^2}$ の Ge の p-n 接合光電池で，表面の p 型層は $10^{25} \, \mathrm{m^{-3}}$ のアクセプタを，n 型層は $10^{22} \, \mathrm{m^{-3}}$ のドナーを含んでいる．$m_e^* = m_h^* = m_0$，禁制帯幅 $E_g = 0.72$ eV，正孔の寿命時間 $\tau_h = 10^{-6}$ s，拡散定数 $D_h = 4.4 \times 10^{-3} \, \mathrm{m^2 \cdot s^{-1}}$ と仮定して，$T = 300$ K における次の値を求めよ．

  (a)　n 型領域の熱平衡時の正孔密度

  (b)　ダイオードの飽和電流

  (c)　1 mV の光電圧を発生させるに必要な光電流

  (d)　1 mV の光電圧を発生させるに必要な Na 光の強さ（[5] の結果を用いる）

[7] ある光電面に波長 5200 Å の光を照射したとき，放出した光電子の最大エネルギーが 0.67 eV であった．光電面の仕事関数を求めよ．

第 9 章　発光デバイスと受光デバイス

　電気エネルギーを光エネルギーに変換する半導体デバイスは電光変換デバイスとよばれ，発光ダイオードやレーザダイオードなどがその代表格である．それとは逆に，太陽電池のように，光エネルギーを電気エネルギーに変換する半導体デバイスは光電変換デバイスとよばれる．

　本章では，電光変換デバイスと光電変換デバイスの動作機構について説明し，オプトエレクトロニクス分野における半導体デバイスの果たす役割について述べる．

9.1　発光ダイオード

　前章で述べたように，エネルギーの高い状態に励起された電子がもとの状態にもどるとき，そのエネルギーを光として放出する．電流注入により生じる発光，すなわちエレクトロルミネッセンスを利用した発光デバイスが，発光ダイオード（light emitting diode：LED）とよばれるものである．

　第 5 章で説明した p-n 接合に順方向バイアスを加えて少数キャリアを注入する場合，たとえば，p 型領域に注入された少数キャリアである電子は，熱平衡状態からずれた高エネルギー状態にある．したがって，多数キャリアの正孔と再結合する過程でエネルギーを光として放出することが考えられる．しかも，p-n 接合ダイオードでは，小さな電気エネルギーで少数キャリアの注入という励起を行うことができる．

　図 9.1 に示すように，p-n 接合に順方向バイアスを印加すると，p 型領域に電子が，n 型領域に正孔がそれぞれ接合部を通して注入される．注入された少数キャリアは，多数キャリアと再結合して光を放出する．この場合，電子と正孔が直接再結合するものと，8.2 節で述べた励起子や不純物準位を介して行われる場合とがある．

　発光ダイオードの発光波長 λ は禁制帯幅 E_g でほぼ決まり，前述した式 (8.7) で与えられる．可視光発光ダイオードとしては，1960 年代に $GaAs_{1-x}P_x$ を用いて赤色発光ダイオードが開発された．この場合，赤色発光波長領域に禁制帯幅をもつ直接遷移型の半導体が存在しないため，GaAs と GaP との混晶である $GaAs_{1-x}P_x$ を用いて，その禁制帯幅を赤色発光波長領域に合わせる必要があった．その後の赤色発光ダイオードの研究開発では，GaAs と AlAs との混晶である $Ga_{1-x}Al_xAs$ を用いて高効率化が達成され，現在では主に AlGaInP 系四元混晶を用いることにより，さらなる高効率

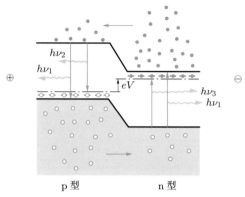

図 9.1　p-n 接合の発光機構の説明図

化が達成されている.

　1990 年代に入ると，直接遷移型の窒化物系ワイドギャップ半導体を用いて青色発光ダイオードと緑色発光ダイオードが開発された. GaN と InN との混晶である $Ga_{1-x}In_xN$ を用いて，その混晶組成比を制御することにより，発光層の禁制帯幅を青色および緑色発光波長領域に合わせている. このように，発光ダイオードの発光層（活性層）には所望の発光波長（発光色）を得るために混晶が用いられることが多い. 青色と緑色発光ダイオードが実用化されたことにより，光の 3 原色である赤（red），緑（green），青（blue）が発光ダイオードでそろったことになる.

9.2　半導体レーザダイオード

　半導体レーザダイオードでは，前節の発光ダイオードと同様に，p-n 接合に順方向バイアスを加えて発光させる. したがって，キャリアを注入することによって発光するので注入型レーザ（injection laser）ともよばれている. レーザはこのほかにもガスレーザ，固体レーザなどがある.

　レーザ（laser）は，light amplification by stimulated emission of radiation の頭文字をとったものである.

　まず，半導体レーザダイオード（laser diode：LD とよぶことがある）と発光ダイオードとの本質的な違いについて述べよう. レーザダイオードと発光ダイオードの本質的な違いは，

　①レーザ光は単色光である

　②レーザ光は位相がそろっている

の 2 点である.

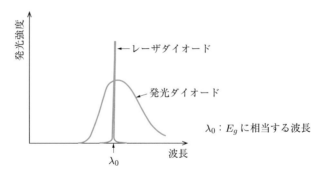

図 9.2 レーザダイオードと発光ダイオードの発光波長の説明図

図 9.2 に示すように，その発光スペクトルに，発光ダイオードとレーザダイオードの大きな違いがある．発光ダイオードは，発光波長が p-n 接合材料の禁制帯幅近辺でかなり広がった光を発する．それに対して，レーザダイオードの発光スペクトルは，禁制帯幅に対応した波長の非常に鋭い発光である．

発光ダイオードの場合には，伝導帯に注入された電子は，外部から何の誘導も刺激も受けず，伝導帯中を移動するときに，たまたま価電子帯中の正孔と再結合し，エネルギーを放出する（発光する）．そのため，この放出を自然放出（spontaneous emission）とよぶ．一般に，自然放出の場合には，発光の位相はまったくそろっていない．

レーザダイオードの場合には，誘導放出（stimulated emission）が行われる．いま，自然放出によって生じた 1 個の光（フォトン）が半導体中を移動するとき，まだ自然放出にいたっていない伝導帯中の電子の近くを通過すると，その電子はある確率でこの光に誘導されて，自然放出を待たずに正孔と再結合して，新たに 1 個の光（フォトン）を発生させる．このように，光によって伝導帯中の電子の再結合が誘導されて新たに光を放出する現象を，自然放出に対して誘導放出という．この誘導放出によって放出された光は，最初の再結合を誘導したもとの光と振動数および位相が一致する．したがって，もしも誘導放出の際にもとの光が消滅することがなければ，性質の一致した光が増幅されたことになる．Laser という名前はこのことに起因している．

このように，レーザ光は波長（振動数）ならびに位相のそろった可干渉性の，いわゆるコヒーレント光（coherent light）である[†]．

以下では，レーザダイオードについてもう少し詳しく説明しよう．一般に，原子や分子は多数のエネルギー準位をもつが，簡単化のために，図 9.3 に示すように E_1，E_2

[†] コヒーレント光（coherent light）とは，干渉性をもつ光という意味である．しかし，もっと狭く，位相のそろった波形がかなり長く保たれている光を指すことが多く，ここでもこの意味の光を指す．誘導放出によるレーザ光は一般にコヒーレントであり，自然放出による通常の光はコヒーレントでない．コヒーレントの本来の意味は，「議論などが筋の通っている，理路整然とした」という意味である．

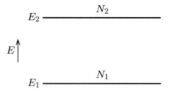

図 9.3　エネルギー準位と粒子密度（$E_2 > E_1$, $N_2 < N_1$）

の二つの準位を考える（$E_2 > E_1$）。各準位にある粒子密度をそれぞれ N_1, N_2 とする。粒子の分布がマクスウェル－ボルツマン分布則に従う場合には，熱平衡状態では式 (5.4) からわかるように，

$$\frac{N_2}{N_1} = \exp\left(-\frac{E_2 - E_1}{kT}\right) \tag{9.1}$$

となる。すなわち，熱平衡状態では，エネルギーの低い準位にある粒子密度は高い準位にある粒子密度よりも大きい。そして，低い準位にある粒子が高い準位に遷移（吸収）する確率と，高い準位の粒子が低い準位に遷移（放出）する確率とは等しい。熱平衡状態では，吸収にあずかる粒子密度 N_1 は，放出にあずかる粒子密度 N_2 よりも大きい。外部で観測されるのはその差であるから，実際には吸収の現象のみしか観測されない。

しかし，何らかの方法で，熱平衡状態に逆らって $N_2 > N_1$ にすれば，吸収よりも放出のほうが大きくなり，誘導放出が現れる。このように，粒子密度 N_1, N_2 を熱平衡状態の場合と逆の分布にすることを分布反転（population inversion），あるいは式 (9.1) で $T < 0$ とすると $N_2 > N_1$ となることから，負温度（negative temperature）の状態にするという。この分布反転はレーザ発振の必要条件であり，この状態に励起することをポンピング（pumping）という。半導体レーザの場合には，電流注入ポンピングによって励起する。

直接遷移半導体（代表的には GaAs）の p-n 接合に順方向バイアスを加え，注入キャリアを極度に増加させると分布反転が生じ，しかも直接遷移半導体であるので，エネルギー帯からエネルギー帯への遷移も鋭くなり，これに共振器を利用すれば，コヒーレント光が得られる。図 9.4 は，接合面積 $2 \times 10^{-9}\,\mathrm{m}^2$ の GaAs レーザダイオードの電流を変えたときの 77 K における発光スペクトルを示したものである。電流が 10 mA になると，きわめて鋭いピークが現れている。このときの電流をしきい値電流という。この部分の光はコヒーレント光であるが，ほかの部分の光は前節で述べた単なる注入型電界発光であり，光はランダムであって周波数にも幅があり，おたがいの位相関係にも規則性がなく，コヒーレント光ではない。

実際にコヒーレント光を発振させるには，分布反転を十分に行わなければならず，そ

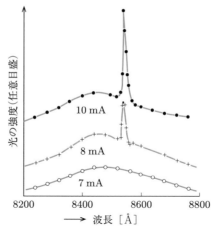

図 9.4 GaAs レーザダイオードの 77 K における発光スペクトル（接合面積 $2 \times 10^{-9} \, \mathrm{m}^2$）

のためには，大電流（GaAs の場合，$3 \sim 5 \times 10^9 \, \mathrm{Am}^{-2}$）を流さなければならない．このような大電流を室温で連続的に流すと，発熱によってダイオードが壊れてしまう．そのため，パルス電流を用いるか，あるいは低温に冷却して動作させなければならない．

　この電流値を下げるためにいろいろと工夫がされてきた．図 9.5 (a) のように，p-n 接合に順方向バイアスを加えると，注入されたキャリアがすべてエネルギー帯からエネルギー帯へ遷移するのではなく，かなりの部分は電極のほうへ流れ出てしまい，むだになっている．そこで，注入されたキャリアを狭い領域に閉じ込めてやれば，小さい電流でもレーザ発振が起こるはずである．それには，第 6 章で説明したヘテロ接合を用いれば可能である．このアイデアは 1963 年にクレーマ（Kroemer）により提案され，7 年後の 1970 年に，図 9.5 (b) に示すような p 型 GaAlAs - p 型 GaAs - n 型

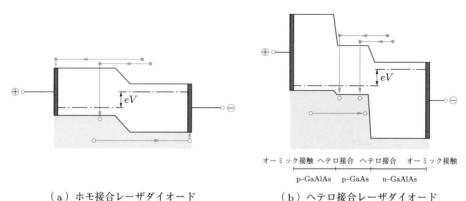

（a）ホモ接合レーザダイオード　　　（b）ヘテロ接合レーザダイオード

図 9.5 各種レーザダイオードのエネルギー準位図

GaAlAs のダブルヘテロ接合構造で，しきい値電流密度が 1〜2 桁小さくなり，室温連続発振が可能になった．その理由の一つは，図 (b) を見れば明らかなように，n 型 GaAlAs から p 型 GaAs 領域中へ注入された電子は，p 型 GaAs 内には拡散していくが，p 型 GaAlAs とのヘテロ接合に存在するポテンシャル障壁によって押しとどめられ，p 型 GaAs 内の電子密度が容易に増大して反転分布が生じ，発振しやすいというキャリア閉じ込め効果である．もう一つの理由は，活性領域の p 型 GaAs の屈折率が両側の GaAlAs の屈折率に比べて大きいので，発生した光が活性領域に閉じ込められる，いわゆる光閉じ込め効果である．この二つの効果によって損失が減って，しきい値電流が極端に小さくなる．

　図 9.6 は，活性領域（再結合が生じる領域）の厚さとしきい値電流密度の関係を示したものである．図にはシングルヘテロ接合の場合も示しているが，シングルヘテロ接合とは，図 9.5 (b) で右側の n 型 GaAlAs が n 型 GaAs の場合である．この場合には，正孔の閉じ込め効果がなくなり，ダブルヘテロ接合に比べてしきい値電流密度は大きくなる．

　なお，最近では 11.3 節で説明する量子井戸構造を利用したレーザが開発され，レーザの性能は飛躍的に向上した．

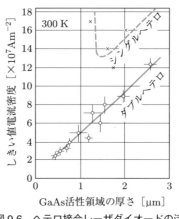

図 9.6　ヘテロ接合レーザダイオードの活性領域の厚さとしきい値電流密度

9.3　太陽電池

　図 9.7 (a) のように，p-n 接合の両端に負荷抵抗 R_L を接続しておいて，p-n 接合部に光を照射すると，負荷に電流 I が流れて $I^2 R_L$ の電力を取り出すことができ，光エ

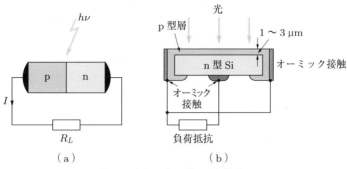

図 9.7　太陽電池の説明図と構造図

ネルギーを電気エネルギーに直接変換することができる．このような素子が，いわゆる太陽電池（solar cell）である．ただし，太陽電池といっても蓄電池のようには電力を蓄える機能はもっておらず，光起電力効果によって光を電気に変換する発電機である．

　一般に，太陽電池には図 (b) に示したような構造の p-n 接合が用いられる．光は接合部近辺に到達しなければならないので，n 型層の表面に 2 μm 程度の薄い p 型層を形成し，その表面から太陽光を照射させる．

　太陽電池は，使われる半導体や構造により，多くの種類に分類される．使われる半導体に注目すると，Si 系と化合物半導体系に大別される．Si 系太陽電池は，結晶 Si 型（単結晶と多結晶を含む）とアモルファス Si（a-Si）型に分類される．結晶 Si 型は，単結晶または多結晶の Si 基板を利用したものである．発電効率が優れており，現在，もっとも多く生産されている．a-Si 型は，ガラスや金属などの基板上に薄膜状の a-Si を形成させて作製される．使用する Si 原料が少なく，生産に必要なコストは低いが，結晶 Si 型と比較すると発電効率は低い．Si 系太陽電池では，太陽エネルギーを電気エネルギーに変換する効率は 10〜20% 程度である．太陽から降り注ぐエネルギーは，東京辺りでは平均 $1\,\mathrm{kW\cdot m^{-2}}$ といわれている．変換効率を 10% とすると，$1\,\mathrm{m^2}$ の太陽電池では 100 W の出力が得られる．Si 系太陽電池の変換効率が大きくないのは，Si の禁制帯幅が小さく，図 9.8 に示すように，太陽光の長波長側の部分しか吸収しないためである．

　一方，化合物半導体系太陽電池は単結晶型と多結晶型に分類される．単結晶型の GaAs 系太陽電池はその禁制帯幅が約 1.4 eV であり，図 9.8 に示すように，太陽光スペクトルによく一致している．そのため，Si 系太陽電池と比較するとその変換効率は高い．ただしコストが高いために，その用途は，とくに高い変換効率が必要とされる宇宙用などに限定されている．多結晶型としては，CdS 系，CdTe 系，$\mathrm{CuInGaSe_2}$ 系（カルコパイライト系）などがある．多結晶であるため，大面積化や量産化に向いて

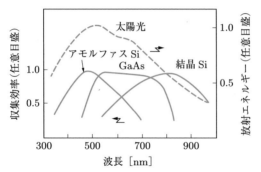

図9.8　太陽光スペクトルと各種太陽電池のスペクトル特性

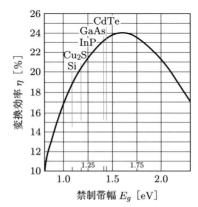

図9.9　禁制帯幅 E_g と変換効率 η との関係（計算値）

いる.

　図9.9は禁制帯幅と変換効率（計算値）との関係を示したものである. 効率を上げるためには，禁制帯幅を太陽光スペクトルに一致するようにする必要がある. しかし，一つの半導体で太陽光スペクトルに一致させるのは難しく，一般には複数の半導体を積層した多接合型の太陽電池の開発が試みられている. すなわち，禁制帯幅の異なる複数のp-n接合を，表面から内部に向かって禁制帯幅が小さくなるように積層する. そうすると，光の入射側（表面）のp-n接合から順に短波長の光を吸収し，より長波長の光はより下層のp-n接合で吸収され，幅広い波長域の光を吸収することが可能となる. その結果, 単接合型よりも高い変換効率が得られる. GaInP/GaAs/Ge の3接合型では，30% を超えるものが開発されている.

9.4　フォトダイオード，フォトトランジスタ

　光起電力効果素子は，太陽電池のようなエネルギー変換器として用いられる以外に，光信号を電気信号に変換するのにも用いられ，光検出器あるいは光センサとしても重要である．また，そのほかに測光・継電器などにも用いられる．このような場合，そこから取り出しうるエネルギーは Si の p-n 接合を例にとって計算しても，入射光 2000 lx として，$\phi = 2\,\mathrm{mm}$ のものでは $I = 0.1\,\mathrm{mA}$，$V = 0.3\,\mathrm{V}$，したがって，$P = 0.03\,\mathrm{mW}$ で，計器や継電器を動作させるには十分ではない．このような目的には電池を直結して用いるのが有利で，この方法で用いられる光起電力素子がフォトトランジスタである．しかし，これは 2 端子で構造的にはダイオードであるので，フォトダイオードともいう．

　図 8.17 で p-n 接合を逆バイアスすると，式 (8.19) で $\exp(-eV/kT) \fallingdotseq 0$ となって，$I \fallingdotseq -(I_s + I_L)$ となる．すなわち，p-n 接合の逆方向電流が光の量によって変化する．フォトトランジスタは，ふつうのトランジスタがエミッタからのキャリアの注入によってコレクタ電流を変化させるかわりに，光でコレクタ電流を変化させるものである．

　図 9.10 (a) に，フォトトランジスタとふつうの接合型トランジスタを対比して示す．また，図 (b) に Ge の p-n 接合フォトトランジスタの特性を示す．

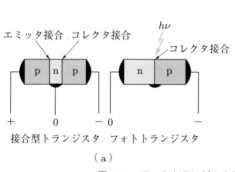

（a）

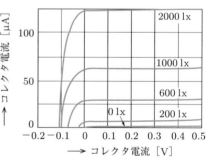

（b）　Ge の p-n 接合フォトトランジスタ

図 9.10　フォトトランジスタと接合型トランジスタの比較
ならびにフォトトランジスタの特性

　フォトトランジスタの光応答速度は，キャリアが電極間を走行する時間および接合容量と内部抵抗によって決まる．p-n 接合は光励起されたキャリアが拡散で空乏層に達するので，周波数特性は一般には悪く，数 MHz までのものが多い．そこで，表面近傍から $x = \alpha^{-1}$（α：吸収係数）まで電界が加わるようにすると，ドリフト効果によって応答速度は改善される．その目的のために，p-n 接合の間に i 層を設けて p-i-n 構造

にしたり，あるいは金属−半導体接触のショットキーダイオードの光起電力効果が用いられる．

9.5　オプトエレクトロニクス

オプトエレクトロニクス（光電子工学）は，オプティクス（光学）とエレクトロニクス（電子工学）を組み合わせた合成語である．オプトエレクトロニクスの同義語として，主に米国ではフォトニクスという言葉も用いられる．電光変換デバイスである発光ダイオードや半導体レーザダイオード，光電変換デバイスである太陽電池などがオプトエレクトロニクス関連製品の代表格である．

このオプトエレクトロニクスは，半導体レーザが出現し，その各種応用分野が開けてきてから急速に進展してきた．また，発光ダイオードにより光の3原色がそろったことも，その進展に大きく寄与している．本節では，主に半導体レーザと発光ダイオードの応用を取り上げてオプトエレクトロニクスについて述べる．

9.5.1　レーザ光の特長

すでに述べたように，レーザ光は発光ダイオードからの光と異なり（もちろんふつうの電球などの光とも異なり），次のような特長をもつ．

①波長が一定であり，単色光である

②位相がそろったコヒーレント光である

その結果として，

③発散が小さく，集光性がきわめて高い．たとえば，地球から38万kmも離れている月の表面にレーザ光を照射しても，わずか1kmしか広がらない

④エネルギー密度が高い

という特長をもつ．これらの特長を活かして，さまざまな応用分野が拓かれた．

9.5.2　レーザ光の応用

(1) 光通信

まず光通信をあげることができよう．レーザは単色光であるので，一定の波長すなわち振動数の波である．ラジオ，テレビを見てもわかるように，情報は一定の周波数の波で送られている．したがって，情報を送るには一定の周波数の波が必要である．また，送信可能な情報量はほぼ周波数に比例し，周波数が高くなればなるほど多くなる．この点レーザは一定の周波数であり，かつ周波数も高くすることが可能であり，通信用としては大変有望である．すなわち，レーザ光は通信の発信器である．

　なお，光通信の実用化を加速したものに光ファイバがある．通信には，信号の送受信器とともに伝送路がなくてはならない．光通信の伝送路に相当するものが光ファイバである．

　光は直進，あるいは反射，屈折する．光は屈折率の大きな物質から屈折率の小さな物質の表面に，大きな入射角で当たると全反射される．この現象を利用して，図 9.11 に示すように，クラッド（殻）という外側と，それよりも屈折率の大きなコア（中心）の2層からなる直径 0.1 mm 程度の髪の毛よりも細い石英ガラスでできた繊維をつくると，光はこのコアの中に閉じ込められて，光が外に漏れることがない．これが光ファイバであり，この原理は西澤潤一氏によって 1964 年に提案された．西澤潤一氏は，レーザ，光ファイバ，ならびに光通信には欠かせない受信器であるアバランシェフォトダイオード，すなわち光通信の3本柱（発信器・伝送路・受信器）をすべて世界に先駆けて提案し，その業績により 1989 年に文化勲章を受章した．このように，光通信に関しては日本が世界のトップランナーである．

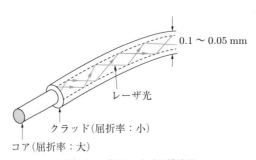

図 9.11　光ファイバの構造図

　現在は，この光ファイバを通る光の損失もきわめて小さく，1 km 当たりの損失は0.2 デシベル（dB）程度である．すなわち，100 km 進んで 100 分の1程度の減衰であり，これは快晴時に東京から富士山をくっきり見たときの透明度に相当する．この程度の小さな減衰ならば，十分に通信用に使うことができる．銅線で 100 km 伝送するとすれば，途中に中継器を入れて増幅しなければならない．そのほか，金属ケーブルと比較した場合，耐絶縁性，耐火性，耐水性，耐腐食性など，光ファイバにはさまざまな長所がある．しかし，天は二物を与えずで，欠点もある．光ファイバは金属ケーブルとは異なり，電気エネルギーを伝送するには適していない．

　現在，光通信用として日本列島縦断光ファイバケーブルはもちろん，太平洋横断の海底光ファイバケーブルが設置されている．

　光通信の場合には，図 9.12 に示すように，光ファイバの損失のもっとも小さい 1.3～1.6 μm 帯域の GaInAsP/InP 系レーザが実用化されている．

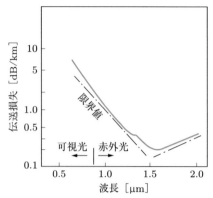

図9.12　光ファイバの損失と波長との関係

(2) 情報のキャッチ

　レーザ光は集光性に富んでおり，波長も短いので，波長程度の大きさの情報をキャッチすることができる．すなわち，1μm 程度の情報をキャッチすることができる．身近なところでは，スーパーマーケットで売られている商品にはバーコードが付いているが，レーザ光はそれを読み取り，値段をレジに自動的に打ち込んでいく．これをさらに発展させると，文字や図形を読み取ることができる．活字印刷ならば 95% 程度は正確に読み取ることができる（現在はレーザ光の代わりに LED を用いている）．

　微小部分の情報としては，大気中の微粒子や分子までキャッチでき，これを用いた大気汚染濃度検出器も実用化されている．これはレーザレーダとよばれている．さらには，分子や原子の内部で起こる情報までキャッチすることができる．

　レーザ光はコヒーレント光であり，位相がそろっているので，この位相の情報，すなわち，干渉現象やドップラー効果を利用して，動く物体の情報などもキャッチすることができる．これらのものは一般に，ファイバセンサあるいは光波センサとよばれている．

(3) 情報の記録

　写真は光によって情報を記録している．しかし，これは位相のそろった光ではない．位相のそろったレーザ光を用いると，もう一つ情報量が多くなり，3 次元像，すなわち立体像を記録することができる．これがレーザホログラムである．

　また，レーザディスクはその名前が示すようにレーザ光を利用している．レーザ光は極度に小さな点に集光できるので，直径わずか 1μm ほどの穴の形で情報を記録することができる．この記録された情報を読み取るにもレーザ光が用いられる．すなわち情報を，記録した穴から反射されてくるレーザ光でモニターする．この方法によると，$1\,\mathrm{cm}^2$ に 10^{11} 程度の情報を蓄積することができるので，ふつうのコンパクトディ

スク（CD）1枚でA4判の文書10万枚を記録することができる．NASA（アメリカ航空宇宙局）は，宇宙空間からの映像をレーザシステムで記録している．

また，レーザプリンタも実用化されている．レーザにより原稿の読み取りから印刷まで可能であり，これがファクシミリ伝送である（現在はレーザ光の代わりにLEDを用いている）．

なお，レーザ光はその波長が短波長になると，情報の記録，読み取りは高密度になる．レーザ光をレンズで集光した際のビームスポットの直径はレーザ光の波長に比例するため，レーザ光の波長が短くなるほど，光スポットサイズを小さくすることができる．原理的には，レーザ光の波長を1/2にすると，その光スポットサイズ（面積）を1/4にすることができ，より高密度に記録された情報の読み取りが可能となる．

光ディスクの場合，CD用には発振波長780 nmのGaAs系レーザが用いられ，その情報記録量は640 MBである．DVD用には発振波長650 nmのAlGaInP系レーザが用いられ，その情報記録量は4.7 GBである．また，Blu-rayディスク用には発振波長405 nmのGaInN系レーザが用いられ，その情報記録量は27 GBである．このように，レーザ光の短波長化に伴い，情報記録量の大幅な増大が実現している．現在，さらなる情報記録量の増大をめざして，紫外〜深紫外波長領域で動作することが可能なAlGaN系レーザの研究開発が進められている．

9.5.3 発光ダイオードの応用

赤色発光ダイオードが開発された当初，その応用分野は室内で利用される電子機器のon/off表示など，表示用光源に限られていた．その後，発光ダイオードの高輝度化や多色化が進むにつれて，その応用分野は交通信号灯，車両用灯具，各種ディスプレイ用光源などへ急速に広がっていった．とくに，前述したように，発光ダイオードにより光の3原色（赤，緑，青）がそろったことで表示器のフルカラー化が可能となり，屋外における大型ディスプレイのフルカラー化が実現している．

一方，1990年代後半になると白色発光ダイオードが開発された．その構造は青色発光ダイオードと黄色蛍光体を組み合わせたものであった．これは，青色発光ダイオードからの青色光の一部をYAG蛍光体により黄色光に変換し，発光ダイオードからの青色光と蛍光体からの黄色光により白色光を得るものである．21世紀に入り，この白色発光ダイオードは携帯電話の液晶バックライト光源として利用され，急速にその市場を拡大していった．現在では，ノートパソコンや液晶テレビのバックライト光源としても幅広く利用され，車載用ヘッドランプへの応用も始まっている．また，発光効率の向上に伴い，白熱電球や蛍光灯を代替可能な一般照明用光源への応用が期待されている．発光ダイオードは，電光変換効率が高いために消費電力が少ないこと（電球

の 1/8，蛍光灯の 1/2），小さな光源であるために小型，薄型，軽量であること，長寿命であり半永久的に使用できることなどの特徴をもっており，次世代の省エネルギー照明用光源として期待される．実際，一般家庭用照明器具の発光ダイオード化がすでに始まっている．

　このように，発光ダイオードが幅広い分野へ応用され始めたのは青色発光ダイオードの開発に端を発している．青色発光ダイオードは赤﨑 勇氏が最初に開発し，その業績により赤﨑 勇氏は 2011 年に文化勲章を受章した．

9.5.4　発光ダイオードの効率

　発光ダイオードの各種効率についてまとめておく．発光ダイオードの特性を表す性能指数の一つとして，外部量子効率（external quantum efficiency）が用いられる．外部量子効率とは，発光ダイオードに入力された電気エネルギーのうち，どの程度のエネルギーを光エネルギーに変換して外部に取り出すことができるのかという，発光ダイオードのエネルギー変換効率を表している．より正確に定義すると，外部量子効率は外部から発光ダイオードに注入された電子−正孔対の数に対して，外部に放射される光子（フォトン）の数の割合で定義される．この外部量子効率は，内部量子効率（internal quantum efficiency）と光取り出し効率（light extraction efficiency）の二つの効率に分けて考えることができる．

　内部量子効率は，発光ダイオードに注入された電子−正孔対の数に対して，その発光層（活性層）で発生する光子の数の割合で定義される．一方，光取り出し効率は，発光層で発生した光子の数に対して，外部に放射される光子の数の割合で定義される．したがって，内部量子効率と光取り出し効率との積が外部量子効率を与えることになる．

　内部量子効率は，主に発光ダイオードを構成する半導体結晶の品質に依存し，その値は結晶欠陥などに起因した非輻射再結合中心の密度に大きく左右される．一方，光取り出し効率は，発光ダイオードの素子構造に依存し，その値は発光ダイオードの表面形状や電極形状に大きく左右される．

　なお，実用的には，外部量子効率と発光ダイオードの電圧効率（voltage efficiency）との積を発光ダイオードの電力効率（wall-plug efficiency）と定義して用いることが多い．

例題　ある LED に，3.5 V の電圧を加えて 20 mA の電流を流した．そのとき，外部に放出される光出力を計測したところ，42 mW であった．この LED の外部量子効率はいくらか．ただし，電圧効率は 100% と仮定する．また，この LED の光取り出し効率を 70% と仮定すると，内部量子効率はいくらか．

解答　入力電力は，$3.5 \times 20 \times 10^{-3} = 70\,\mathrm{mW}$ である．電圧効率は 100% であるから，外部量子効率は電力効率と等しくなり，$(42/70) \times 100 = 60\%$ となる．光取り出し効率は 70% であるから，内部量子効率は $(60/70) \times 100 = 85.7\%$ となる．

9.5.5　有機半導体

　Si や化合物半導体は無機材料であるが，半導体としての特性を示す有機化合物のことを有機半導体（organic semiconductor）という．ほとんどの有機化合物は絶縁体であるが，導電性ポリマーに代表されるように，近年は電気を通す有機化合物を化学合成によってつくり出すことが可能となってきた．有機半導体材料は，分子の大きさによって低分子系と高分子系の2種類に大別される．低分子系として代表的な材料は，ペンタセンやフタロシアニン類など，高分子系ではポリチオフェンやポリアセチレンなどである．

　有機半導体を利用して，有機エレクトロルミネッセンス（electroluminescence：EL）ディスプレイ，有機薄膜トランジスタ（thin film transistor：TFT），有機太陽電池（色素増感太陽電池）などが開発されている．無機材料と比較すると，有機材料は軽くて柔らかい点が特長である．したがって，有機デバイスは柔軟性，軽量性，耐衝撃性に優れている．また，低コストで大面積に作製できる，プラスチックフィルム上に比較的低温で作製できるなどの特長ももっている．有機 EL ディスプレイと有機 TFT を組み合わせてプラスチックフィルム基板上に作製すると，柔らかくて曲げることができ，丸めて運ぶことも可能なフレキシブルディスプレイが実現できる．

演習問題

[1] 発光ダイオードの発光色（発光波長）は半導体のどのような因子で決まるか．

[2] 発光ダイオードと半導体レーザダイオードの特徴について説明せよ．

[3] 半導体レーザダイオードにダブルヘテロ構造を用いた場合の利点を，ホモ接合の場合と比較して説明せよ．

[4] GaAs 系太陽電池のエネルギー変換効率が Si 系太陽電池のエネルギー変換効率と比べて高い理由を説明せよ．

[5] 一般に，p-n 接合よりも金属−半導体接触型光電池のほうが光の応答速度が速いといわれている．その理由を説明せよ．

第 10 章　半導体の各種性質

　前章までに述べたほかにも，半導体にはほかの材料ではみられない特異な性質が多くある．それらの特異な性質は，センサとして利用されている場合が多い．本章では，それらの特異な性質について触れる．

10.1　熱電的性質

　熱エネルギーを電気エネルギーへ，または電気エネルギーを熱エネルギーに変換する熱電効果の研究は 19 世紀にさかのぼるが，金属の熱電効果はきわめて小さく，最近まで積極的な利用法はみられず，測温用として熱電対が利用される程度にすぎなかった．しかし，半導体の出現によっていままでの金属よりも数 100 倍も大きな熱電効果が得られるようになり，その結果，半導体の熱電現象を利用して，熱発電や熱電冷却（電子冷凍）が行われるようになった．

　本節では熱電効果（thermoelectric effect）の発生する機構を説明し，なぜ半導体が金属に比べて大きな熱電効果を示すかを説明する．

10.1.1　熱電現象の歴史的展望

　熱電効果の研究はかなり古く，すでに 1821 年にドイツの物理学者ゼーベック（Seebeck）は熱電効果の第 1 の現象を発見した．彼は異なった二つの導体で構成された閉回路で，それら導体の接点に温度差 ΔT があると，その近くに置かれた磁針が振れることを認めた．この現象は，閉回路を開回路にすると磁針の振れが止まり，両端に電位差 ΔV が生じること（彼自身もこのことを認めていたが）から考えて，異種の導体からなる閉回路の接点に温度差があるとき発生する熱電流であることは明らかである（現在では熱電流現象またはゼーベック効果とよばれている）[†]．この開回路に現れる電位差 ΔV（これをゼーベック電圧とよぶ）は，接点の温度差 ΔT に比例し，その比例係数 $\alpha_{ab} = \Delta V / \Delta T$ は，ゼーベック係数として知られている．このゼーベック効果を説明したのが図 10.1 である．図中の b，c は同一導体で，a とは異なる導体である．

[†]　興味深いことに彼はこの熱電流の考えを長い間否定し，磁針の振れは，導体の磁化によるためであると考えた．

図 10.1 ゼーベック効果

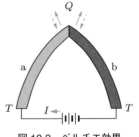

図 10.2 ペルチエ効果

　それから 13 年後の 1834 年，フランスの時計屋であったペルチエ（Peltier）は，ゼーベック効果とは逆に，図 10.2 に示したように，二つの異なった導体 a，b 間の接触面に電流 I を流せば，その電流方向によって接触面において熱量 Q の吸収，または発生があることを発見した．しかし，ペルチエもゼーベックと同様に，自分で発見した現象を十分に理解することができず，すべての導体に普遍的なジュールの法則が強電流の場合にだけ成立し，熱電素子によってつくられるような弱い電流の場合にはこの法則に従わないと考えた．そこで，彼はこれを証明しようとして，いろいろの金属の組合せでその特異性を見出そうと試みたが，その実験結果は必ずしも彼の期待には沿わなかった．

　1838 年になって，レンツ（Lenz）は Bi-Sb 接触面に電流を流すと，そこに置かれた水滴が凍り，また，電流方向を逆転するとその氷が解けることを示した．しかし，この簡単な実験によってすべての疑問に決着をつけるまでには，なお数年の年月を必要とした．レンツの実験結果が示すように，この効果はジュールの抵抗発熱効果とはまったく別の現象であって，先ほどのゼーベック効果に対する熱電現象の第 2 の効果で，ペルチエ効果と名づけられている．ペルチエ効果による吸熱または発熱量 Q は通電電流 I に比例するが，その比例係数 $\pi_{ab} = Q/I$ はペルチエ係数とよばれている．

　ゼーベック効果やペルチエ効果が発見された当時の物理学界や電気学界は，電磁気現象におけるマクスウェル（Maxwell）の理論が展開されていたときであり，物理学者たちはこのマクスウェルの理論に傾注していて，熱電現象はほとんど彼らの注意をひかなかった．

　ゼーベックの発見後 30 年を経て初めて，熱力学の影響を受けて再びゼーベックおよびペルチエ効果が注目を集め，熱力学の創始者の 1 人であるイギリスの物理学者トムソン（W. Thomson，後の Lord Kelvin†）は，1851 年にゼーベック効果とペルチエ

---

†　彼は 11 歳でグラスゴー大学の学生になり，15 歳で熱伝導の論文を発表した．しかし，少年が講演を行うのは威厳がないということで，年配の教授によって発表された．彼はこの熱伝導とは別のケーブルの技術指導の功績が認められて，時の女王から，グラスゴー大学の傍の Kelvin 川から名をとって Kelvin 卿と称された．この Kelvin が絶対温度のケルビンである．

効果との間には何らかの関係が存在しなければならないと考えた．彼は熱力学的議論からこの関係を導くことを試み，この関係を確立したのみでなく，同時にこれを導くに当たって，これらの効果とは別に第3の熱電効果（トムソン効果）が存在しなければならないことを理論的に予言して，後年みごとに実証した．

トムソン効果とは，図 10.3 に示すように，場所によって温度の異なる一つの導体に電流 I を流したとき，単位時間に導体内にジュール熱以外の熱 ΔQ の発生または吸収が生じる効果であり，$\Theta = \Delta Q/(I \cdot \Delta T)$ をトムソン係数とよぶ．

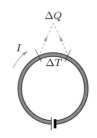

図 10.3　トムソン効果

以上のように，熱電効果はかなり以前から知られており，これらの効果を利用した熱発電や電子冷凍に関する基本的な理論もすでに 1909 年と 1911 年にアルテンキルヒ（Altenkirch）によってなされている．しかし，近年まであまり積極的な応用はみられず，単に温度測定用の熱電対や，輻射エネルギーの検出用熱電対列などに用いられる程度であった．これは，ウィーディマン－フランツ（Wiedemann–Franz）の法則に従う金属が熱電対分枝として最良の材料であった 1900 年代の初期としては当然の結果であった．しかし，現代物理学の成果として誕生した半導体の熱電材料が得られるようになってから，金属材料ではみられない変換効率の高い熱発電器や電子冷凍器の出現も可能になった．

以上で述べたように，熱電効果は次の三つに大別できる．

① ゼーベック効果
② ペルチエ効果
③ トムソン効果

以下では，これらの効果の物理的機構について説明しよう．

10.1.2　ゼーベック効果

図 10.4 (a) はゼーベック効果の説明図で，細長い半導体片の両端には同一金属がオーミック接触されている．この一方の接触端子を図のように温度 T_0 に保ち，他端の接触面を温度 $(T_0 + \Delta T)$ にして，半導体片に一様な温度勾配を与えておく．いま，こ

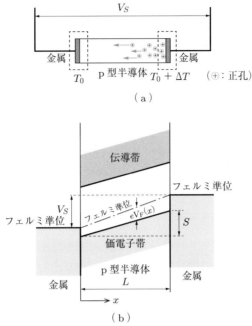

図 10.4 ゼーベック効果の説明図

の半導体片は一様な不純物密度をもった p 型で，かつ，ここで考えている温度 T_0 と $(T_0 + \Delta T)$ の付近では，半導体中のキャリア密度が温度の増大とともに指数関数的に増加する（すなわち，図 4.14 の枯渇領域ではない）と仮定する．

　そうすると正孔密度は，図 10.4 (a) で温度の低い左端よりも温度の高い右端のほうが大きい．したがって，正孔は右から左へ拡散し，左端の冷接点（T_0）側に正孔が蓄積されて正の空間電荷ができる．この空間電荷のために半導体中に電界が生じ，この電界は正孔に対して逆に冷接点（T_0）側より温接点（$T_0 + \Delta T$）側の方向に力を及ぼす．定常状態では，この空間電荷電界のドリフト効果と拡散効果とが平衡している．その結果，図 (b) で示すように定常状態では半導体のエネルギー帯は傾斜し（図では電子に対するエネルギーを基準にとっているので，正孔が蓄積されたほうの冷接点側が下がる），両端のエネルギー帯の差 S が空間電荷電界による電位差を表している．当然のことながら，両端の金属のフェルミ準位は半導体のそれぞれの端のフェルミ準位と一致している．

　この場合，半導体中のフェルミ準位の傾斜は，エネルギー帯の傾斜とは一致していない．その理由は，すでに 4.4 節で説明したように，フェルミ準位自身が温度の関数で，高温になるにしたがってフェルミ準位は禁制帯の中央に近づくためである．したがって，冷接点側よりも温接点側のフェルミ準位のほうが禁制帯の中央に近づくので，半導体のフェルミ準位の傾斜はエネルギー帯の傾斜よりも大きくなる．この両端のフェ

ルミ準位の差がいわゆるゼーベック電圧 V_S として実際に観測される量である.

そのため,この V_S は S に等しくなく,S にさらにフェルミ準位の両端の価電子帯からのエネルギー差 $(dV_F/dT) \cdot \Delta T$ を加えたものである.

$$V_S = S + \frac{dV_F}{dT} \cdot \Delta T \tag{10.1}$$

ここで,V_F はフェルミ準位のエネルギーをボルトの単位で価電子帯の上端から測った値である.

拡散による温接点側(以下添字 "h" で表す)から冷接点側(以下添字 "c" で表す)に流れる正孔の拡散電流は

$$I_{h \to c} = eD_h \frac{dp}{dx} \tag{10.2}$$

であり,また,正孔の空間電荷電界 F による冷接点側から温接点側への電流は

$$I_{c \to h} = ep\mu_h F \tag{10.3}$$

である.定常状態では両方の電流は等しいので

$$eD_h \frac{dp}{dx} = ep\mu_h F \tag{10.4}$$

となる.

ここで,式 (4.49) のアインシュタインの関係式 $D_h = kT\mu_h/e$ と,$F = S/L$ の関係を用いると,式 (10.4) は

$$\frac{dp}{dx} = p \frac{e}{kT} \frac{S}{L} \tag{10.5}$$

となる.ここで,L は半導体片の長さである.

一方,

$$\frac{dp}{dx} = \frac{dp}{dT} \cdot \frac{dT}{dx} = \frac{dp}{dT} \cdot \frac{\Delta T}{L}$$

であるので,式 (10.5) は

$$\frac{dp}{dT} = p \frac{e}{kT} \cdot \frac{S}{\Delta T} \tag{10.6}$$

となり,正孔密度 p と温度との関係は,式 (4.18) から,

$$p = U_h T^{3/2} \exp\left(-\frac{eV_F}{kT}\right) \quad (ここでは E_v = 0 とした) \tag{10.7}$$

となる.ここで,

$$U_h = 2\left(\frac{2\pi m_h^* k}{h^2}\right)^{3/2}$$

である.

式 (10.7) を用いると,式 (10.6) は次式のようになる.

$$S = \left(-\frac{dV_F}{dT} + \frac{V_F}{T} + \frac{3}{2}\frac{k}{e} \right)\Delta T \tag{10.8}$$

式 (10.8) と式 (10.1) より，ゼーベック電圧 V_S は

$$V_S = \frac{k}{e}\left(\frac{3}{2} + \xi_h \right)\Delta T \tag{10.9}$$

となる．ここで，$\xi_h \equiv eV_F/kT$ である．

ゼーベック係数 $\alpha_h = V_S/\Delta T$ は

$$\alpha_h = \frac{k}{e}\left(\frac{3}{2} + \xi_h \right) \tag{10.10}$$

となる．まったく同様にして，n 型半導体の場合は，

$$\alpha_e = -\frac{k}{e}\left(\frac{3}{2} + \xi_e \right) \tag{10.11}$$

となる．ここで，$\xi_e \equiv e(V_g - V_F)/kT$ であり，V_g は禁制帯幅 E_g をボルトの単位で表したもので，$E_g = eV_g$ である．

キャリアとして正孔と電子の両方が存在する場合のゼーベック係数を求めると，次式が得られる．

$$\begin{aligned} \alpha &= \frac{k\left\{ p\mu_h\left(\frac{3}{2} + \xi_h \right) - n\mu_e\left(\frac{3}{2} + \xi_e \right) \right\}}{e(p\mu_h + n\mu_e)} \\ &= \frac{\alpha_h\sigma_h + \alpha_e\sigma_e}{\sigma} \end{aligned} \tag{10.12}$$

ここで，p，n はそれぞれ正孔密度と電子密度，σ_h，σ_e は正孔ならびに電子だけによる導電率，σ は全体の導電率で，$\sigma = \sigma_h + \sigma_e$ である．

いま，フェルミ準位が価電子帯の上端に一致しているような p 型半導体のゼーベック係数を求めてみよう．式 (10.10) で $\xi_h = 0$ とすると，次のようになる．

$$\alpha_h = \frac{k}{e}\left(\frac{3}{2} \right) \fallingdotseq 130\,\mu\mathrm{V}\cdot\mathrm{K}^{-1}$$

この値は，金属の $\alpha_n \sim (2\sim3)\,\mu\mathrm{V}\cdot\mathrm{K}^{-1}$ の値に比べると 2 桁大きい．このように，金属に比べて半導体のゼーベック効果がきわめて大きい理由が，上の説明で理解されたであろう．

以上の議論は，キャリア密度が温度によって変化する場合である．しかし，キャリア密度が温度によって変化しない場合（たとえば枯渇領域または金属）でもわずかの

ゼーベック電圧が発生する場合がある．これは，温接点のほうが熱エネルギーが大きいので，試料の断面を通過するキャリアは冷接点側から温接点側に移動するものよりも，この逆方向に移動するもののほうが大きく，両者の平衡がずれたり，あるいは高温側のほうが格子振動が大きく，キャリアが移動しにくくなるなどのためである（これが金属のゼーベック係数が小さい根本的原因である）．

10.1.3　ペルチエ効果

　10.1.1 項で述べたように，ペルチエ効果とは，異種の導体の接触面を通して電流を流したとき，その接触面でジュール熱以外に熱量 Q の発生または吸収が起こる現象である．この熱電効果は可逆的で，電流の方向を逆転すると熱の発生は吸収に，吸収は発生に変わる．この効果は一般に，金属と金属の接触よりも，金属と半導体または半導体どうしの接触のほうが大きい．ここでは図 10.5 に示すように，金属と p 型半導体との接触によるペルチエ効果について説明しよう．ここで，金属と半導体のフェルミ準位は一致していなければならず，また，その接触面では整流性がなくオーミック接触になっていると仮定する．

　いま，図 10.5 に示したように，正孔が金属から半導体中に流れ込むとする．接触面を通して正孔が流れるためには，正孔は少なくとも eV_F [eV] のエネルギーを吸収しなければならない．この eV_F を吸収して接触面を通過した正孔が半導体中を流れるためには，さらに運動エネルギー E が必要である．したがって，接触面で $eV_F + E$ のエネルギーが吸収されるわけで，これがペルチエ効果として観測される熱の吸収の根源をなすものであり，冷却効果である．

　逆に，正孔が半導体から金属に流れ込むときにはエネルギーが余るので熱として放出される．これが発熱効果である．

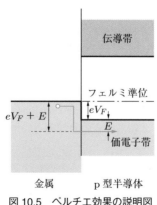

図 10.5　ペルチエ効果の説明図

10.1.4 半導体の熱伝導率

物質の熱伝導現象は,

①キャリア系によるもの

②フォノン（格子振動）系によるもの

の二つに大別できる.

金属の熱伝導は大部分がキャリア系によるが, 絶縁体はほとんどフォノン系によっている. 半導体の場合には, 一般には熱伝導の 90% 以上がフォノン系による. これらの様子を示したのが図 10.6 である. 図中の κ_c はキャリア系による熱伝導率, κ_p はフォノン系による熱伝導率で, 全熱伝導率 κ は

$$\kappa = \kappa_c + \kappa_p \tag{10.13}$$

で与えられる.

フォノン系による熱伝導率 κ_p は原子間の結合の強さにも依存し, 結合力が強いほど κ_p は大きくなる. したがって, 共有結合をもつダイヤモンド構造の結晶では κ_p は大きいが, これに対してイオン結合では κ_p は小さい.

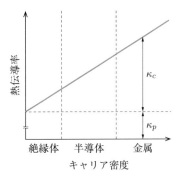

図 10.6　熱伝導率とキャリア密度の関係

10.1.5 半導体熱電効果の応用

(1) 熱発電器

ゼーベック効果の応用例としては, 一番身近なものとして測温用の熱電対がある. これは主に金属のゼーベック効果を利用したものであるが, ゼーベック係数の大きな半導体が現れてから, 熱エネルギーを電気エネルギーに変換する熱発電器が考案されている. これは図 10.7 のように, p 型と n 型の熱電物質の両端をオーミック接触して温度 T_i に, 他方の端子を温度 T_o $(T_o < T_i)$ に保っておいて, 負荷抵抗 R_L を接続する. そうすると, ゼーベック効果のために負荷抵抗 R_L に電流 I が流れて, $I^2 R_L$ の電力が得られる. これが熱発電器である.

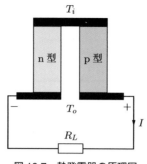

図 10.7　熱発電器の原理図

(2) 電子冷凍器

　電子冷凍器はペルチエ効果の代表的応用例である．図 10.8 (a) のように，p 型と n 型熱電半導体の両端を金属を介してオーミック接触して，他端に直流電圧を印加して図の方向に電流を流す．電圧端子を一定温度 T_o に保っておくと，ペルチエ効果によってオーミック接触された金属から p 型半導体中に電流が流れ，図 10.5 で説明したように吸熱が，また，n 型半導体から金属に電流が流れると同じく吸熱現象が生じるので，この部分で媒体から熱量 Q を吸収して接合部の温度 T_i が下がる $(T_o > T_i)$．これが電子冷凍器の原理である．電流方向を逆にすると，そのまま電子温熱器になる．図 (b) は図 (a) をカスケード結合したもので，大きな温度差が得られる．

　熱発電器や電子冷凍器用の材料には，ゼーベック係数 α が大きいことが必要であるが（ゼーベック係数が大きければ，ペルチエ係数も大きい），そのほかに温接点側の熱が冷接点側に伝わらないように，熱伝導率 κ は小さく，またジュール熱を小さくするために，抵抗率 ρ が小さいことが望ましい．すなわち，

$$Z = \frac{\alpha^2}{\kappa \rho} \tag{10.14}$$

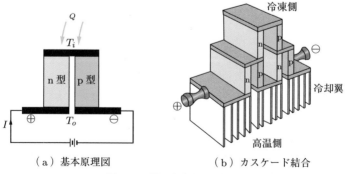

（a）基本原理図　　　　（b）カスケード結合

図 10.8　電子冷凍器の原理図

の値が大きいほど熱電物質として有利である．この Z を熱電物質の性能指数（figure of merit）という．この性能指数 Z に絶対温度 T をかけた，無次元性能指数 ZT もある．

　代表的な熱電物質としては，Bi_2Te_3 や Bi_2Sb_3 などの V-VI 族化合物半導体が主に用いられる．

10.2　磁電効果

　半導体の基礎研究ならびに応用面において，半導体を磁束の中に入れた場合の諸効果が注目されている．

　この場合に生じる効果を大別すると，次のようになる．

■電流磁気効果
- ・ホール効果
- ・磁気抵抗効果
- ・エッチングスハウゼン効果

■熱磁気効果
- ・ネルンスト効果
- ・リーギールデュック効果

■光電磁効果

本節では，電流磁気効果のホール効果と磁気抵抗効果について説明する．

10.2.1　ホール効果

　磁束に直交して置かれた導体中にキャリアの流れがあるとき，磁束とキャリアの流れとの両方に直角な方向に起電力が発生する効果をホール効果（Hall effect）といい，この効果は 1879 年当時，アメリカのジョンス・ホプキンス（Johns Hopkins）大学の大学院学生であったホール（Hall）によって発見された．この効果は物性研究の手段として重要な発見であり，当時ノーベル賞があったら，彼はノーベル賞を受賞したであろうといわれている．なおこの効果は，半導体の出現によって，センサをはじめとしていろいろな電子素子においても注目されるようになった．以下ではこれらについて説明する．

(1) ホール効果の現象論

　図 10.9 のように，厚さ d の p 型半導体の y 軸方向に電流 I，z 軸方向に磁束密度 B を作用させると，ローレンツ力（Lorentz force）によって正孔は x 軸の正の方向に曲

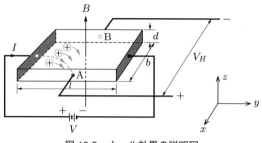

図 10.9　ホール効果の説明図

げられ，図の面 A に正孔が蓄積される．その結果，面 B に対して正の空間電荷が形成されて，x 軸方向に電圧 V_H が誘起される．この V_H をホール電圧という．

次に，ホール電圧 V_H と，電流 I，磁束密度 B との関係を求めてみる．y 軸方向の正孔の速度を v とすると，ローレンツ力により，正孔には x 軸の正の方向に

$$evB \tag{10.15}$$

の力が及ぼされ，正孔は面 A のほうに曲げられて蓄積される．その結果，x 軸の負の方向に空間電荷電界 F_H が形成される．この電界 F_H が正孔に作用して，正孔は x 軸の負の方向に力を受ける．この力と式 (10.15) のローレンツ力との和がゼロになったところ，すなわち

$$eF_H + evB = 0 \tag{10.16}$$

で定常状態に達する[†]．一方，y 軸方向の電流 I は

$$I = epvbd \tag{10.17}$$

となる．ここで，b は図 10.9 に示したように半導体片の幅，p は正孔密度である．

式 (10.17) から v を求め，式 (10.16) に代入して，かつ $F_H = -V_H/b$ の関係を用いると，

$$V_H = R_H \frac{IB}{d} \tag{10.18}$$

となる．ここで，

$$\boxed{R_H \equiv \frac{1}{ep} \quad \text{(p 型)}} \tag{10.19}$$

をホール係数という．

図 10.9 の半導体が n 型の場合には，キャリアは電子で，ローレンツ力は

$$(-e)(-v)B = evB$$

となって，正孔と同様に x 軸の正の方向に曲げられて，面 A に電子が蓄積される．そ

---

† 本章の演習問題 [7] 参照．

の結果，面 B に対して負の空間電荷が形成されて，ホール電圧の極性は正孔の場合とは逆になる．すなわち，電子密度を n とすると，n 型半導体のホール係数は次式で与えられる．

$$R_H = -\frac{1}{en} \qquad \text{(n 型)} \tag{10.20}$$

金属や縮退した半導体では，v は実用上すべてのキャリアに対して同一であるが，非縮退半導体（ふつう取り扱うキャリア密度の半導体）では，v はボルツマンの分布則に従う．このことを考慮すると，式 (10.19)，(10.20) のホール係数は次のように修正される．

$$R_H = \frac{3\pi}{8}\frac{1}{ep} \qquad \text{(p 型)} \tag{10.19}'$$

$$R_H = -\frac{3\pi}{8}\frac{1}{en} \qquad \text{(n 型)} \tag{10.20}'$$

なお，ホール係数の単位は $[\text{m}^3 \cdot \text{C}^{-1}]$ である．

以上はキャリアが 1 種類（正孔または電子）の場合であるが，正孔ならびに電子が共存する場合のホール係数は次式で与えられる．

$$R_H = \frac{p\mu_h^2 - n\mu_e^2}{e(p\mu_h + n\mu_e)^2} \tag{10.21}$$

(2) ホール効果の意義

ホール効果は物性研究の手段として重要であり，次のような値を求めることができる．

① キャリアの種類の判定

すでに述べたように，キャリアが電子であるか正孔であるかによって，ホール電圧の極性が逆になる．すなわち，ホール電圧の極性によって伝導型が判定できる．

② キャリア密度の算出

式 (10.18) から明らかなように，既知の I，B，d に対して，ホール電圧 V_H を測定することによって正孔密度 p，または電子密度 n を求めることができる．

③ キャリア移動度の算出

導電率 $\sigma = ep\mu_h$ は簡単に測定できる．また，ホール係数も式 (10.18) から V_H を測定することによって求められる．そうすると，

$$R_H \cdot \sigma = \mu_h \tag{10.22}$$

の関係から，キャリア移動度 μ_h が求められる．

このように，ホール電圧を測定することによって，キャリアの種類，密度，移動度を求めることができ，これは半導体の分野では非常にしばしば用いられる測定手段である．

(3) ホール発電器

　ホール効果は，物性研究の手段としてきわめて重要であるが，電子素子としても独自の応用分野がある．ホール効果を電子素子として用いるとき，その素子をホール発電器という．

　ホール発電器用材料としては，ローレンツ力ができるだけ大きくなるように，移動度 μ の大きい物質が望ましい．μ が大きければ，同じ電界強度 F で比較したとき，ドリフト速度 $v = \mu F$ は大きくなって，それだけ磁界の効果を受けやすく，ローレンツ力も大きくなって，結果的にはホール効果が大きくなる[†]．実際に，移動度 μ の大きい InSb（$\mu_e \fallingdotseq 8\,\mathrm{m^2V^{-1}s^{-1}}$）や，InAs（$\mu_e \fallingdotseq 3\,\mathrm{m^2V^{-1}s^{-1}}$）などの Ⅲ-Ⅴ 族化合物半導体がホール発電器用材料として用いられている．

　次に，実際にホール発電器をつくった場合に発生するホール電圧 V_H について考えてみよう．図 10.9 に示した形状の素子で，素子の長さ l が幅 b に対して比較的短い場合を考えると，電流端子によってホール出力端子が短絡される傾向が生じ，式 (10.18) の理論的出力よりも減少する．すなわち，実際には

$$V_H = R_H \frac{IB}{d} f(l/b) \tag{10.23}$$

で表される．$f(l/b)$ の値は理論的に計算されており，図 10.10 に $f(l/b) \sim l/b$ の関係を示す．

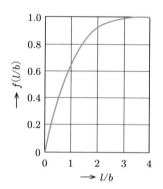

図 10.10 $f(l/b)$ と l/b の関係曲線

　以上のことから，$l/b > 4$ にすれば，ホール電圧はほぼ式 (10.18) で与えられることがわかる．図 10.11 は InAs ホール発電器の出力特性の一例である．図 (a) は制御電流 I を一定にして，磁束密度 B とホール電圧 V_H との関係を，図 (b) は磁束密度 B を一定にして，制御電流 I とホール電圧 V_H との関係を示したもので，ふつう，ホール

---

†　実際はこれだけでは説明不足で，発熱現象も考慮しなければならない．

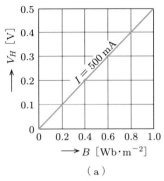
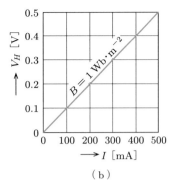

（a）　　　　　　　　　　　　　　　（b）

図 10.11　ホール発電器の出力電圧特性例

電圧は数 100 mV 程度である.

　金属のホール電圧は，非常に小さくてほとんど測定できないくらいである．その理由は，金属では伝導電子密度（$n \fallingdotseq 10^{29} \, \mathrm{m}^{-3} = 10^{23} \, \mathrm{cm}^{-3}$）が半導体のキャリア密度（$n \fallingdotseq 10^{20} \, \mathrm{m}^{-3} = 10^{14} \, \mathrm{cm}^{-3}$）に比べて桁違いに大きいため，式 (10.20) よりホール係数は小さくなるためであり，結果としてホール電圧はきわめて小さい.

(4) ホール効果の応用

　式 (10.18) ならびに図 10.11 に示されているように，ホール発電器の出力特性が電流 I と磁束密度 B との積に比例することを利用した，電子素子として独自の応用分野がある．ホール発電器のもつ機能を応用の立場からみると，それらは次の三つに大別することができる.

　・二つの変化量に対していずれも直線関係が成立する
　・二つの量のベクトル積が得られる
　・ホール発電器を 4 端子網として表した場合の二つの伝達インピーダンスの符号が反対となる非相反的性質（nonreciprocal property）がある
これらの分類によるホール効果の具体的応用例には，次のようなものがある.
　・直線性の利用例：磁束計（ガウスメータ），電流計，機械量－電気量変換器，磁気テープ読み取りヘッド，無接触スイッチ，ブラシレスモータ，磁気バブルドメイン検出器
　・ベクトル積の利用例：電力計，周波数変調器，ディジタル－アナログ変換器，計算機素子，増幅器，発振器，相乗器
　・非相反性の利用例：ジャイレータ，アイソレータ，サーキュレータ
ホール発電器を利用した電子素子の特長は，
　・小型，堅牢で構造が簡単

・可動・消耗部分がなく，特性が安定，長寿命，信頼性が高い

・多数キャリアが動作の主役であるから，周波数特性がきわめてよく，10 GHz まで
ほとんど直流と同じ特性を示す

などである．

また，別の応用としては，ホールモータ（ブラシレスモータ）もつくられている．こ
のホールモータは，コンピュータの冷却ファン，フロッピーディスク用のモータなど
をはじめ，家電製品に広く用いられている．

10.2.2　磁気抵抗効果

図10.9で示したように，電流方向と直角に磁束を作用させると，ローレンツ力でキャ
リアは曲げられる．そのため，キャリアが外部電界方向（図の y 方向）に同じ距離だけ
進むのに曲線軌道を通るため，直線の場合と比較して進みにくくなる．いいかえると，
移動度が小さくなって抵抗値が増大する．この現象を磁気抵抗効果（magnetoresistive
effect）という．

磁束密度 B に対する抵抗率の増加 $\Delta\rho$ は，磁束密度がそれほど大きくないときには

$$\frac{\Delta\rho}{\rho_0} \sim \mu^2 B^2 \tag{10.24}$$

で与えられる．ここで，ρ_0 は $B=0$ のときの抵抗率である．

この場合，前項で述べたように，図10.9の x 方向の端子 A，B が開回路のときには
面 A にキャリアが蓄積して A-B 間に空間電荷電界が発生して，ローレンツ力とバラ
ンスしてしまい，それ以後はキャリアは曲げられなくなり磁気抵抗効果は小さくなる．
ところが，端子 A-B を短絡すると，空間電荷電界が発生しないのでキャリアの曲がり
は大きく，磁気抵抗効果は大きくなる．このことから，図10.12に示すように，結晶の
まわりに金属電極を帯状につけると，ホール電圧が短絡されて高感度の磁気抵抗素子
が得られる．また，帯状電極をつけない場合には，素子の形状によって感度は異なる．

図10.13はこの様子を示したものである．図 (a) に示すように，磁束がなければ電

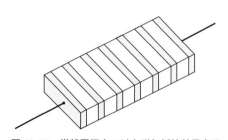

図 10.12　帯状電極をつけた磁気抵抗効果素子

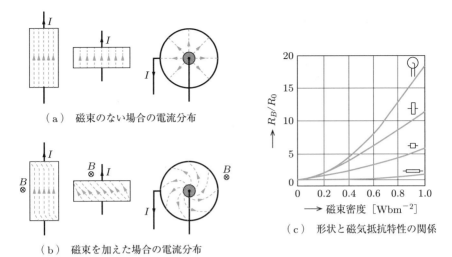

（a）　磁束のない場合の電流分布

（b）　磁束を加えた場合の電流分布

（c）　形状と磁気抵抗特性の関係

図 10.13　磁気抵抗効果と形状との関係

流ベクトルは電極に垂直になるが，磁束が加わると，ローレンツ力によって電流ベクトルは電極に垂直とはならずに傾いてくる（図 (b)）．その結果，電流の通路が長くなって抵抗が増大するが，長方形の場合には，電極間の距離が短いほど電流の通路は大きく傾いて抵抗増加率が大きくなる．もっとも著しくこの効果が現れるのは，図に示したように，円板の中心から放射状に外部電界が印加されるような形状である．この場合には，素子の電界は放射状であるから，電流がスパイラル状に流れるため，電極間の抵抗は著しく増大する．この円板は，最初にこの形の素子を作製したイタリアの物理学者コルビノ（Corbino）の名をとってコルビノ円板（Corbino disk）とよばれている．図 (c) に，これらの形状の磁気抵抗特性の様子を示す．

　磁気抵抗効果とホール効果は，微視的には同じ物理現象によっているので，応用例もホール効果と類似なものである．しかし，磁気抵抗効果とホール効果は微視的には同じでも巨視的には異なるものであり，応用例にも，次のような本質的な相違がある．

・ホール発電器は 4 端子であるが，磁気抵抗素子は 2 端子であるから，回路構成が簡単化される．また，2 端子のほうが誘導などによる誤差が少ない．

・ホール発電器は $B = 0$ のとき $V_H = 0$ で，B と V_H は直線関係にあるが，磁気抵抗素子では $B = 0$ でも有限の値をもち，また，B の小さいところで B に対して 2 乗特性をもっている．これは，ある面では磁気抵抗素子の欠点でもあるが，そのままで 2 乗器ができるなど，用途によっては利点でもある．

　このように，ある場合には磁気抵抗素子は，回路構成の点からすると優れていて，感度もホール発電器よりもよい．

10.3   ひずみ抵抗効果

結晶に機械的外力を加えると，単に幾何学的な伸び，縮みの変形ばかりではなく，結晶のエネルギー帯構造にも変化を及ぼす．その結果，伝導現象にもいろいろな影響が現れる．その一つとして，外力によって導電率が変化する現象がある．この現象をひずみ抵抗効果またはピエゾ抵抗効果（piezoresistive effect）という．

ひずみが導電率に影響を及ぼす場合，いろいろな機構がある．真性半導体に静水圧を加えると，周辺からの圧力で結晶が平均的に押し縮められ，格子間隔が小さくなる．その結果，エネルギー帯構造が変化して禁制帯幅が変わり，キャリア密度が変化して導電率が変わる．

いま，伝導帯の下端のエネルギーを E_c，価電子帯の上端のエネルギーを E_v とし，結晶の単位体積当たりの変化率に対する E_c，E_v の変化の割合をそれぞれ ε_c，ε_v とする．結晶の外力による体積変化率が dV/V のときには，E_c および E_v の変化はそれぞれ $dE_c = \varepsilon_c dV/V$，$dE_v = \varepsilon_v dV/V$ で与えられる．したがって，禁制帯幅 $E_g = E_c - E_v$ の変化は

$$dE_g = d(E_c - E_v) = (\varepsilon_c - \varepsilon_v)\frac{dV}{V} \tag{10.25}$$

となる．真性半導体のキャリア密度 n_i は，式 (4.23) から

$$n_i \propto \exp\left(-\frac{E_g}{2kT}\right) \tag{10.26}$$

であるので，次式が成り立つ．

$$d\ln n_i = -\frac{dE_g}{2kT} = -\frac{\varepsilon_c - \varepsilon_v}{2kT}\frac{dV}{V} \tag{10.27}$$

いま，キャリア移動度は静水圧で変化しないと仮定すると，キャリア密度の変化がそのまま導電率の変化になる．静水圧を P，結晶の圧縮率を χ とすると，$\chi = -(dV/V)/dP$ であるから，導電率 σ の変化率は次のようになる．

$$\frac{d\ln\sigma}{dP} = \frac{\varepsilon_c - \varepsilon_v}{2kT}\chi \tag{10.28}$$

図 10.14 は p 型 InSb の静水圧と導電率の変化の様子を示したものである．この試料は 0℃ 域では不純物伝導領域であるが，62℃ 以上では真性半導体伝導となって，静水圧によって E_g が変化して，キャリア密度が大きく影響を受けているのがよくわかる．

一方，Si や Ge では，このような禁制帯幅の変化による導電率の変化よりもさらに著しく導電率が圧力によって変化する．また，結晶軸方向によっても導電率変化に著しい異方性がある．そこで，Si や Ge などの場合には，圧力による移動度の変化も考慮しなければならない．

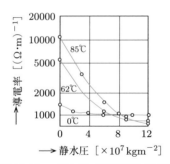

図 10.14　p 型 InSb の導電率と静水圧
　　　　　との関係

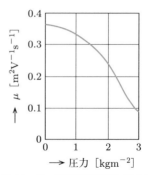

図 10.15　Ge の電子移動度と圧力との
　　　　　関係（300 K）

　図 10.15 は n 型 Ge の圧縮応力に対する移動度の変化の一例を示したものである.

　以上のように，半導体に外部応力を加えるとエネルギー帯構造が変わり，その結果，禁制帯幅が変わってキャリア密度が変化したり，あるいは移動度が変化して導電率の変化が現れる. ところが，金属の導電率はエネルギー帯構造にはあまり影響されないので，金属の外部応力による導電率変化は，主に幾何学的形状の変化によってもたらされる.

　ひずみ抵抗効果の感度を表すゲージ率（gauge factor）G は，単位ひずみ $\delta = \Delta l/l$（l：試料の長さ）に対する抵抗変化率 $\Delta R/R$ の比

$$G = \frac{\Delta R/R}{\Delta l/l} \tag{10.29}$$

で与えられる.

　いま，試料の抵抗率を ρ，長さを l，断面積を S とすると，試料の抵抗 R は

$$R = \rho \frac{l}{S} \tag{10.30}$$

である. 金属の場合には，$G = 2 \sim 3$ 程度の値である. すなわち，金属線は引っ張ると長さが伸び，断面積が小さくなるために抵抗が増大する，いわゆる幾何学的形状変化のみで，式 (10.30) の ρ の変化はない.

　半導体の場合には，キャリア密度や移動度の変化により，ρ 自体が変化し，ゲージ率も金属に比べて 2 桁ほど大きい.

　図 10.16 は p 型 Si のひずみと抵抗変化率を示したもので，圧縮と引っ張りとでは正負が逆になり，ひずみに対して直線的な変化を示している.

　以上は外部応力に対する半導体の抵抗依存性であるが，外部応力によって禁制帯幅が変化するので，たとえば p-n 接合の特性も応力によって大幅に変化する. 式 (5.14) で示したように，p-n 接合の電圧−電流特性は少数キャリア密度に比例する. いま，少

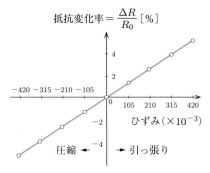

$$抵抗変化率 = \frac{\Delta R}{R_0} \, [\%]$$

図 10.16　p 型 Si のひずみ–抵抗特性例

数キャリア密度を n_{p0}，多数キャリア密度を n_{n0} とすると，式 (4.24) から

$$n_{p0} n_{n0} = n_i^2$$

$$\therefore \quad n_{p0} = \frac{n_i^2}{n_{n0}}$$

となり，多数キャリア密度 n_{n0} は，ドーピング量が一定ならば外部応力によってあまり変化しないが，真性キャリア密度 n_i は前述のように応力によって大きく変化する．したがって，p-n 接合の電圧–電流特性は応力によって変化する．

図 10.17 は Si の p-n 接合特性の圧力依存性を示したものである．

なお，p-n 接合の電圧–電流特性が圧力によって変化することを利用して，トランジスタのエミッタ接合部に圧力を加え，その変化をより効果的に利用した感圧トラン

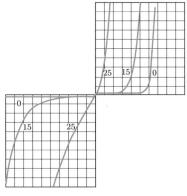

図 10.17　Si の p-n 接合の圧力依存性
縦軸 0.01 mA/目盛
横軸 1.0 V/目盛（逆方向），0.1 V/目盛（順方向）
数字は g 単位の重さで圧力を示している．

ジスタなども考案されている.

　これらの半導体特性の圧力依存性を利用した素子は，変位・圧力などの精密計測をはじめとして，マイクロフォンなどの音響機器などにも広く利用されている.

例題　幅 2 mm，長さ 8 mm，厚さ 0.2 mm の Si 試料がある．この試料を図 10.9 のように配置し，y 方向に 1.15 V の電圧を印加して 10 mA の電流（y の正方向）を流しておく．z 軸方向に 0.1 Wb·m^{-2} の磁束密度を加えたとき，$-x$ 軸方向に 10 mV（B 面が A 面に対して正）のホール電圧が発生した．次の値を求めよ．ただし，キャリアは 1 種類と仮定する.

(a)　Si 試料の伝導型

(b)　ホール係数

(c)　キャリア密度

(d)　キャリア移動度

解答

(a)　ホール電圧は面 B が正ということは，面 A 方向に電子が曲げられたことになる．したがって，n 型である.

(b)　式 (10.18) より，ホール係数は

$$R_H = \frac{d}{IB} V_H$$

で与えられる．$I = 10\,\mathrm{mA} = 10^{-2}\,\mathrm{A}$，$d = 0.2\,\mathrm{mm} = 2 \times 10^{-4}\,\mathrm{m}$，$B = 0.1\,\mathrm{Wb\cdot m^{-2}}$，$V_H = 10\,\mathrm{mV} = 10^{-2}\,\mathrm{V}$ を代入して，

$$R_H = \frac{2 \times 10^{-4}}{10^{-2} \times 0.1} \times 10^{-2} = 2 \times 10^{-3}$$

n 型なのでホール係数は負であり，したがって，

$$R_H = -2 \times 10^{-3}\,\mathrm{m^3 \cdot C^{-1}}$$

となる.

(c)　式 (10.20) より，キャリア密度は

$$n = -\frac{1}{eR_H} = -\frac{1}{1.6 \times 10^{-19} \times (-2 \times 10^{-3})}$$
$$= 3.13 \times 10^{21}\,\mathrm{m^{-3}} = 3.13 \times 10^{15}\,\mathrm{cm^{-3}}$$

となる.

(d)　式 (10.22) より，キャリアの移動度は

$$\mu = R_H \cdot \sigma$$

である．そこでまず，導電率 σ を求める.

　抵抗率は $\rho = 1/\sigma$ であるので，抵抗 R は

$$R = \rho \cdot \frac{L}{S} = \frac{1}{\sigma} \cdot \frac{L}{S} \qquad (S：断面積，\ L：長さ)$$

$$\therefore \quad \sigma = \frac{1}{R} \cdot \frac{S}{L} = \frac{I}{V} \cdot \frac{S}{L}$$

$$= \frac{10^{-2} \times 8 \times 10^{-3}}{1.15 \times 2 \times 10^{-3} \times 2 \times 10^{-4}} = 1.74 \times 10^2$$

したがって，式 (10.22) より，

$$\mu = R_H \cdot \sigma = 2 \times 10^{-3} \times 1.74 \times 10^2$$

$$= 3.49 \times 10^{-1} \, \text{m}^2 \cdot \text{V}^{-1} \cdot \text{s}^{-1}$$

となる．

演習問題

以下の問いでは，電子と正孔の実効質量はいずれも自由電子の質量に等しいとする．

[1] 真性 Ge の室温（300 K）におけるゼーベック係数を求めよ．

[2] Si 単結晶の伝導型を調べようとしてホール係数と熱起電力の測定を行ったところ，ホール係数は負で熱起電力は正であった．この両者の符号から Si の伝導型を判定し，その理由を説明せよ．

[3] 10^{16} cm^{-3} の正孔密度をもつ p 型 Si を用いて，冷接点および温接点の温度をそれぞれ 0 ℃，50 ℃ に保ったとき，ゼーベック電圧を求めよ．

[4] 演習問題 [3] の p 型 Si と金属とで閉回路をつくり，これに 1 A の電流を流したとき，接点で生じる発熱（または吸熱）量はいくらか．ただし，ジュール熱は無視し，$T = 300$ K とする．

[5] 真性 Ge の室温におけるホール係数を求めよ．

[6] ある Ge 試料の 300 K におけるホール電圧を測定したところ，ゼロであった．この試料の電子と正孔密度を求めよ．

[7] 図 10.9 のホール効果の説明で，キャリアが面 A に蓄積するならば，面 A と面 B ではキャリアの密度差ができ，その結果，面 A から B 面に向かう拡散効果があるはずである．しかし，式 (10.16) ではこの拡散効果は考えていない．もしも式 (10.16) が正しければ，x 方向のキャリアに及ぼす力はゼロであるので，キャリアは曲げられず，面 A にキャリアが蓄積することがない．このあたりの事情について考察せよ．

[8] 2.3.4 項で，「正孔とは電子の抜けた孔ではなくて，その電子の抜けた孔に $+e$ の正電荷をもった粒子を入れて，この正の電荷の粒子が正孔である．そして，この場合正孔の運動のみに着目すればよい」と，説明した．この説明を図 10.9 のホール効果に適用して，正孔を電子の抜けた孔として取り扱うと，p 型も n 型もホール電圧の極性が同じになり，ホール効果が説明できないことを示せ．

第 11 章　量子効果デバイス

　「現代産業の米」とよばれていた半導体集積回路は，年とともに集積度は上がり，寸法はますます小さくなっていく．それでは，寸法の限界はどこで決まるのか．さらに小さくしていくとどうなるか．その行きつく先では，電子は粒子としてではなく，波動として振る舞うようになり，電子の波動性を利用した新しいデバイス，すなわち，量子効果デバイスが生まれてくる．

　本章では，この量子効果デバイスについて説明する．

11.1　超格子

　量子効果デバイスの糸口となったのが，1970 年に江崎氏によって提唱された超格子（super-lattice）の概念である．そこでまず，この超格子について説明しよう．

　固体中の電子は，印加電磁界に対して，真空中の電子とはまったく異なった運動をすることは，いままでの説明で十分理解されたであろう．その一例として，たとえば散乱をまったく受けないとすると，直流電界によって加速される場合でも，一つの許容帯内に閉じ込められている結晶内電子は，一方向に連続的に加速されるのではなくて，速度を周期的に反転し，実空間のある限られた範囲を往復運動し続ける．これはブロッホ（Bloch）振動とよばれ，結晶内電子の特徴的なモードである．

　まず，このブロッホ振動現象について説明しよう．第 2 章で説明したように，結晶内電子は帯理論（band theory）によって支配され，許容帯中の電子の運動状態は，図 2.6 (b) の k 空間（運動量空間）で特徴づけられる．2.3.3 項で説明したように，許容帯の下の部分の電子の実効質量 m^* は正であるが，上の部分の実効質量 m^* は負である．図 11.1 に示すように，許容帯に 1 個電子を入れた状態を考える．これに電界 F を加えると，電子は加速されて運動エネルギーは大きくなるので，電子は許容帯の上のほうに移動することになる．そうすると，電子の実効質量 m^* は正から負に変わる．電子の加速度 α は

$$\alpha = -\frac{eF}{m^*} \tag{11.1}$$

で与えられるから，結果的には，電子は加速の状態（電界と逆方向）から減速の状態に移り，電界と逆方向に電流を流すことになって負性抵抗が現れる．したがって，こ

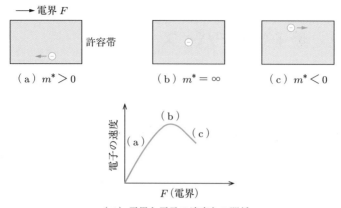

（a）$m^* > 0$　　　　　（b）$m^* = \infty$　　　　（c）$m^* < 0$

（d）電界と電子の速度との関係

図 11.1　許容帯中に電子を 1 個入れたときの電界と電子の速度との関係（散乱は無視する）

の現象を利用すれば，発振・増幅などを示す能動素子ができるはずである．

　この概念は 1959 年にクレーマ（Kroemer）によって提唱され，NEMAG（negative electron mass amplifier and generator）と名づけられた．しかし，既存の結晶を用いたのでは，実効質量を正から負に変えるエネルギー（すなわち許容帯の幅）が大きすぎ，また不純物，格子振動，とくにフォノンによる散乱が大きいため，負の質量領域まで電子を加速することがむずかしく，デバイスとしては具体化しなかった．

　それならば，負の質量領域までもっていくエネルギー（許容帯の幅）を小さくできればNEMAG の実現が可能になる．図 2.6（b）の一番下の許容帯の $E \sim k$ の関係曲線を拡大して，図 11.2 の黒太線で示す．図 11.2 中に青細線で示したようなミニゾーン（mini zone）ができれば，NEMAG の可能性がある．

　次に，このミニゾーンを形成するにはどうしたらよいか考えてみよう．図 2.6 で説明したように，ブリルアンゾーンの幅は $2\pi/L$ で与えられる．ここで，L は固体中の電子の受ける周期ポテンシャルである．図 11.2 に示すように，ミニゾーンは，ブリルアンゾーンの幅 $2\pi/L$ を小さくすることに対応し，したがって，L を大きくすること

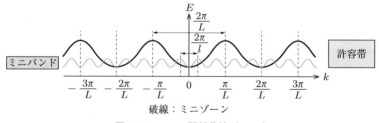

破線：ミニゾーン

図 11.2　$E \sim k$ 関係曲線（$l > L$）

になる．しかし，一般には L は固体の格子定数に対応し，固体が与えられてしまうと一義的に決まってしまう．

ところが，たとえばp-n接合を数10Åの厚さで繰り返しつくっていくと，図11.3(a)のようなポテンシャルが得られ，その周期はp-n接合の長さ（厚さ）l で決まる．このように，周期ポテンシャルを人工的に設けることによってミニゾーンを形成し，結晶内電子の示す負の質量をデバイスに利用することができる．この長い周期的ポテンシャルは，実効的には格子定数 L を大きくしたことに対応するので，超格子（super-lattice）とよばれている．

この超格子の概念を発表したのはトンネルダイオードの発明者である江崎氏で，1970年のことである．

なお，超格子はp-n接合でなくても，図11.3(b)に示すようなヘテロ接合でも得られる．現在では一般に，ヘテロ接合で超格子を形成する場合が多い．

江崎氏は分子線エピタキシーという結晶成長法を計算機で制御して，40ÅのGaAsと30Åの $Ga_{0.3}Al_{0.7}As$ 層からなる70Å周期の50層の超格子をつくっている．図11.4はその素子の電圧–電流特性である．

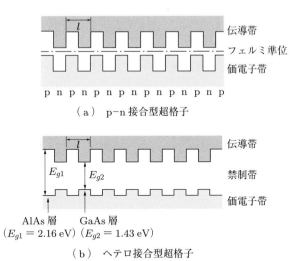

（a）　p-n接合型超格子

（b）　ヘテロ接合型超格子

図 11.3　超格子構造の説明図

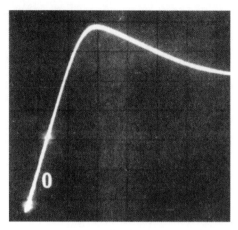

図 11.4 GaAs-Ga$_{0.3}$Al$_{0.7}$As の 70 Å 周期をもった超格子の電圧－電流特性
縦軸：20 mA/目盛，横軸：1 V/目盛

11.2 人工格子

前節で述べた超格子は，見方を変えると，固体中の電子の周期ポテンシャルを人工的に制御することになる．この意味で，超格子を人工格子（artificial lattice）とよぶことがある．

第2章で説明したように，固体の電気的・光学的性質は，固体中の電子の受ける周期ポテンシャルで決まる．人工格子を用いて周期ポテンシャルを制御すると，基本的には固体の電気的・光学的性質を制御することができる．

次にその例をいくつか説明しよう．

(1) ゾーン縮小効果

2.3節で説明したように，ブリルアンゾーンの幅は周期ポテンシャルの周期 L の逆数 $2\pi/L$ で与えられる．人工格子によって周期ポテンシャル L が大きくなると，ゾーンの幅は小さくなる．これをゾーン縮小効果とよぶ．

ゾーンが小さくなると，図11.5に示すように $E \sim k$ 曲線の曲率が大きくなり，その結果，式 (2.25) で与えられる実効質量は小さくなる．いいかえると，電子の実効質量を人工的に制御することができる．

(2) ゾーン折返し効果

人工格子をうまく制御すると，図11.6に示すように，ブリルアンゾーンをある点で折り返すことが可能になる．これをゾーン折返し効果とよぶ．

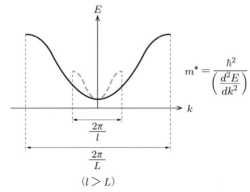

$$m^* = \frac{\hbar^2}{\left(\dfrac{d^2E}{dk^2}\right)}$$

図 11.5 ゾーン縮小効果

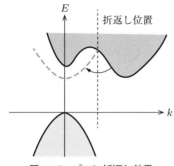

図 11.6 ゾーン折返し効果

　ゾーン折返し効果を用いると，図に示すように，間接遷移半導体を直接遷移型に変換することが可能になる．そうすると，間接遷移半導体材料でもレーザをつくることが可能である．

11.3　量子井戸

　1.5 節では，1 次元の箱型ポテンシャルに電子を入れた場合について説明した．この 1 次元箱型ポテンシャルは，半導体ヘテロ接合で実際につくることができる．図 11.7 のように，GaAs の両側を AlAs で挟んだヘテロ接合を考えよう．GaAs の禁制帯幅は AlAs よりも小さいので，このヘテロ接合の伝導帯に，図 1.4 に示したポテンシャルの井戸ができる．このポテンシャルの井戸を，一般に量子井戸（quantum well）とよんでいる．

　この量子井戸には，式 (1.47) で表される新しいエネルギー準位（サブエネルギー準位）が形成される．$n = 1$ の基底状態のエネルギー

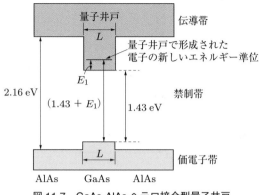

図 11.7　GaAs-AlAs ヘテロ接合型量子井戸

$$E_1 = \frac{\pi^2 \hbar^2}{2mL^2}$$

が熱エネルギー kT（300 K で約 0.025 eV）の 2 倍程度になる井戸の幅 L は，上式から数 nm のオーダーになる．

　現在の半導体技術では，量子井戸の幅，すなわち，図 11.7 の GaAs の厚さは単原子層で形成することが可能で，実際に形成されている．式 (1.47) からわかるように，量子井戸の幅すなわち GaAs の厚さを変えると，エネルギー準位も変わる．図 11.8 はこの様子を示したもので，理論値と実測値がきわめてよく一致している．これは量子力学の理論の素晴らしさか，あるいは現代科学技術の美しさなのか，いや両方の美しさを端的に表したものであろう．このような量子井戸は，量子面（quantum plane）とよばれることがある．

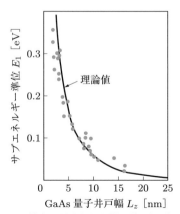

図 11.8　GaAs-AlAs ヘテロ接合で形成された量子井戸幅（GaAs の厚さ）L_z とサブエネルギー準位 E_1 の理論値と実測値（両者はきわめてよく一致している）

　実際に，この量子井戸は，レーザダイオードや発光ダイオードの形成に使われている．量子井戸で形成されるサブエネルギー準位から，価電子帯までのエネルギー（図11.7の$1.43 + E_1$のエネルギー）に相当する波長のレーザ光を発することができる．図11.8からわかるように，量子井戸の幅を変えることによって，$1.43\,\mathrm{eV}$（赤外）〜$1.75\,\mathrm{eV}$（赤）の範囲で発光波長を変えることができる．

　このように，活性層のところに量子井戸構造をもたせたレーザダイオードを一般に，量子井戸レーザダイオードとよんでいる．活性層内に含まれる量子井戸が一つのものを単一量子井戸（single quantum well：SQW），複数の場合を多重量子井戸（multi-quantum well：MQW）とよんでいる．

　量子井戸レーザは，従来のレーザに比べて次のような特徴があり，量子井戸の採用は，レーザの高性能化にはきわめて有望な方法である．

　①量子井戸幅を小さくすることにより，発光波長が短波長側へシフトし，半導体の組成を変えることなく，目的とする波長のレーザを製作することが可能である
　②量子準位間の遷移であるため，次節で説明するように状態密度関数が階段状となり，電子のエネルギー分布がより局在化し，発光スペクトルが鋭いピークをもつ
　③電子分布の温度変化が少なく，レーザの温度特性が向上する
　④安定な単一縦モード発振が実現されやすい

11.4　量子面から量子細線，量子箱，さらには量子点へ

　これまで説明した超格子は数 nm の半導体薄膜を交互に積層したもので，その結果として量子井戸が現れたりする．この量子井戸は，図 11.9 (a) に示すように電子を x 方向の 1 次元に閉じ込めることに相当し，そこで，これを一般に量子面（quantum plane）という．

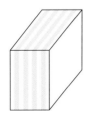 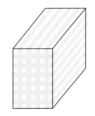 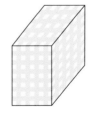

| （a）　1次元超格子
（量子面） | （b）　2次元超格子
（量子細線） | （c）　3次元超格子
（量子箱） |

図 11.9　多次元超格子

　超格子を図 (b) のように z 軸にも形成すると，量子面が細い線状になる．これを量子細線（quantum wire）という．これをさらに進めて y 軸方向にも超格子を形成すると（3 次元超格子），量子細線が分割され箱状になる．これを量子箱（quantum box）という．

　量子面に閉じこめられた電子を 2 次元電子ガス，量子細線に閉じ込められた電子を 1 次元電子ガス，同じく量子箱に閉じ込められた電子を 0 次元電子ガスという．

　量子面から量子細線，量子箱へと移行すると，電子はどのようになるかを次に考えてみよう．量子井戸の x，y，z 方向の長さを L_x，L_y，L_z とすると，電子のとりうるエネルギーは，式 (1.52) からただちに，

$$E_{n_x,n_y,n_z} \equiv E = \frac{\hbar^2}{2m}\left\{\left(\frac{\pi}{L_x}n_x\right)^2 + \left(\frac{\pi}{L_y}n_y\right)^2 + \left(\frac{\pi}{L_z}n_z\right)^2\right\} \tag{11.2}$$

となる．

　図 11.9 (a) の量子面では，L_x が L_y，L_z に比べてはるかに小さく，L_x のみ量子サイズのオーダーであるとする．この場合，電子は y，z 方向には自由に動くことができる．そこで，$L_y = L_z \equiv L$ としても一般性は失われない．したがって，式 (11.2) は

$$E = \frac{\hbar^2\pi^2}{2m}\cdot\frac{n_x^2}{L_x^2} + \frac{\hbar^2\pi^2}{2m}\cdot\frac{1}{L^2}(n_y^2 + n_z^2) = E_x + E_{yz} \tag{11.3}$$

となる．n_x，n_y，n_z がほぼ同じ程度のときには，$L_x \ll L$ なので上式の第 2 項は無視できる．

　ところが，n_y，n_z が n_x に比べて大きくなり，L/L_x のオーダーになると，第 1 項と第 2 項は同程度になる．そこで $n_x = 1$ と固定し，n_y，n_z の組合せを変えたときのエネルギー準位を考えてみよう（1.6 節の説明を思い出してみよう）．

　いま，$n_x = 1$ と固定し，n_y，n_z が非常に大きい場合を考えると，図 1.7 からただちにわかるように，この場合には n_x 軸は考えないので，等エネルギー面は球ではなく円の一部になる．したがって，E_{yz} 内にある状態数は，電子のスピンを考慮に入れて，

$$N = 2 \times \frac{1}{4}\pi(n_y^2 + n_z^2)$$

$$= \frac{mL^2}{\hbar^2\pi}E_{yz} \tag{11.4}$$

となる．

　ここで，$E_{yz} = E - E_{(x=1)}$ であるので，

$$n\cdot L_x = \frac{m}{\hbar^2\pi}\{E - E_{(x=1)}\} \tag{11.5}$$

であり，$n = N/L^2L_x$ はエネルギー E 内に存在することができる電子密度である．

いま，エネルギー $E \sim E + dE$ 間に存在する電子密度，すなわち状態密度 $g_1(E)$ は

$$\int g_1(E) \cdot dE = n$$

であるから，

$$g_1(E) = \frac{dn}{dE} = \frac{m}{\hbar^2 \pi} \cdot \frac{1}{L_x} \qquad (11.6)$$

となり，エネルギーに関係なく，$g_1(E)$ は一定となる．同様に，$n_x = 2$, 3, $\cdots$ に対する状態密度を計算することができる．これらを図示したのが図 11.10 で，状態密度はバルク結晶の放物線に対して，階段状になる．

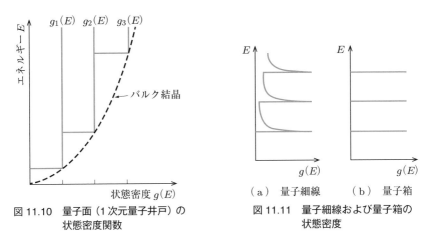

図 11.10 量子面（1 次元量子井戸）の
状態密度関数

図 11.11 量子細線および量子箱の
状態密度

（a）量子細線　　（b）量子箱

まったく同様にして，量子細線，量子箱の状態密度も計算でき，それらは図 11.11 に示すようになる．量子箱では電子のとりうるエネルギーは離散的になり，状態密度は各エネルギー準位で ∞ になる．

以上のように，電子を 2 次元，1 次元，0 次元と閉じ込めるにしたがって，状態密度の幅は狭くなる．したがって，これらの材料で発光デバイスを作製すると，発光スペクトル幅はきわめて狭くなる．この効果を利用したのが，量子井戸レーザであり，量子箱レーザである．

量子箱の大きさをさらに小さくしていった場合，量子ドットから量子点へと進む．量子点を人工原子とよぶこともできる．

11.5　エニオン

前節で説明したように，3 次元伝導から低次元伝導になると，従来の量子力学の常識であるボゾン（boson：ボーズ－アインシュタイン分布則に従う粒子．たとえば光子）

とフェルミオン（fermion：フェルミ－ディラック分布則に従う粒子．たとえば電子）のほかに，新しい量子概念にもとづくエニオン（anyon：ボゾンとフェルミオンの中間に位置する）が考えられている．

今後，2次元，1次元，0次元伝導では，このエニオンが重要になると思われる．

すでにエニオンは分数量子ホール効果でその存在を示す証拠が見つかっている．

11.6　電子の粒子性から波動性へ

これまで述べたものは，電子の場が量子効果であるが，電子そのものは粒子として取り扱っている．

ところがさらに進むと，電子を粒子としては取り扱うことができず，波動として取り扱うほうが適切であるものがある．以下ではそれらについて説明しよう．

Siの結晶をどんどん小さくしてみよう．n型Siの結晶中には，ふつう1 cm³当たり10^{17}個程度の伝導電子が含まれている（金属の場合には約10^{23}個）．このように電子がたくさんある場合には，電子は粒子として振る舞う．これは，1.2節で述べた量子力学の波束に対応する．Siを0.1 μm角に微小化してみよう．そうすると，電子の数は100個になってしまう．金属の場合には0.1 μm角にしても電子数は，まだ10^8個存在する．このようにサイズを小さくしていくと，電子を統計的に取り扱えなくなり，電子1個1個の振舞いが問題になってくる．量子力学の教えるところによると，このような場合には，電子が波動として振る舞うことになる．

たとえていうならば，100人が入っている講義室を想定してみよう．このときは個人の振舞いは無視され，100人の集団としての行動が支配的になる．これが粒子である．その講義室を小さくしていって，5人程度になると，今度は5人の集団よりも，5人それぞれの振舞いが支配的になる．これが波動としての振舞いになる．

それでは，電子が粒子的性質を示すか，波動的性質を示すかは，どの辺の寸法で決まるのか．その目安は1.3節で述べたように電子の量子力学的波長（ド・ブロイ波長[†]：約12 nm = 120 Å）であるが，直感的には電子の平均自由行程と考えることもできる．すなわち，寸法が電子の平均自由行程よりも大きい場合には粒子的性質，それよりも小

[†]　式(1.13)の$\lambda = h/P$をド・ブロイ波長という．電子の実効質量をm^*，エネルギーをE [eV] とすると，ド・ブロイ波長は

$$\lambda [\text{Å}] = \frac{12.3}{\sqrt{\dfrac{m^*}{m_0} \cdot E}}$$

で与えられる．

いま，$m^* = 0.1 m_0$，$E = 0.1$ eV とすると，$\lambda = 123$ Å となる．

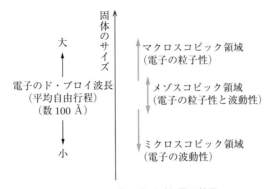

図 11.12 固体のサイズと量子効果

さくなると波動的性質が現れる．平均自由行程よりかなり大きい場合，その領域はマクロスコピック領域，それよりも小さい領域はミクロスコピック領域，その中間の領域はメゾスコピック領域とふつうはよばれている（図 11.12）．

11.7 量子効果デバイスの特徴

電子が波動として振る舞うと，次のような特徴が期待される．

①電子の緩和時間での制限をクリアでき，超高速デバイスが可能

電子がたくさん含まれている場合には，電子を統計的に取り扱うことができ，電子の挙動は電子の緩和時間近似で取り扱われる．そのため，デバイスの応答時間（速度）は，理論的には電子の緩和時間（10^{-13} 秒のオーダー）よりも小さくはならない．すなわち，周波数にすると，その上限は 10 テラヘルツのオーダーである．

固体の寸法を小さくして，電子の波動的性質（電子波）が現れるようになると，電子の緩和時間近似が成り立たなくなるため，電子の緩和時間の壁をクリアすることができ，超高速デバイスの出現が期待できる．

②消費エネルギーの低減化

電子を波動として取り扱う場合，波動の制御は，振幅の制御と，位相の制御で行うことができる．振幅の制御（粒子のときの制御に対応する）の場合にはエネルギーが必要である．位相の制御では，基本的にはエネルギーを消費しない．ではまったくエネルギーを消費しないかというと，それはハイゼンベルグの不確定性原理に到達してしまう．図 11.13 はデバイスのマップを示したものである．

③電子の波動的性質を利用したまったく新しい機能をもったデバイスの出現

粒子の場合には振幅の制御のみであるが，波動の場合には，位相あるいは波長まで制御することができ，変数が 3 倍，いや 3 乗（？）倍になる．また，電子波とほかの

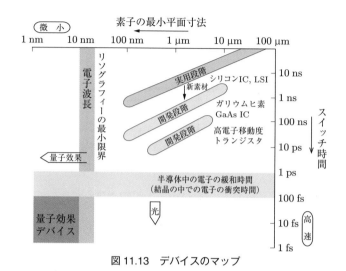

図 11.13　デバイスのマップ

波動，たとえば，光波や格子波との相乗作用を利用することもできる．さらには，次節で述べるように，干渉効果などの波動としてのいろいろな物理効果を利用することができ，その可能性はきわめて多くなり，いままでになかったまったく新しい機能が期待できる．これらの具体的な例については，以下で述べる．

11.8　インコヒーレント電子波からコヒーレント電子波へ

　デバイスの微小化で電子の数が 100 個になったが，この場合，100 個の電子の性質（位相）が同じになる確率は少ない．しかし，微小化をさらに進めて電子数が 10 個になったとすると，10 個の電子の位相がそろう確率は高くなる．このように，位相がそろった場合をコヒーレント電子波，位相がそろっていない場合をインコヒーレント電子波とよぶ．

　波動的性質のもっとも顕著な効果は，

■インコヒーレント電子波の利用

　・トンネル効果

　・共鳴効果

■コヒーレント電子波の利用

　・干渉効果

　・回折効果

である．これまで研究開発が行われている量子効果デバイスは，「インコヒーレント電子波を利用した効果」，すなわちトンネル効果，共鳴効果が主体である．このインコ

ヒーレント電子波の利用にしても，現段階では，電子波との相互作用のみといっても過言ではない．

今後は電子波のみではなく，「磁気フォノン波，光波などとの共鳴効果」なども期待できる．

最近，この方面の研究も行われ始めている．たとえば，2次元電子ガスの磁気フォノン共鳴の研究が行われている．電子・磁気共鳴効果によって，電子の慣性による量子力学的インダクタンスが存在することもすでに実験的にも確認されている．

以上は，インコヒーレント電子波の利用であるが，これからは「コヒーレント電子波を利用したデバイス」へと移行するであろう．

現在研究が進められているコヒーレント電子波効果を利用したものとしては，次に述べるアハロノフ-ボーム効果（AB 効果）のみに留まっているといっても過言ではない．最近になって，量子細線中の電子波干渉効果によって，電気伝導にゆらぎが生じることなども観測されている．

コヒーレント電子波の位相を完全にそろえることができ，電子波導波路，電子波干渉回路素子などが出現すると，光コンピュータをはるかに凌ぐ電子波干渉型超高速集積ロジック回路素子の実現などが可能になる．現在開発が進んでいるニューロコンピュータのような高度高速並列処理演算回路素子の実現には，電子波の波長が短いことから，光波を利用するよりは，電子波を利用するほうがより微細化が可能であり，有望である．また別の分野として，電子波センサもこれからの分野であろう．

さらに一歩進めて，コヒーレント電子波のみではなくコヒーレント格子波（フォノン波）（ジョセフソン効果はこの範疇に入る），さらにはそれに磁気フォノン波などとの「コヒーレント量子波の相互多重干渉効果を利用」することも考えられよう．また当然のことながら，光波との相互作用もこれからは重要であろう．

このように，コヒーレント電子波の特徴は，コヒーレント電界波・磁界波・光波・フォノン波などの外部コヒーレント量子波との相互作用により，外部から「電子波の振幅（強度）のみではなく，位相や波長を制御できる」ことである．たとえば，波長を制御することにより，実空間長を変えないで，電子波の行路を実効的に変えることができる．これが AB 効果である．

11.9　AB 効果

AB 効果は，電子の波動性を利用した効果である．

図 11.14 に示すように，二つの n^+ 電極間層に二つのチャネルがあるとする．ここで，電子波が点①で分割され，経路 1，2 を通り，再び点②で一つの電子波となる場合

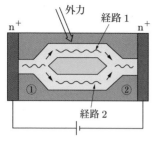

図 11.14　AB 効果の説明図

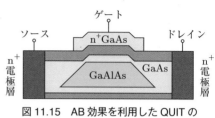

図 11.15　AB 効果を利用した QUIT の
構造図

を考える．このとき，経路1に外力を加えると，経路2と位相差が生じる．その結果，コンダクタンスを変調できる．たとえば，紙面に垂直方向に磁場 B を加えることで制御可能である．この効果をアハロノフ-ボーム効果（Aharonov–Bohm effect, AB 効果）という．

位相差は磁場だけでなく，電界でも制御可能である．これを静電的 AB 効果という．この場合には，従来の FET と同様に，ゲート電極でコンダクタンスの制御が可能となる．具体的な素子構造を図 11.15 に示す．これでトランジスタを得ようとするもので，これは QUIT（quantum interference transistor）とよばれている．

11.10　キャリアからプロパゲータへ

現代のエレクトロニクスは，電子の粒子性から波動性へと進展している．これまでのデバイスでは，電子が情報やエネルギーを「運んでいた」．換言すると，とりもなおさず，電子が「キャリア」，「運び屋」であったが，電子が粒子から波動になると，これからは波が「伝わる」，すなわち，電子が「プロパゲータ」，「伝搬屋」になろう．そうすると，いまの電子デバイスの応答速度も飛躍的に向上し，電子の緩和時間の壁を破り，超高速化が可能になろう．

現在のエレクトロニクスは，電子の粒子性から波動性への転換期にさしかかっている．すなわち，電子を電子波として取り扱う術を知った程度であり，電子の波動性の，雄大に開けるパラダイスの入口に立った状態ではなかろうか．入口に立って電子波のインコヒーレンスの雄大さを垣間見ているに過ぎない．

さらに一歩踏み込んで，「電子波のコヒーレンスの壮大なパラダイス」に踏み込む必要があろう．

量子効果デバイスは，現在無敗を誇っている量子物理学が，デバイスでも無敗か否かの実験的検証ともいえる．

第12章　21世紀のエレクトロニクス

　半導体の出現により，20世紀には輝かしい科学技術が構築されたが，本章ではポスト半導体工学について展望してみよう．

12.1　20世紀の科学技術

　20世紀の科学技術の最大の収穫は，20世紀前半に構築された「量子物理学」と，20世紀後半に構築された半導体工学であろう．半導体工学の出現により，

　　　集積回路　→　コンピュータ　→　情報科学

の道を歩み，現在われわれはこれらを享受している．

　21世紀の科学技術の進歩は，量子物理学なしには考えられない．これからの情報科学は，量子物理学を利用した方向へと進むであろう．すなわち「量子情報科学」であろう．

12.2　量子情報科学の3本柱

　量子情報科学の3本柱は，

　①量子コンピュータ

　②量子暗号

　③量子情報通信

である．これらはいずれも量子がみせる「耐えがたい非常識」な理論を使うものである．それでは，量子がみせるその耐えがたい非常識な世界を覗いてみよう．その前に，量子物理学では，

　「なぜそうなるのかの疑問をもたない」

　「量子物理学のルールをつかむ」

ことに注意しよう．

　量子のみせる耐えがたい非（超）常識には，次のような現象がある．

　①量子飛躍

　②トンネル現象

　③重ね合わせ

④不確定性原理

⑤量子絡み合い

①の量子飛躍，②のトンネル現象についてはすでに第 1 章で述べたのでそちらを参照していただくとして，以下では③以降について少し説明しよう．

③重ね合わせ

「シュレーディンガーの猫」の話が有名であるが，量子の世界では，箱の中に入れた猫は，死んでいる状態と生きている状態の両方が存在するということである．いいかえると，同時に異なったことをすることができるのである．たとえば，いま PC を操作している自分と，友人と会話している，本を読んでいる，電話をかけている，レポートを作成している自分など，複数の行動を同時に行うことができるのである．すなわち，

　　　量子力学：　複数の状態が同時に成立

　　　古典力学：　どちらかの状態に確定

するのである．

まさに耐えがたい非常識である．ただし，先ほど述べたように「なぜ？」との疑問をもってはいけない．

④不確定性原理

これは運動量と位置，エネルギーと時刻などの組を，同時にかつ正確に測定することは不可能であるという原理で，1927 年にハイゼンベルグが提唱した量子物理学の中核の一つである．もう少し単純な例で説明しよう．

あなたが友達と 12 時に東京駅の北口で会おうと約束したと仮定する．しかし，量子物理学では時刻を 12 時と仮定すると，待ち合わせ場所が 1 箇所に確定できず，少し幅が出てくる．逆に，場所を確定すると，時刻の 12 時が確定されず，少し時間差が生じることになる．これもまた非常識である．

⑤量子絡み合い（quantum entanglement）

あるいは「量子もつれ合い」，単に「絡み合い」，「もつれ合い」ということもある．量子論の世界では，分裂した二つの粒子が物理的に遠く離れても連動した動きをみせる不思議な現象がある．これがいわゆる「絡み合い」である．

もっと端的にいうと，夫婦は離れていてもおたがいの行動は把握できるが，まったくの他人同士ではそうはいかない．この夫婦のようなものが絡み合いである．わかったようなわからない話で，非常に信じがたいことであるが，これが量子物理学で，まったくの非常識である．もう少し詳しくは，12.5 節の「量子情報通信」で触れる．

量子情報の 3 本柱は,

量子コンピュータ	→	重ね合わせ
量子暗号	→	不確定性原理
量子情報通信	→	量子絡み合い

を利用したものである.

12.3 量子コンピュータ

従来の計算はコンピュータを直列にして計算するものである.すなわち,一つの計算が終了してから次のステップの計算をしていく方法である.

ところが,量子コンピュータでは量子の重ね合わせを利用することで「複数の状態が同時に成立する」ので,並列に計算することができ,そのスピードは驚異的に速くなる.たとえば,下記の計算を例にとろう(次の量子暗号の節でも触れる).

6 桁の二つの素数 104729 と 224737 の積は

$$104729 \times 224737 = 23536481273$$

と簡単に求められる.ところがその逆,すなわち 23536481273 を二つの素数に分解するのはきわめて大変である.

上記は 11 桁の素因数分解であるが,現在の超高速コンピュータを用いても,

150 桁の素因数分解: 1 か月(現在可能)

300 桁の素因数分解: 100 万年

の時間を要してしまう.

しかし,これを量子コンピュータで行うと,わずか数分で計算してしまう.このように,量子コンピュータが実現化されると,想像を絶する超高速の計算が可能である.

12.4 量子暗号

現在のコンピュータのセキュリティでは,前述したように,素因数分解の処理能力が非常に遅いことを利用して暗号として用いている.ところが,量子コンピュータが実現されると数分で解読が可能になり,もはや古典的な暗号方法(素因数分解法)を暗号として用いることができない.そこで登場したのが「量子暗号」である.

量子暗号は「不確定性原理」を利用している.量子は測定した時点で別の状態に変化してしまう.したがって,第三者が観察した時点で別のものに変貌するので,第三者によって観察されたか否かが判明する.この原理を利用すると,決して解読されない安全な暗号として用いることができる.

12.5　量子情報通信

　量子情報通信は,「絡み合い」の原理を使う.

　ここで, 1935 年にアインシュタインらによって提唱された「EPR パラドックス」について少し説明しよう. アインシュタイン（Einstein）, ポドルスキー（Podolsky）, ローゼン（Rosen）は次に述べるパラドックスを提案した. そして「このパラドックスは成り立たない, したがって量子物理学は正しい理論ではない」として, アインシュタインは量子物理学を認めなかった. このパラドックスは 3 人の名前の頭文字をとって EPR パラドックスといわれている.

　ちなみに, この論文が発表された 5 か月後に, 水素原子モデルの提案者として名高いボーア（Bohr）が, 同じ学術誌に, アインシュタインらと同じ題名の論文名で,「EPR パラドックスは正しい, したがって量子物理学は正しい」とアインシュタインの論文に反論する論文を発表した. 当時はこの 1 件でもわかるように, 量子物理学について論議されている最中であった.

　次に EPR パラドックスを簡単に説明しよう. 図 12.1 のように, 箱の中に電子を 1 個入れる. そして, この箱を半分にする. 電子は半分にした箱のどちらに入っているかわからない. いま, 半分にした箱の一つをたとえば地球にもってくる. もう一つの箱を月へもっていく. 地球の箱を開けてみる. もしもその箱に電子が入っていたならば, その瞬間に月の箱には電子が入っていないという情報が地球でわかる.

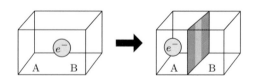

図 12.1　EPR パラドックスの説明図

　このとき, 月の情報が地球に伝わるのは, 光のスピードよりも速く, またそのエネルギーはゼロである. これはまさに究極の情報伝送システムである（図 12.2）（アインシュタインが出したパラドックスは, 電子があるかないかではなく, 月の箱の電子の存在確率を地球でコントロールできるというものである. しかし, そのようなコントロールはできないので, 量子物理学に対して否定的考えをもっていた）.

　電子の代わりにテニスボールを入れたらどうなるであろうか. テニスボールではまったく意味がない. そこに電子があるかないかだけでは, 電子もテニスボールも同じになってしまうが, あるかないかではなく, 存在確率をコントロールできるか否かである. テニスボールでは量子効果がまったくといってよいほど期待できないから, 上の

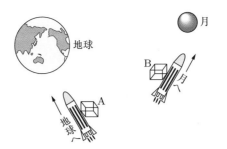

図 12.2 EPR パラドックスによる究極の情報伝送システム？

議論は成り立たない.

上の議論は，量子物理学の状態の収縮で説明できるであろう.

以上述べた EPR パラドックスは本当に究極の情報伝送システムとして利用できるか否か，アインシュタインが問題提起してから 90 年近くの年月が経った現在でも真剣に考えられている状態である．ところが 1964 年，この問題に決着をつける手掛かりがベル（Bell）により提案された.

ここではその詳細な説明は省略するが，それは「ベルの不等式」とよばれるもので，EPR パラドックスが成り立つことが示された．また，その 18 年後の 1982 年にアスペ（Aspect）らによって検証され，いまではこれはパラドックスではなく，「EPR – Bell 相関」とよばれることが多い．これは前述の「量子絡み合い」により説明される.

テレポーテーションの基礎実験はいろいろな研究機関ですでに行われており，次々と成果が挙げられている.

しかし現在は，「量子暗号」，「量子コンピュータ」が先行している.

なお，2013 年夏には，わが国から二つの光子の量子絡み合いを利用した，ほぼ完全な量子テレポーテーションの初の研究成果が発表された．これを用いると，従来のコンピュータでは 100 年かかる計算を 1 秒で行える量子コンピュータの実現が可能である.

12.6 量子物理学は本当に無敗か？

量子物理学は，20 世紀の前半に誕生し，量子物理学で説明できない現象はないといわれており，現在も無敗を誇っている．これまでの量子物理学は，哲学者あるいは理論物理学者の興味の対象でしかなかったが，最近はこの量子物理学が正しいか否か，実験的に決着をつけようとするところまできている.

　最近，量子物理学も一敗しそうである．量子物理学は光速が一番速いとの前提にたっているが，最近，光より速いものがあるらしいといわれている．

　それは「タキオン」とよばれている．先ほどのEPRパラドックスではないが，光速よりも速いものが本当に存在するとなると，20世紀最大の，もっとも美しい理論といわれている量子物理学に修正がほどこされる可能性もある．この修正をほどこすのはいつ，だれであろうか．興味が尽きない．本書の読者の中から生まれることを期待してやまない．

　以上のように，21世紀のエレクトロニクスは，量子物理学を抜きにしては考えられない．今後の発展を期待しよう．

　「量子物理学は，体系の美しい学問，天才が構築した，洗練されたまれにみる美に感嘆する．美しすぎて近寄りがたい．」

　最後に本章の付録として，量子物理学に関する言葉を紹介しよう．
○「量子論を理解している人は誰もいないよ．」
　　──ファインマン（朝永振一郎氏と1965年にノーベル物理学賞を受賞した）
○「量子物理学は，物理学者には難しすぎる．宗教学者には易しすぎる．」
　　──ヒルベルト（数学におけるヒルベルト空間を提唱し，現代数学の父とよばれている数学者）
○「量子物理学は微分積分だ．その心は，微かに分かって分かった積もり．（漢文読み）」
　　──高橋（著者）

エピローグ——自然の摂理と科学の深淵

　自然の摂理には，誠に不可思議な神秘性を感じる．遠く400年近くに思いを馳せると，コペルニクスの地動説に端を発するいまの太陽系の構造と，19世紀後半から20世紀の初頭にかけてモデル化された原子内構造の類似性，これは何と表現したらよいのであろうか．この世の両極，すなわち，大宇宙の構造と，極微の原子内構造とがきわめて類似しているということは，かつてニュートンらが「神の創造の深淵に触れる」と表現したように，自然の摂理の美しさを感じさせる．

　また，身近な雪の結晶一つをとっても，零下何十度という厳しい自然界の中から生まれた雪の結晶の美しさは，まさに自然の美であり，神秘的な美しささえ感じる．雪の性質は，あの美しさに，すべて凝縮されている．

　今日のエレクトロニクスならびに情報科学の礎ともなっている集積回路は，規則的に配列されたSiの単結晶の美しさからもたらされたものである．20世紀の中ごろにトランジスタが発明されたのも，この自然の美しさのSiでp-n接合理論を検証したからである．もしもSiの代わりに人工的な美しさのGaAsで検証していたならば，ショックレーのp-n接合理論の検証も失敗に終わり，p-n接合理論が誤りであるとの烙印を押され，天涯の彼方に葬り去られていたであろう．このような素晴らしいSiとの出会いがなかったならば，今日の科学技術は大きく様変わりしていたであろう．大変素晴らしいSiをこの世に与えてくださった神の人類への恵みに対して，何か神秘的なものを感じ，先ほどの宇宙系と原子系のモデルではないが，「神の創造の深淵」に触れる思いがする．

　この自然の摂理，ならびに神の恵みに対する深淵のベールを1枚1枚はがし，人類福祉の領域に引き寄せたのは，理学であり工学ではなかろうか．ベールの下にあるものを覗き見るのが理学であり，そのベールをはがし，人類福祉に富をもたらすのが工学であろう．このように神秘的な自然の摂理を探り当てたという意味からすると，「神の創造の深淵」もさることながら，「科学の深淵」さえも感じる．

　ところで，現代の工学は，このベールをはがし終わったのであろうか．思うに，神の創造の深淵はまだまだ深く，ベールの下には，自然の美しい摂理が見え隠れしているように思われる．これほど素晴らしい神の創造に対して，今日のエレクトロニクスではSiのみが（？）実用化されているということは，「深淵」の言葉からあまりにも遠くかけはなれているように思われる．この自然の美しさを背景として，「あまりにも美しすぎる量子物理学の成果」ならびに「洗練された科学技術」，さらには「人間の英知」の織りなす美しい模様．ロマンティックな魅力のベールを1枚1枚はがして，「自然の摂理」ならびに「神の創造の深淵」を探ってほしい．

　「科学においては，チャンスは準備された心のみを好む」——パスツール

演習問題解答

第1章

[1] (a) 二つの波を合成してできる波は

$$y = y_1 + y_2$$
$$= a\sin(\omega t - kx)$$
$$\quad + a\sin\{(\omega + d\omega)t - (k + dk)x\}$$
$$= 2a\sin\left\{\left(\omega + \frac{d\omega}{2}\right)t - \left(k + \frac{dk}{2}\right)x\right\}$$
$$\quad \times \cos\left(\frac{d\omega}{2}t - \frac{dk}{2}x\right)$$

となる. 波数から判断すると, 小刻みに振動する sin 波がゆるやかに変化する cos 波で変調される. sin 波が移動する速さが位相速度であり,

$$v = \frac{dx}{dt} = \frac{\omega + \dfrac{d\omega}{2}}{k + \dfrac{dk}{2}} \cong \frac{\omega}{k}$$

となる. 一方, うなり (包絡線) となっている cos 波が移動する速さが群速度であり,

$$v = \frac{dx}{dt} = \frac{d\omega}{dk}$$

となる.

(b) 群速度と位相速度が等しい場合

$$\frac{d\omega}{dk} = \frac{\omega + \dfrac{d\omega}{2}}{k + \dfrac{dk}{2}}$$

の関係が成り立つ. この関係から

$$\frac{d\omega}{\omega} = \frac{dk}{k}$$

となり, 積分すると

$$\ln|\omega| = \ln|k| + C$$
$$\omega = e^C k = C'k$$

となる. ここで, C, C' は定数である. したがって, 角振動数 ω は波数 k に比例することになり, 群速度および位相速度は

$$v_g = v = C'$$

となり, 周波数に無関係な定数となる.

[2] 略

[3] $3.64 \times 10^{-2}\,\mathrm{m\cdot s^{-1}}$

[4] $9.10 \times 10^{5}\,\mathrm{m\cdot s^{-1}}$, $2.35\,\mathrm{eV}$

[5] $1.57 \times 10^{6}\,\mathrm{m\cdot s^{-1}}$

第2章

[1] $8.3 \times 10^{-8}\,\mathrm{s}$, $8.3 \times 10^{-13}\,\mathrm{s}$

第3章

[1] 略

第4章

[1] $6.2 \times 10^{25}\,\mathrm{m^{-3}}$ ($6.2 \times 10^{19}\,\mathrm{cm^{-3}}$) 以上

[2] $p = 3.43 \times 10^{20}\,\mathrm{m^{-3}}$ ($3.43 \times 10^{14}\,\mathrm{cm^{-3}}$), $n = 1.82 \times 10^{18}\,\mathrm{m^{-3}}$ ($1.82 \times 10^{12}\,\mathrm{cm^{-3}}$)

[3] (a) $n = 8.7 \times 10^{20}\,\mathrm{m^{-3}}$ ($8.7 \times 10^{14}\,\mathrm{cm^{-3}}$),
(b) $\rho = 0.02\,\Omega\cdot\mathrm{m}$

[4] アクセプタ準位から約 $0.02\,\mathrm{eV}$ 下

[5], [6] 略

[7] $\Delta p = p_1 \exp(-t/\tau)$

[8] 2.25×10^{8} 倍あるいは 4.4×10^{-9} 倍

[9] $1.7 \times 10^{26}\,\mathrm{m^{-3}}$ ($1.7 \times 10^{20}\,\mathrm{cm^{-3}}$)

第5章

[1] $0.24\,\mathrm{V}$, $0.48\,\mathrm{V}$

[2] $3.50\,\mathrm{pF}$, $1.32\,\mathrm{pF}$

[3] $78\,\mathrm{V}$

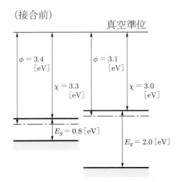

（接合前）　　真空準位　　　　　（接合後）

$\phi = 3.4$ [eV]　　$\phi = 3.1$ [eV]

$\chi = 3.3$ [eV]　　$\chi = 3.0$ [eV]

$E_g = 0.8$ [eV]

$E_g = 2.0$ [eV]

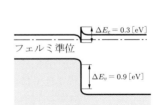

$\Delta E_c = 0.3$ [eV]

フェルミ準位

$\Delta E_v = 0.9$ [eV]

解図 6.1

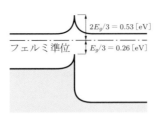

$2E_g/3 = 0.53$ [eV]

フェルミ準位　　$E_g/3 = 0.26$ [eV]

解図 6.2

第6章

[1] (a) ダングリングボンド密度は,

$$\frac{4}{\sqrt{2}}\left(\frac{a_2^2 - a_1^2}{a_1^2 a_2^2}\right)$$

$$= \frac{4}{\sqrt{2}}$$

$$\times \left\{\frac{(5.657 \times 10^{-8})^2 - (5.654 \times 10^{-8})^2}{(5.657 \times 10^{-8})^2 \times (5.654 \times 10^{-8})^2}\right\}$$

$$= 9.38 \times 10^{11}\ [\mathrm{cm}^{-2}]$$

となり, バーディンリミット ($10^{13}\ \mathrm{cm}^{-2}$) を下回るため, 界面準位を考慮する必要がない.
このときのエネルギー準位図は, 解図6.1 のとおりである.

(b) ダングリングボンド密度は,

$$\frac{4}{\sqrt{2}}\left(\frac{a_2^2 - a_1^2}{a_1^2 a_2^2}\right)$$

$$= \frac{4}{\sqrt{2}}$$

$$\times \left\{\frac{(5.657 \times 10^{-8})^2 - (5.413 \times 10^{-8})^2}{(5.657 \times 10^{-8})^2 \times (5.413 \times 10^{-8})^2}\right\}$$

$$= 8.14 \times 10^{13}\ [\mathrm{cm}^{-2}]$$

となり, バーディンリミットを上回るため, 界面準位を考慮する必要がある.
このときのエネルギー準位図は, 解図6.2 のとおりである.

[2] $1.8 \times 10^{-11}\ \mathrm{A \cdot m^{-2}}$

第7章

[1] 0.998

[2] 1.0126, 395 kHz

[3] (a) $W = \{5 - 1.01(V_D + V_C)^{1/2}\} \times 10^{-6}$ m, (b) 23.9 V, (c) 1.85×10^{-9} s, (d) 353 MHz

[4], [5] 略

第8章

[1] 略

[2]　$12398/\lambda$ [eV]

[3]　$17.2\,\mu m$

[4]　(a) 2.06×10^{13} 対 s^{-1}, (b) 2.06×10^{10} 個, (c) $3.3 \times 10^{-4}\,\Omega^{-1}$, (d) $16.5\,mA$, (e) 5000, (f) $2.43\,eV$

[5]　(a) $4.06 \times 10^{21}\,m^{-2}s^{-1}$, (b) 6.5×10^{2} Am^{-2}

[6]　(a) $5.0 \times 10^{16}\,m^{-3}$, (b) $0.54\,A\cdot m^{-2}$, (c) $2.11 \times 10^{-2}\,A\cdot m^{-2}$, (d) 4.45×10^{-2} $W\cdot m^{-2}$

[7]　$1.71\,eV$

第9章

[1]　禁制帯幅

[2]　発光ダイオードは自然放出光, 半導体レーザダイオードは誘導放出光を利用

[3]　キャリア閉じ込め効果と光閉じ込め効果

[4]　GaAs は Si と比較して禁制帯幅が大きく, その収集効率が太陽光スペクトルに一致しているため

[5]　p-n 接合の場合は光励起されたキャリアが拡散により空乏層に達するのに対して, 金属－半導体接触では障壁内で光が吸収されるため

第10章

[1]　$-410\,\mu V\cdot K^{-1}$

[2]　p 型, 説明略

[3]　$40\,mV$

[4]　$0.24\,W$

[5]　$-0.08\,m^3\cdot C^{-1}$

[6]　$n = 1.25 \times 10^{19}\,m^{-3}$ $(1.25 \times 10^{13}\,cm^{-3})$, $p = 5.0 \times 10^{19}\,m^{-3}$ $(5.0 \times 10^{13}\,cm^{-3})$

[7], [8]　略

英文索引

和文索引

著 者 略 歴

高橋 清（たかはし・きよし）
　1957 年　東京工業大学電気工学科卒業
　1962 年　東京工業大学理工学研究科博士課程修了
　　　　　　工学博士
　現　在　東京工業大学名誉教授
　著　書　基礎センサ工学（電気学会）
　　　　　　太陽光発電（森北出版）編著
　　　　　　物質の構造（コロナ社）
　　　　　　Amorphous Si Solar Cells
　　　　　　(North Oxford Academic Co.)
　　　　　　その他多数

山田 陽一（やまだ・よういち）
　1988 年　大阪大学工学部電気工学科卒業
　1990 年　大阪大学大学院工学研究科博士前期課程修了
　1993 年　筑波大学大学院物理学研究科博士課程修了
　　　　　　博士（理学）
　現　在　山口大学大学院創成科学研究科教授
　著　書　ワイドギャップ半導体光・電子デバイス（森北出版）共著

編集担当　藤原祐介・植田朝美(森北出版)
編集責任　富井　晃(森北出版)
組　　版　ブレイン
印　　刷　丸井工文社
製　　本　同

半導体工学（第 3 版・新装版）
　―半導体物性の基礎―　　　　　　　　　　　　　ⓒ 高橋　清・山田陽一　2020

1975 年 8 月 1 日　　第 1 版第 1 刷発行　　　　　【本書の無断転載を禁ず】
1992 年 3 月18日　　第 1 版第19刷発行
1993 年 2 月20日　　第 2 版第 1 刷発行
2012 年 2 月15日　　第 2 版第18刷発行
2013 年10月31日　　第 3 版第 1 刷発行
2020 年 3 月10日　　第 3 版第 6 刷発行
2020 年10月20日　　第 3 版・新装版第 1 刷発行
2022 年 2 月21日　　第 3 版・新装版第 2 刷発行

著　　者　高橋　清・山田陽一
発 行 者　森北博巳
発 行 所　森北出版株式会社

　　　　　東京都千代田区富士見 1-4-11（〒102-0071）
　　　　　電話 03-3265-8341／FAX 03-3264-8709
　　　　　https://www.morikita.co.jp/
　　　　　日本書籍出版協会・自然科学書協会　会員
　　　　　JCOPY　＜(一社)出版者著作権管理機構　委託出版物＞

落丁・乱丁本はお取替えいたします.

Printed in Japan／ISBN 978-4-627-71044-3

付録 1　各種半導体の物性定数表

半導体		結晶構造	融点 [℃]	禁制帯幅 [eV] 300 K	禁制帯幅 [eV] 0 K	遷移の種類	移動度 [cm²/V·s] 電子	移動度 [cm²/V·s] 正孔	比誘電率	格子定数 [Å]	熱膨張係数 [10⁻⁶K⁻¹]	電子親和力 [eV]
元素半導体	Si	D	1412	1.11	1.20	間接	1350	480	12	5.431	2.33	3.39
	Ge	D	958	0.66	0.74	間接	3600	1800	16	5.658	5.75	4.13
III-V 族化合物半導体	AlN	W	3478	6.015	6.089	直接	300	14	8.5	3.112 a / 4.982 c	5.27 ⊥c / 4.15 ∥c	0.6
	AlAs	ZB	1740	2.13	2.25	間接	180		10.1	5.661	5.2	2.62
	AlSb	ZB	1080	1.6	1.6	間接	900	400	14.4	6.136	3.7	3.65
	GaN	W	2791	3.39	3.47	直接	1300	30	9.5	3.189 a / 5.185 c	5.59 ⊥c / 3.17 ∥c	3.3
	GaP	ZB	1467	2.25	2.4	間接	300	150	11.1	5.451	5.3	4.0
	GaAs	ZB	1238	1.43	1.52	直接	8600	400	13.2	5.654	6.0	4.07
	GaSb	ZB	712	0.68	0.81	直接	5000	1000	15.7	6.095	6.7	4.06
	InN	W	2146	0.64	0.69	直接	3200		15	3.548 a / 5.760 c	4.0 ⊥c / 3.0 ∥c	5.0
	InP	ZB	1070	1.27	1.42	直接	4500	100	12.1	5.869	4.5	4.4
	InAs	ZB	943	0.36	0.43	直接	30000	450	12.5	6.058	5.2	4.9
	InSb	ZB	525	0.17	0.235	直接	80000	1700	15.9	6.479	4.9	4.59
II-VI 族化合物半導体	ZnO	W	1975	3.2	3.44	直接	200		8.6	3.24 a / 5.196 c	4.0 ⊥c / 2.1 ∥c	4.57
	ZnS	ZB	1830	3.74	3.84	直接	140		8.32	5.409	6.48	3.9
	ZnSe	ZB	1520	2.715	2.822	直接	530		8.7	5.669	7.55	4.09
	ZnTe	ZB	1295	2.25	2.39	直接	530	130	10.1	6.104	8.2	4.8
	CdS	ZB	1475	2.40	2.56	直接	300		8.19	5.832		4.5
	CdSe	ZB	1239	1.74	1.84	直接	600		9.5	6.05		4.95
	CdTe	ZB	1092	1.53	1.61	直接	1200	100	10.2	6.482		4.28
その他	SiC	HEX	2830	2.86	3.0	間接	460	20	10	3.081 a / 15.12 c	5.7	

D：ダイヤモンド構造，W：ウルツ鉱構造，ZB：閃亜鉛鉱構造，HEX：六方晶